Periparturient Diseases of Dairy Cows

A Systems Biology Approach

奶牛围产期疾病的
系统生物学研究

布里姆·N. 阿米塔吉 [加] 主编
雍 康 曹随忠 张传师 主译

中国农业科学技术出版社

版权合同登记号：01-2021-1302

图书在版编目（CIP）数据

奶牛围产期疾病的系统生物学研究 = Periparturient Diseases of Dairy Cows: A Systems Biology Approach /（加）布里姆·N.阿米塔吉（Burim N. Ametaj）主编；雍康，曹随忠，张传师主译．—北京：中国农业科学技术出版社，2021.4

ISBN 978-7-5116-5240-9

Ⅰ.①奶… Ⅱ.①布… ②雍… ③曹… ④张… Ⅲ.①乳牛－围产期－牛病－系统生物学－研究 Ⅳ.① S858.23

中国版本图书馆 CIP 数据核字（2021）第 049743 号

版权声明

First published in English under the title
Periparturient Diseases of Dairy Cows: A Systems Biology Approach
edited by Burim N. Ametaj
Copyright © Springer International Publishing Switzerland, 2017
This edition has been translated and published under licence from
Springer Nature Switzerland AG.

责任编辑	姚　欢	
责任校对	马广洋	
责任印制	姜义伟　王思文	

出　版　者　中国农业科学技术出版社
　　　　　　北京市中关村南大街 12 号　邮编：100081
电　　　话　（010）82106631（编辑室）（010）82109704（发行部）
　　　　　　（010）82109702（读者服务部）
传　　　真　（010）82106631
网　　　址　http://www.castp.cn
经　销　者　各地新华书店
印　刷　者　北京科信印刷有限公司
开　　　本　710 毫米 ×1 000 毫米 1/16
印　　　张　18　彩插 8 面
字　　　数　380 千字
版　　　次　2021 年 4 月第 1 版　2021 年 4 月第 1 次印刷
定　　　价　88.00 元

◀ 版权所有·侵权必究 ▶

译校人员

主　译： 雍　康　　曹随忠　　张传师

副主译： 罗正中　　岳成鹤　　沈留红　　余树民

译　校：

　　　　雍　康　（重庆三峡职业学院动物科技学院）
　　　　曹随忠　（四川农业大学动物医学院）
　　　　黄逸馨　（英国格拉斯哥大学医学、兽医和生命科学学院）
　　　　陶金忠　（宁夏大学农学院）
　　　　骆　巧　（四川农业大学动物医学院）
　　　　姚学萍　（四川农业大学动物医学院）
　　　　威　瑶　（四川农业大学动物医学院）
　　　　岳成鹤　（四川省成都市都江堰市农业农村局）
　　　　罗正中　（四川农业大学动物医学院）
　　　　张传师　（重庆三峡职业学院动物科技学院）
　　　　张　勇　（甘肃农业大学动物医学院）
　　　　沈留红　（四川农业大学动物医学院）
　　　　余树民　（四川农业大学动物医学院）
　　　　肖劲邦　（西北农林科技大学动物医学院）
　　　　杨庆稳　（重庆三峡职业学院动物科技学院）

李思琪　（重庆三峡职业学院动物科技学院）
　　朱颖琨　（四川农业大学动物医学院）
　　吕尚揆　（四川农业大学动物医学院）
　　吕　倩　（四川农业大学动物医学院）
　　马　莉　（四川农业大学动物医学院）
　　丁嘉烽　（西北民族大学生命科学与工程学院）

总校对：曹随忠　　岳成鹤　　马　莉
主　审：赵兴绪　（甘肃农业大学）

译者前言

近年来，我国奶牛养殖业快速发展，特别是规模化奶牛场比例迅速增加。牛群的群体健康水平是决定牧场生死存亡和盈利状况的关键。围产期是奶牛养殖中的特殊时期，围产期奶牛经历生理和代谢等多方面的应激，能量代谢处于负平衡状态，同时易缺乏维持奶牛免疫系统功能的营养物质。在此期间，奶牛由于应激和自身代谢压力极易引起代谢性疾病的发生。围产期的健康与奶牛繁殖能力、奶产量等生产性能密切相关，而近20年来奶牛围产期疾病（包括乳房炎、乳热症、酮病、子宫内膜炎、脂肪肝和瘤胃酸中毒）的发病率居高不下，导致奶牛淘汰率上升、生产寿命显著缩短。

《奶牛围产期疾病的系统生物学研究》一书不仅包括传统上被定义为代谢性疾病的病症，如乳热症和酮病，还包括感染性的疾病，如子宫内膜炎和乳房炎。但是，不论是代谢性疾病还是感染性疾病，所有围产期疾病都存在代谢的改变和细菌感染。在过去10多年，以系统生物学或系统兽医学方法的名义出现了一组新的科学，这些新兴科学包括基因组学、蛋白质组学、转录组学和代谢组学。多组学技术的不断进步和应用，为揭示奶牛围产期疾病的分子发病机制及防治新技术提供了新的思路和方向。我们希望本书的翻译出版能激励人们进一步研究奶牛围产期疾病的发病机制和因果关系，并为今后降低围产期疾病的发病率制定新的预防策略。

本书包括12章，内容有趣且与时俱进。第一部分首先介绍组学的概念；第二部分讨论了在过去半个世纪中关于代谢疾病和生产疾病的定义变化，重点介绍了系统生物学或系统兽医学方法的优点，以及预测、预防和个体化医学相对于传统的反应医学方法的优势；第三部分讨论了外界因素对分娩前后免疫功能潜在影响的新概念；第四部分为瘤胃酸中毒；第五部分讨论了瘤胃和肠道菌群及其在疾病发生中的作用；第六部分论述了奶牛第一大健康问题，即奶牛不孕症；第七部分讨论胎衣不下；第八部分讨论乳房炎；第九部分讨论蹄叶炎；第十部分讨论酮病；第十一部分讨论脂肪肝，作者介绍了关于组学科学在这一研究领域应用的最新知识；第十二部分讨论乳热症。词汇表则有助于读者快速地理解专业术语。

本书可以作为从事奶牛围产期疾病研究的学者、相关专业的学生和规模化奶牛场高级管理人员的参考书。

本书中文译本获得施普林格出版社的授权，同时得到中国农业科学技术出版社、原书主编 Burim N. Ametaj 博士和重庆三峡职业学院的大力支持，特别是重庆三峡职业学院为本书的出版提供了全部资助。感谢各位译者和审校者为本书的出版做出的贡献。

本书的参译人员均从事奶牛围产期疾病研究、教学或规模化牧场的生产实践工作，但因译者较多，个人水平及行文风格的差异，难免译著存在译校的疏漏及不足之处，恳请读者不吝赐教。

雍 康　曹随忠　张传师
2021 年 4 月

原著前言

承接本书的编辑和写作有几个原因。原因之一是需要斟酌核准代谢性疾病、代谢紊乱、生产疾病或过渡期奶牛疾病的定义，即上述名称中应选择哪一个，哪一个更准确？实际上，这些疾病的定义是在过去半个世纪发展起来的，鉴于这一领域有了新的发展和贡献，所以我们必须探讨这些定义的准确性和适用性。根据世界各地多个实验室的最新研究报告，我们认为代谢性疾病或生产性疾病还未得到准确的定义，仍需解决其他影响研究这些疾病的因果关系和发病机制的问题。首先，将它们简单地定义为代谢性疾病或生产性疾病影响了我们鉴定真正病因和研究新的预防策略。其次，近20年来围产期疾病的发病率一直在稳步上升，淘汰率已达50%以上，奶牛的生产寿命缩短至不到2年。如果我们不采取任何行动，那么奶牛的健康状况将继续下降，淘汰率将进一步提高，将给奶业造成巨大损失。不断增加的淘汰率表明，我们对这些疾病病因的理解有误，我们一直用来探讨病原生物学（the etio-pathobiology）的方法和理论值得重新审视和定位。本书书名之所以命名为《奶牛围产期疾病的系统生物学研究》，是因为书中不仅包括那些传统上被定义为新陈代谢疾病的病症，如乳热症或酮病，还包括那些被定义为细菌性疾病的病症，如子宫炎和乳房炎。值得注意的是，无论被定义为代谢性疾病还是感染性疾病，所有围产期疾病中都存在代谢改变和细菌感染。这可能是因为它们是相互关联的，一头牛可能会同时受到一种以上此类传统疾病的影响。本书的标题还包括了围产期疾病的"系统生物学"。大多数读者都知道，在过去的10多年里，以系统生物学或系统兽医学方法的名义出现了一组新的科学，这些新兴科学包括基因组学、蛋白质组学、转录组学和代谢组学。虽然组学科学的作用研究还处于初期水平，应用也不广泛，但它们对了解奶牛围产期疾病的贡献是巨大的。在本书中，我们提出了组学科学对理解奶牛围产期疾病的贡献。我们希望本书能激励人们进一步研究奶牛围产期疾病的发病机制和因果关系，并为今后降低围产期疾病的发病率制定新的预防策略。编写本书主要为研究或学习奶牛围产期疾病的动物科学系和兽医系的每个本科生、研究生以及教师提供参考。

内容简介

由于本书是利用系统生物学来更好地研究奶牛围产期疾病，因此第一部分首先向读者介绍组学相关的概念。第二部分讨论了关于代谢疾病和生产疾病的定义在过去半个世纪中的变化，介绍了新的疾病研究的哲学方法、系统生物学或系统兽医学方法的优点，以及预测、预防和个体化医学相对于传统的反应医学方法的优势。分娩前后的免疫是一个非常重要的话题，已被认为是多种疾病的关键，因此第三部分讨论了外界因素对分娩前后免疫功能潜在影响的新概念。第四部分为瘤胃酸中毒，瘤胃不仅对饲料的消化非常重要，而且对产生多种危害奶牛健康的细菌产物也非常重要，作者从系统生物学的角度阐述了瘤胃酸中毒。第五部分讨论了瘤胃和肠道菌群及其在疾病发生中的作用；此外，还讨论了利用组学研究胃肠道菌群的新方法。第六部分论述了第一大健康问题，即奶牛不孕症，这是在奶牛群中淘汰奶牛的主要原因。作者讨论了公牛和母牛的繁殖能力，以及组学科学在更好地理解不孕症病因方面的贡献。第七部分涉及胎衣不下，虽然胎衣不下不是奶牛的第二大疾病，但它紧随不孕症之后，因为胎衣不下奶牛受不孕症的影响很大。第八部分讨论乳房炎,从扑杀的角度来看,乳房炎是奶牛的第二大疾病,这是一种非常棘手的疾病,各个实验室都有很多研究来更好地了解这种疾病的病理机制。第九部分讨论蹄叶炎,作者讨论了应用系统生物学方法研究奶牛蹄叶炎的最新知识。第十部分讨论酮症,40%以上的奶牛患亚临床型酮病,作者是从组学角度理解酮病。脂肪肝也是一种亚临床疾病,诊断需要肝脏活检。几乎50%的奶牛要受到脂肪肝的影响。脂肪肝有多种影响,并与其他几种围产期疾病有关,特别是子宫炎和乳房炎。作者介绍了关于组学科学在这一研究领域应用的最新知识。最后,本书以奶牛健康领域中研究最多也最具争议的疾病——乳热症(或围产期低钙血症)作为结束语。低钙血症是宿主内毒素血症期间一种缺乏症还是免疫反应的一部分?本书讨论了一些最著名的关于乳热症的假说,并提出了这一研究领域的组学研究工作。我们希望读者会觉得这本书有趣且与时俱进,并能将所学到的知识用于研究并传授给新一代。

Burim N. Ametaj

埃德蒙顿,阿尔伯塔,加拿大

原作者简介

主编

Burim N. Ametaj, 博士，加拿大阿尔伯塔大学农业、食品和营养科学系动物生理学、牛围产期疾病和免疫学教授。他在阿尔巴尼亚地拉那农业大学（University of Agriculture, Tirana）兽医学院获得兽医博士学位（D.V.M.），在那里担任动物生理学教授，并获得奶牛代谢性疾病研究方向博士学位，1997—2002 年担任研究生院的副院长。2004 年，他来到美国艾奥瓦州立大学和国家动物疾病中心，在那里他获得了一年的富布赖特奖学金。1995 年他开始攻读奶牛免疫生物学的第二个博士学位，并于 1999 年毕业。他曾在美国艾奥瓦州立大学（艾奥瓦州埃姆斯）、普渡大学（印第安纳州西拉法叶）和康奈尔大学（纽约州伊萨卡市）担任 3 个博士后研究员职位。2004 年，他调任加拿大阿尔伯塔省埃德蒙顿阿尔伯塔大学助理教授。他的研究方向包括研究围产期疾病的病理机制和开发预防这些疾病的新技术。他的实验室开发了一种防止瘤胃酸中毒的新谷物加工技术、两种针对细菌内毒素的非肠道疫苗、一种降低子宫感染发病率的阴道内益生菌技术，并应用代谢组和微生物组研发了 6 种奶牛围产期疾病的生物标记物。他的实验室还参与研究细菌内毒素在朊病毒疾病病理生物学中的作用。

目 录

1. 组学概述
   ············ Mario Vailati-Riboni，Valentino Palombo，Juan J. Loor　1
2. 从还原论走向系统兽医学的围产期奶牛疾病研究
   ···Burim N. Ametaj　8
3. 围产期奶牛免疫的组学研究
   ···················· Emily F. Eckel，Burim N. Ametaj　28
4. 瘤胃酸中毒的系统兽医学研究
   ········ Morteza H. Ghaffari，Ehsan Khafipour，Michael A. Steele　48
5. 健康和患病奶牛的胃肠道菌群研究
   ·························· André Luiz Garcia Dias，Burim N. Ametaj　67
6. 奶牛低生育力和不育的系统生物学研究
   ············ Fabrizio Ceciliani，Domenico Vecchio，Esterina De Carlo，
   Alessandra Martucciello，Cristina Lecchi　88
7. 胎衣不下的系统兽医学研究
   ······························ Elda Dervishi，Burim N. Ametaj　111
8. 基于组学技术的奶牛乳房炎研究
   ···················· Manikhandan Mudaliar，Funmilola Clara Thomas，
   Peter David Eckersall　129
9. 基于组学技术的蹄叶炎多系统兽医学研究展望
   ··· Richard R.E. Uwiera，Ashley F. Egyedy，Burim N. Ametaj　179

10 酮病的系统兽医学研究展望

……………………………………Guanshi Zhang，Burim N. Ametaj　194

11 奶牛围产期脂肪肝的多组学系统性研究

……… Mario Vailati-Riboni，Valentino Palombo，Juan J. Loor　217

12 乳热症的还原论与系统兽医学研究方法比较

………………………… Elda Dervishi，Burim N. Ametaj　239

词汇表……………………………………………………………260

1

组学概述

Mario Vailati-Riboni，Valentino Palombo，Juan J. Loor[*]

摘 要

"组学"（-omics）指的是生物科学的一个研究领域，如基因组学、转录组学、蛋白质组学和代谢组学，以上这些术语的名称都以"组学"结尾。而"组"（-ome）则是用来解释这些领域的研究对象的，分别是基因组、蛋白质组、转录组和代谢物组。更具体地说，基因组学是研究基因组的结构、功能、进化和定位的一门科学，旨在描述和定量在酶和信号分子的作用下调控蛋白质生成的基因。转录组是一个细胞、组织或器官中所有信使RNA（mRNA）分子的集合，除分子特性外，还包括每个RNA分子的数量和浓度。蛋白质组是指细胞、组织或器官中所有蛋白质的总和。蛋白质组学这门科学研究的是这些蛋白质的生化特性和功能，以及在生长或应对体内外刺激时其数量、修饰和结构的变化。代谢物组是生物细胞、组织、器官或机体中所有代谢物的集合，它们是细胞过程的最终产物。代谢组学则是研究涉及代谢物的所有化学过程的一门科学。具体而言，代谢组学是研究特定细胞活动过程中的化学指纹图谱和所有小分子代谢图谱的一门学科。总体而言，组学的研究目的是鉴定、表征和量化与特定细胞、组织或机体的结构、功能与动力学有关的所有生物分子。

---

[*] M. Vailati-Riboni, Ph.D. V. Palombo, Ph.D. J.J. Loor, Ph.D. (✉)
Division of Nutritional Sciences, Department of Animal Sciences, University of Illinois at Urbana-Champaign, Urbana, IL 61801, USA
e-mail: vailati2@illinois.edu；valentino.palombo@gmail.com；jloor@illinois.edu

1.1　前言

组学技术的显著特点是在细胞、组织或机体环境下表现出的整体能力。组学技术的主要目的是以非靶向、非偏倚的模式对特定生物学样本的基因（基因组学）、mRNA（转录组学）、蛋白质（蛋白质组学）和代谢物（代谢组学）进行通用检测。这些方法的基本思路是将一个复杂的系统作为一个整体来考虑，以便于更为彻底地理解它。组学的方法适用于假设生成试验（Hypothesis-generating experiments），因为通过整体的方法可获取和分析所有可用的数据来定义一个假设，同时在因缺乏数据而没有已知假设或没有提出假设的情况下，又可以对假设进行进一步的检验。当应用于经过仔细研究的领域时，组学仍适用于检测和验证复杂生理状态下许多方面之间的联系和相互关系，并发现当前知识中缺乏的部分。

最早的组学技术是 Leroy Hood 及其团队在 20 世纪 90 年代早期研发的全自动 DNA 测序仪和喷墨式打印 DNA 合成仪，该技术当时是作为全基因表达分析的工具，如转录组学（Hood，2002）。大约在同一时间，Hood 团队还公布了蛋白质测序仪和蛋白质合成仪，用于研究细胞水平上的蛋白质表达，这个过程被称为"蛋白质组学"。此外，由 Frank Baganz 及其团队开创的代谢组学研究随之出现（Oliver 等，1998），涵盖了从基因的表达到蛋白质的合成，以及代谢物的变化的生物信息的处理和合成的生理过程。

1.2　基因组学

基因组学适用于生物体中全套 DNA 的研究，包括所有的基因，即"基因组"。随着新一代测序（Next-generation sequencing，NGS）技术的出现，基因组级数据的获取变得容易，开拓了我们分析和理解整个基因组的能力，并减少了基因型和表型之间的现有差距。遗传学和基因组学似乎很相似，但它们有着特定的差异。遗传学是一门研究遗传性的学科，即生物体的特征是如何通过 DNA 代代相传的。涉及遗传学的研究聚焦于特定、有限数量的基因或具有已知功能的部分基因，用于了解它们是如何影响特定性状的。目前，高通量技术和计算生物学的进步已经改变了这种范式，使人们能够在基因组的结构方面研究生物，从而在全基因组范围内解决生物学问题，即遗传学正逐渐被基因组学"污染"。

基因组学的出现使全基因组关联研究（GWAS）成为鉴定与人和其他物种的复杂性状相关的基因候选区域［定量性状基因位点/数量性状位

点（quantitative trait loci，QTL）]的黄金标准方法（Gondro 等，2013）。目前，为了揭示特定基因和性状之间的关联，使用了各种商业公司开发的基于探针的芯片以及分布于基因组的大量单核苷酸多态性（SNP）标记。现今有 10 000~800 000 个 SNP 的物种特异性阵列可用，这样的覆盖范围可确保任一 QTL 都至少能与 1 个标记物紧密连接。因此，GWAS 变得足够强大，以至于可以定位具有中等作用的因果基因，即与疾病相关的数量性状。实际上，通过基因组学同时研究大量基因，能够克服传统遗传关联方法的局限性，加深我们对围产期疾病的理解（Loor，2010）。

对 GWAS 结果的解释仍然是一个重要的挑战。例如，当发现一个表型和一组基因具有的强相关性时，研究者们就更有信心发现新候选基因。尽管 GWAS 具有强大的发现力，但仍应进行研究以确认与目的性状相关的基因的作用，以确认功能关系。为了解决这一问题，基于基因的软件为 GWAS 后分析提供了一个有效的解决方案（Capomaccio 等，2015）。近年来已开发多种 SNP 阵列数据管理工具，其中的 PLINK（Purcell 等，2007）以其速度和稳定性的优势成为数据管理的标准。目前，通过特定的计算机程序可以轻松地执行整个 GWAS pipeline/GWAS 流水线分析。大多数情况下，这些程序是开源的多平台软件包，通常在 R 语言环境下开发（Nicolazzi 等，2015）。

在给定一个或多个特定性状的动物育种研究中，"基因组筛选"应被特别提及（Meuwissen 等，2001）。这种方法是一种"标记辅助筛选"，利用覆盖整个基因组的大量遗传标记来估算动物育种值（EBV），即幼畜的遗传值取决于它们的基因型。这可以降低世代间隔，并增加不同动物种群的遗传选育速度，传统上则是基于后裔测定（Goddard 和 Hayes，2007）。在不久的将来，DNA 测序效率会持续进步到允许对单个动物的全基因组进行测序，进而筛选具有良好 QTL 等位基因的动物。显然，我们正处于一个时代的开端，在这个时代中，个体基因组测序不仅可以用于研究驯化和选种，还可以用于了解与环境因素相关的定量差异，而所有的这些技术都有助于指导试验设计，以更有效地控制动物疾病（Bai 等，2012）。

1.3 转录组学

转录组是细胞或者组织表达的总 RNA（包括 mRNA、非编码 RNA、rRNA 和 tRNA），因而反映了细胞代谢的概况。转录组时代始于 Schena 等利用喷墨式 DNA 合成仪开发的"微阵列"技术，该技术可大规模分析一组预设的（从数百到数千）细胞 mRNA。然而，高通量新一代 DNA 测序（Next-generation DNA sequencing，NGS）技术可通过大规模的 cDNA 测序进行 RNA 分析，这又使转录组学发生革命性变化（Voelkerding 等，2009）。这项技术消除了微阵列技术所带来的几个挑战，包括有限的动态检测范围，同时提供了有关转录组定性而不仅仅是定量方面的进一步知识：① 转录起始位点；② 正义 – 反义转录；③ 选择性剪接事件；④ 基因融合。

RNAseq（RNA Sequencing，转录组测序技术）还提供了关于总 RNA 中的非编码 RNA 部分的详细信息，让我们得以理解复杂的调控机制，如：表观遗传学。自 21 世纪初以来，在各种表观遗传机制中，miRNA（microRNA，微小 RNA）这一类小的非编码 RNA 最为引人注目。miRNA 通过阻止 mRNA 的翻译，在控制转录后调控中发挥着主要作用（Romao 等，2011）。此外，miRNA 不仅是表观遗传机制的一部分，还参与其调控，凸显了 miRNA 作为表观遗传介质的关键作用（Poddar 等，2017）。此外，基于 RNAseq 或根据 miRNA 设计的微阵列，也可分析 miRNome（miRNA 组，细胞在特定时间内表达的总 mRNA）。

1.4 蛋白质组学

"蛋白质组"的定义为在特定时间对细胞、器官或机体中所有蛋白质进行的描述和定量分析，这一词由 Wasinger 等在 1995 年提出（Wasinger 等，1995）。蛋白质组学分析细胞或组织在特定时间点的存留蛋白质，这有助于促进发现新的生物标志物、鉴定和定位翻译后修饰，并促进蛋白质互作的研究（Chandramouli 和 Qian，2009）。畜牧研究人员已经开始采用蛋白质组学这项强大的检测技术来鉴别和区分定量复杂生物样本的蛋白质种类（Lippolis 和 Reinhardt，2008；Sauerwein 等，2014）。

现代蛋白质组学的核心是质谱分析（MS）（Aebersold 和 Mann，2003），这是一种将样品中的所有化合物离子化并根据其质荷比（m/z）分析所得带电分子（离子）的技术。复杂的蛋白质混合物在进行质谱分析前需进行简单的预分离，其中一维或二维聚丙烯酰胺凝胶电泳（1D-PAGE/2D-PAGE）经常被使用。而为了进一步提高这一过程的自动化程度并建立流水线式分析，不同类型的液相色谱（LC 或 HPLC）被用来补充或替代凝胶分离技术。

通过与计算机分析得来的蛋白质数据库进行比较，可以对治疗或疾病中的蛋白质进行鉴定，这意味着可以将原始数据与从蛋白质数据库中理论生成的数据进行直接比较。对已鉴定的蛋白质的可靠定量可以通过几种基于 MS 的定量方法来完成，包括化学的、代谢的、酶标记的和无标记的定量方法（May 等，2011）。AQUA（蛋白质绝对定量）、QConCat（由级联肽组成的人工蛋白质）和 PSAQ

（蛋白质绝对定量标准）的出现使蛋白质组学的绝对定量成为可能（Rivers 等，2007；Brun 等，2007）。

1.5 代谢组学

代谢物组由生物样品中的整个代谢物谱组成。代谢组学分析可以在多种生物液体样品和多种类型的组织样品上进行，也可利用许多不同的技术平台。代谢组学通常将高分辨率分析与统计工具结合起来使用，如主成分分析（PCA）和偏最小二乘法（PLS），以获取代谢物组的整体图谱（Zhang 等，2012）。核磁共振（NMR）是最常用的光谱分析技术之一，可以在微摩尔范围内对多种有机化合物进行特异性鉴定和定量，从而为代谢产物谱提供无偏信息。这种方法可检测的分子范围广泛，包括肽、氨基酸、核酸、碳水化合物、有机酸、维生素、多酚、生物碱和无机物。MS 在高通量代谢组学中的应用受到了越来越多的关注，而该技术通常与串联技术如色谱-质谱串联技术（GE-MS、LC-MS、UPLS-MS）或电泳质谱串联技术（CE-MS）等其他技术结合使用。由于对代谢物的高灵敏度广泛覆盖，MS 已成为许多代谢组学研究的首选技术。

1.6 展望

组学技术为理解微妙的生理平衡作出了巨大贡献，而这些生理平衡能够使奶牛顺利过渡到泌乳期（Vailati-Riboni 等，2016）。这些应用于围产期疾病病理生理学研究的技术正在世界各地的研究团队中广泛传播。尽管如此，聚焦于生理学各个部分（而不是将其作为整体）的还原论方法仍然是科学家们进行整体研究时所采用的主要方法。我们仍然将单个器官作为"系统"来研究，然后根据现有的文献推断出其与机体其他部分之间的联系。这些疾病的生理和代谢复杂性不可避免地需要使用系统生物学方法，即使用整合的且不是还原的方法来系统研究奶牛体内复杂的相互作用。只有这样，研究人员才能发现组织内部（通路、调节网络和结构组织）和组织之间（脂肪与肝脏、骨骼肌与脂肪、肠道微生物与上皮细胞）的潜在联系，并检测可能通过检查系统内所有组成部分之间的相互作用而发现的新属性。

从最纯粹的意义上说，这些系统方法还没有真正应用到乳品/乳业科学领域中。这很大程度是因为当整合多个数据集时，人们更喜欢显而易见的数值关系，而不是器官之间富有意义的内在生物学联系。因此，作为未来研究的前沿，乳品/乳业科学必须满足"有用"方法（如建模、生物信息学）的需求，以整合从组织内部和组织之间的多个"组学"分析中获得的知识，既要关注经典的遗传信息流（转录组、蛋白质组、代谢组），又要关注这些信息层次之上的内容（表观遗传学）。

参考文献

Aebersold R, Mann M. 2003. Mass spectrometry-based proteomics[J]. Nature, 422(6928):198–207.

Bai YS, Sartor M, Cavalcoli J. 2012. Current status and future perspectives for sequencing livestock genomes[J]. J Anim Sci Biotechnol, 3:8.

Brun V, Dupuis A, Adrait A, et al. 2007. Isotope-labeled protein standards: toward absolute quantitative proteomics[J]. Mol Cell Proteomics, 6(12):2139–2149.

Capomaccio S, Milanesi M, Bomba L, et al. 2015. MUGBAS: a species free gene-based programme suite for post-GWAS analysis[J]. Bioinformatics, 31(14):2380–2381.

Chandramouli K, Qian PY. 2009. Proteomics: challenges, techniques and possibilities to overcome biological sample complexity[J]. Hum Genomics Proteomics.

Goddard ME, Hayes BJ. 2007. Genomic selection[J]. J Anim Breed Genet, 124(6):323–330.

Gondro C, JVD W, Hayes B. 2013. Genome-wide association studies and genomic prediction[J]. Methods of molecular biology, 1019.

Hood L. 2002. A personal view of molecular technology and how it has changed biology[J]. J Proteome Res, 1(5):399–409.

Lippolis JD, Reinhardt TA. 2008. Centennial paper: Proteomics in animal science[J]. J Anim Sci, 86(9):2430–2441.

Loor JJ. 2010. Genomics of metabolic adaptations in the peripartal cow[J]. Animal, 4(7):1110–1139.

May C, Brosseron F, Chartowski P, et al. 2011. Instruments and methods in proteomics[J]. Methods Mol Biol, 696:3–26.

Meuwissen THE, Hayes BJ, Goddard ME. 2001. Prediction of total genetic value using genomewide dense marker maps[J]. Genetics, 157(4):1819–1829.

Nicolazzi EL, Biffani S, Biscarini F, et al. 2015. Software solutions for the livestock genomics SNP array revolution[J]. Anim Genet, 46(4):343–353.

Oliver SG, Winson MK, Kell DB, et al. 1998. Systematic functional analysis of the yeast genome[J]. Trends Biotechnol, 16(9):373–378.

Poddar S, Kesharwani D, Datta M. 2017. Interplay between the miRNome and the epigenetic machinery: implications in health and disease[J]. J Cell Physiol.

Purcell S, Neale B, Todd-Brown K, *et al.* 2007. PLINK: a tool set for whole-genome association and population-based linkage analyses[J]. Am J Hum Genet, 81(3):559–575.

Rivers J, Simpson DM, Robertson DH, *et al.* 2007. Absolute multiplexed quantitative analysis of protein expression during muscle development using QconCAT[J]. Mol Cell Proteomics, 6(8):1416–1427.

Romao JM, Jin W, Dodson MV, *et al.* 2011. MicroRNA regulation in mammalian adipogenesis[J]. Exp Biol Med, 236(9):997–1004.

Sauerwein H, Bendixen E, Restelli L, *et al.* 2014. The adipose tissue in farm animals: a proteomic approach[J]. Curr Protein Pept Sci, 15(2):146–155.

Schena M, Shalon D, Davis RW, *et al.* 1995. Quantitative monitoring of gene expression patterns with a complementary DNA microarray. Science 270(5235):467–470.

Vailati-Riboni M, Elolimy A, Loor JJ. 2016. Nutritional systems biology to elucidate adaptations in lactation physiology of dairy cows. In: Kadarmideen HN (ed) Systems biology in animal production and health[M]. Cham: Springer International Publishing. 97–125.

Voelkerding KV, Dames SA, Durtschi JD. 2009. Next-generation sequencing: from basic research to diagnostics[J]. Clin Chem, 55(4):641–658.

Wasinger VC, Cordwell SJ, Cerpa-Poljak A, *et al.* 1995. Progress with gene-product mapping of the Mollicutes: Mycoplasma genitalium[J]. Electrophoresis, 16(7):1090–1094.

Zhang A, Sun H, Wang P, *et al.* 2012. Modern analytical techniques in metabolomics analysis[J]. Analyst, 137(2):293–300.

2

从还原论走向系统兽医学的围产期奶牛疾病研究

Burim N. Ametaj[*]

摘 要

在过去的50年中，畜牧学者们通过不断努力，在高产奶牛的筛选及高产奶牛最佳日粮配比的开发方面已取得了巨大进步。此外，兽医学家就奶牛健康问题一直在进行不断地研究，并为多种围产期奶牛疾病提供了最佳解决方案。实际上，现在1头奶牛的产奶量相当于50年前6头奶牛的产奶量，这是遗传学家和动物营养学家不懈努力的成果，令人钦佩。但是，仍有一个问题无法解决，即围产期疾病高发和高淘汰率的原因。尽管进行了大量的研究工作并取得了进展，但因饲养健康问题，乳制品行业每年损失依旧达到数十亿美元。淘汰扑杀的奶牛数量不断增加，子宫感染、不孕、乳房炎、阴道炎、酮病和胎衣不下等多种疾病的发病率也在增加。这就引出了一个问题：一直以来用于诊断、治疗和预防围产期奶牛疾病的方法、理念和科学概念是否合适？在生物学和医学领域的科学家中，普遍存在一种共识：几个世纪以来主导生物科学和医学的还原论，并不能解决许多悬而未决的人类和动物的健康问题。近年来，一种被称为"系统生物学"的新概念出现在众人眼前，并且已获得各国相关研究机构的认同，似乎为解决问题带来了新的希望。系统生物学家建议将动物机体看作一个整体，将疾病看作是基因型、表现型和环境之间复杂的相互作用。最近，动物科学和兽医学科学家参与相关讨论，

---

[*] B.N. Ametaj, D.V.M., Ph.D., Ph.D.
Department of Agricultural, Food and Nutritional Science, 4-10G, Agriculture/Forestry Centre, University of Alberta, Edmonton, Alberta T6G 2P5, Canada
e-mail: burim.ametaj@ualberta.ca

我们将这些讨论的结果带给了本书的读者。在本章中，我们研究了20世纪在动物科学和兽医学中占主导地位并已然成为神话的一些概念，认为现在应该重新审视这些概念，以便提高奶牛的健康、安全、福利水平以及乳制品行业的盈利能力。在本章的最后部分，将还原论方法与系统生物学或系统兽医学方法进行了比较，并讨论了其优缺点，以便读者更好地了解兽医学的原理，并采用最佳的研究方法。

2.1 前言

根据CanWest DHI Canada（2015）的数据可知，奶牛围产期疾病的发病率在过去14年间（2001—2014年）持续上升。根据CanWest DHI Canada的记录及全球各个研究实验室的调查结果可知，奶牛最主要的3种围产期疾病是子宫炎（子宫炎症）、乳房炎（乳房炎症）和蹄叶炎（蹄真皮层炎症）。其他主要的围产期疾病包括酮病、乳热症、胎衣不下、脂肪肝、皱胃移位和瘤胃酸中毒。

出于各种原因，淘汰率也从2011年的约24%上升到2014年的近51%，这使得奶牛的生产寿命缩短至2年以下。据报道，在美国、欧洲和其他国家，发病率和扑杀率呈上升趋势（USDA，2007a，2007b；Maher等，2008；Rushen，2013）。淘汰奶牛的数量不断增加，是现如今奶业面临的主要困难，如果这种趋势在未来10年内持续下去，那么奶牛的生产寿命甚至可能缩短至1年。牛乳产量降低、妊娠率降低或不孕以及乳制品生产商的利润率降低都会导致奶牛疾病的发生。奶牛的健康状况极大地影响了乳业的盈利能力和产业前景。此外，奶牛疾病的发生也与饲养及生产条件恶劣有关。

值得注意的是，一个奶牛群中，30%~50%的奶牛会同时受到一种或多种围产期疾病的影响（Ametaj等，2010；LeBlanc，2010；CanWest DHI Canada，2015），高发病率及发病的原因是什么？过去100年来，奶牛健康研究人员提出并解决了这一问题，尽管对围产期奶牛疾病病理机制的认识不断深入，但对其病因及发病机制尚未完全了解。在缺乏对致病机制及致病因素了解的情况下，就无法制定适当的治疗方案及预防措施。以下将讨论造成这种认知状态的一些原因。

科学家们用来诊断疾病、治疗患病奶牛或制定预防措施的理念，是造成奶牛健康状况现状的一个重要原因。在过去的几个世纪中，占主导地位的科学研究方法一直是"还原论"。还原论的基础是从理论上将动物机体分成各个部分，并对这些部分进行分析研究，以便更好地理解各部分的功能及工作原理。这种方法使我们对机体的组成结构及功能有了更充分的认识，包括各种器官、组织以及细胞、酶、蛋白质、碳水化合物、脂质、矿物质、维生素或机体的其他组成部分。

但是，显然还原论方法还不足以解决复杂的奶牛健康问题和整个生物体的问题。

饲养环境及奶牛的基因型也是导致疾病发生的重要原因。20世纪人们对如何正确饲喂奶牛以保持奶牛健康和生产力并没有太多的认知。目前，营养科学正在发展，但还没有达到满足个体养殖和保持奶牛健康和生产力的水平。开发一种既能提高生产力，又有利于奶牛健康的饲料将是动物营养学家未来面临的挑战。

另外，有关鉴别奶牛的健康性状（即健康的基因型）的资料也不多。在过去的几十年里，奶牛遗传学家只是关注奶牛高产性能的筛选。现如今，奶牛健康性状的选育受到了科学家和乳品行业的极大关注。

另一个值得研究者们关注的领域是围产期疾病发展的病因病理学。在疾病的早期诊断、预后以及制定新的预防性干预措施方面都具有较大潜力，但是这些尚处于探索阶段。

值得注意的是，关于如何研究奶牛的围产期疾病，出现了一种新理论：系统生物学或系统兽医学。这种新理论为诊断疾病、治疗患病动物以及预防疾病的发生提出了一种新的方法论。事实上，现在可以使用过去没有的多种精密仪器。这些仪器可帮助我们更好地了解患病动物，理解疾病的发展过程和因果关系，例如NMR（核磁共振）、DI-MS（解吸电离质谱）、GC-MS（气相色谱质谱）、ICP-MS（电感耦合等离子体质谱）等仪器以及与RNA、DNA、蛋白质组和微生物组研究相关的许多现代仪器。

系统生物学方法的另一个优势是当前计算机技术、生物信息学和通信手段的迅速发展。过去，研究学者们主要通过书信交流，借阅各地图书馆中的书籍，以及电话沟通（如果有条件）的方式，来达到信息交换的目的。但进入21世纪以后，科学家可以在几秒或几分钟内获得信息，了解在全球各地进行的研究，而在20世纪则需要几天或几个月的时间。还可以使用更加先进的生物信息学工具在几分钟之内处理大量数据。这是一个电子技术的时代，快捷的信息通信促进了科学家之间的互动，并加快了创新过程。

在这一章中，将对还原论方法的相关缺陷进行更详细的讨论。此外，将"系统生物学方法"引入兽医领域，就形成了"系统兽医学方法"这一新理念。"系统兽医学方法"更适用于兽医学。因为整个兽医科学，如动物健康监测、疾病诊断、疾病治疗以及预防策略和疾病风险预测，都需要采用系统的方法来改善动物的健康状况，本书重点讲的是改善奶牛的健康状况。

多年来，人们对每一种奶牛围产期疾病都提出了多种假说。在20世纪，乳热症是最受关注的一种，前后共提出了30多种不同的假说。虽然对各种疾病的病因学提出的假说各有其优点，但仍未能解决与奶牛健康相关的诸多问题。奶牛仍然大量患病，淘汰率很高，而相关领域的研究似乎也遇到了瓶颈，亟须解决。

由于20世纪的许多科学家将还原论或反应性兽医学作为疾病诊断、治疗和预防的出发点，因此讨论20世纪创造的一些神话，揭开其神秘面纱，以便为新理念和新的解决方案开辟道路，这是十分有意义的。

2.2 误解一：代谢疾病是一种代谢物或多个代谢过程的内部稳态紊乱

根据Payne（1977）的观点，代谢疾病是一种代谢物或多个代谢过程内部稳态的异常状态。大约半个世纪前，当人们对代谢疾病还知之甚少时，Payne发表了这一言论。当时对代谢疾病的研究还处于早期阶段。在当时的知识水平下，Payne对代谢疾病的定义是正确的。但此后，人们对奶牛的代谢疾病的认识有了重大转换。例如，几十年来，人们一直认为血液中的铁含量较低（即低铁血症）是铁缺乏的迹象。但是，在过去的10年中，研究证明，在细菌感染期间，铁元素从血液循环系统中转移出去（也称为炎症性贫血），使致病细菌难以自由获取铁元素，而铁元素对致病菌的生长、增殖至关重要（Ganz，2009；Wander等，2009）。更多证据还表明，可能也是同样的原因引起体循环或其他体液或细胞中的钙（Ca）的浓度变化。最近的一些综述表明，在细菌感染或内毒素血症期间，降低血液中的钙，可能是机体为了安全清除血液循环中的细菌内毒素等而产生的免疫反应的一部分（Waldron等，2003；Ametaj等，2010；Eckel和Ametaj，2016）。此外，检测到肺部致病细菌细胞内Ca浓度增加，可能会激活细菌的毒力基因表达，尤其是对菌毛和神经氨酸苷酶的表达起作用。菌毛与肺部感染有关，细胞内Ca浓度升高是激活菌毛表达的最重要信号之一，当细菌进入肺内，Ca浓度升高会诱导菌毛表达（Rosch等，2008）。因此，高细胞外（即血液）钙可能有利于病原菌激活其毒力基因，而钙的转移可能是宿主抵抗细菌感染的保护性反应。

在过去的10年中，在奶牛围产期疾病研究中出现了组学技术应用的热潮，全球多个研究机构都利用该方法获得了令人振奋的结果。其中从代谢组学研究中得出的一个重要结论是，在围产期奶牛的各种围产期疾病发病过程中，体液（血液、尿液或牛奶）中的多种代谢物发生了变化。这就引出了一个问题，即我们是否可以通过宿主体液中的一种或几种代谢物的紊乱来定义或关联某种代谢疾病？近期，我们已经能够鉴定和统计数百种代谢物和多种代谢途径，这些代谢物和代谢途径在奶牛的6种主要围产期疾病（子宫炎、乳房炎、蹄叶炎、酮病、乳热症和胎衣不下）临床症状出现之前、期间和之后都发生了变化（Dervishi等，2016a，2016b；Zhang等，2017）。这些数据表明，每种围产期疾病，无论是典型的感染性疾病（子宫炎或乳房炎）还是本质上的代谢疾病（酮症或乳热症），其特征都是多种代谢物和矿物质的含量发生了变化。因此，用一种或少数几种紊乱的代谢物（例如 BHBA、NEFA 或 Ca）鉴定一种代谢疾病（例如酮病、脂肪肝或乳热症）似乎不够严谨，同样，用一种代谢疾病来鉴定几种受干扰的代谢物也不准确。因为在大多数主要的围产期疾病中，有数十种代谢物和多个代谢途径受到影响。

生命科学研究中另一个有趣的发现是，包括 2 型糖尿病、肥胖症和代谢综合征在内的大多数人类现代代谢疾病中，总会存在慢性炎症状态（Monteiro 和 Azevedo，2010）。最近，我们实验室的数据也显示，奶牛的 6 种主要围产期疾病（Dervishi 等，2015；Dervishi 等，2016a，2016b；Zhang 等，2015，2016）发生前都出现了慢性炎症，并且二者具有相关性。这些数据表明，不存在简单的代谢异常或炎症状态，而更多的是宿主代谢与免疫反应相结合的病理状态。这也表明应重新审视和界定代谢疾病的病因、病理生物学和定义。

自从 Payne 提出代谢疾病的定义以来，许多科研团队已经证明，许多炎症中间体会刺激或抑制各种代谢反应。例如，研究证明肿瘤坏死因子（TNF）和白介素（IL）-1β 具有脂解活性和抑制糖异生的作用，而 IL-6 影响肝蛋白合成（Raj 等，2008）。此外，TNF 可以降低肝脏、脂肪组织和骨骼肌的胰岛素敏感性（Hotamisligil 等，1993；Weisberg 等，2003）。TNF 和 IL-1β 可抑制胰腺 β 细胞中 GLUT2（葡萄糖受体）和葡萄糖激酶的表达，从而使它们对血糖水平的敏感性降低（Park 等，1999）。TNF 在奶牛代谢中可以引起脂肪肝（Bradford 等，2009），内毒素会使血浆 Ca 降低（Waldron 等，2003）。这些例子都证明，在代谢失调和炎症反应之间没有明确的界限，而且对疾病的认知比以往要复杂得多，不能再单纯归为代谢病或炎症。

值得奶牛健康行业讨论的另一个问题是，如何定义和界定代谢疾病？引出问题的导火索是近几年报道的关于人类体液中存在的代谢物数量的相关发现。例如，Psychogios 等（2011）报道了人类血清中共有 4 229 种代谢产物。包括牛在内的各种家畜血液中也可能鉴定和量化出相同数量级的代谢物。在定义某种代谢疾病方面，对于人类和动物健康研究学者来说，有几个具有挑战性的问题需要解决。例如，宿主是否存在超过 4 000 种稳态调节机制来调节体液中存在的所有代谢物的浓度，又或者这些代谢物中的一些或大部分只是从宿主体内通过，因为它们是所消耗的食物的一部分？是否存在必须严格控制的基本代谢物，而其他的则不那么重要？此外，如果一个、几个或所有代谢物的稳态在某一时间点受到干扰（增加或减少），那么基于同一种紊乱代谢物同一种疾病的还原论概念，我们是否应该在人类或动物上定义总共 4 229 种代谢物疾病？

另一个值得讨论的问题是，Payne 提出的"内部稳态的异常变化"是什么？可以说血液代谢物的波动（即增加或减少）是"内部稳态的异常变化"吗？应该强调的是，在血液或其他体液中循环的大多数代谢物在疾病时流向各器官、组织和细胞，以参与多种活动，如大分子物质的合成，包括糖原、磷脂、甘油三酯、酶、蛋白质、免疫球蛋白、急性期蛋白、抗菌化合物等。一些代谢物参与能量产生，另一些代谢物成为细胞膜的一部分，还有一些代谢物充当酶的底物或细胞的燃料，一些代谢物作为免疫反应和许多其他功能的组成部分参与其中。此外，代谢物在体液中的增加或减少取决于特定部位、组织或器官对这些化合物在特定时间点或特定活动的需要。代谢物从胃肠道被吸收或从身体储存部位释放进入体循环，并从身体的一个部位运输到另一个器官、组织或细胞。因此，就有了一个具有挑战性的问题，即如何区分正常的代谢物流动和异常的代谢物流动？代谢物变化可能是因为其流向乳腺为牛奶合成提供营养物质，也可能是因为其流向瘤胃支持免疫反应的发展。那么，什么是异常变化，什么是代谢物和营养物质的生理性流动？

另一个重要的问题是，血液代谢物的正常浓度是多少？这个问题非常复杂，也很难回答。因为要确定血液代谢产物的正常浓度，需要控制多个变量。以下介绍其中的一部分：① 动物必须处于绝对健康状态。动物应无寄生虫、传染病、病毒性疾病、临床代谢疾病、亚临床疾病（亚临床酮症、亚临床低钙血症、亚临床乳房炎）或任何其他疾病，这是很难实现的。② 动物的饮食中没有任何营养元素的缺乏或过剩。摄入的营养元素含量低于或高于美国国家科学研究委员会（NRC）的推荐含量都会影响其血液浓度，从而影响代谢物正常浓度的定义。③ 应保障宿主不被任何形式的环境条件影响其健康或代谢过程，包括温度、湿度、畜棚和卧床空间以及一年中的季节变化。④ 动物应远离应激（即最舒适的生活条件），如被束缚在畜栏的应激、管理的应激、群体等级的压制、获取食物或水的限制以及其他潜在的影响变量。⑤ 水和矿物质混合物的来源也很重要，因为它们从一个奶牛场到另一个奶牛场，从一个地点到另一个地点，含有不同含量的矿物质或其他化合物。⑥ 动物的生理阶段和年龄也是影响体液中各种代谢物浓度的主要因素。例如，与泌乳初期、中期或后期的奶牛相比，干奶期奶牛有不同的饮食，不同的生理阶段对营养的需求也完全不同。此外，犊牛、青年奶牛与成年奶牛有着不同的生理特点，血液各指标的浓度当然不同。⑦ 动物的饲料应绝对不含霉菌毒素、内毒素、重金属或其他有毒化合物。众所周知，在适宜温度、湿度下，奶牛或其他家畜的饲料中容易滋生各种真菌和细菌。科学文献中已经报道了其中一些有毒化合物对代谢和免疫的影响，这些化合物的存在肯定会影响奶牛体液中代谢物的含量。总体而言，确定奶牛或其他动物的各种体液中一种或多种代谢物的含量是否正常是一项非常艰巨的任务。

科学家们用来确定一头奶牛或一群奶牛体内代谢物稳态是否发生了异常变化，主要是通过比较在相似的饲养、管理条件下临床健康的奶牛与表现出疾病的临床或亚临床症状的奶牛的健康指标、生理状况。但是，一般情况下，没有对对照动物进行特定评估以排除亚临床健康问题。控制上述所有变量，并使用先进的仪器确定奶牛体液中存在的数千种代谢产物的正常浓度和波动，可能还需要一些时间。

应当指出的是，奶牛代谢疾病的概念与人类非常不同，后者将代谢疾病定义为"任何扰乱正常代谢的疾病或紊乱，即在细胞水平上将食物转化为能量的过程（Enns，2016）"。在人类医学中，代谢疾病主要定义为遗传性或先天性代谢缺陷（Enns，2016）。还需要指出的是，除了糖尿病（一种与葡萄糖和胰岛素代谢改变有关的疾病）和代谢综合征之外，没有其他明确的人类代谢疾病。相反，在兽医学中，有几种疾病被定义为代谢紊乱，包括乳热症、酮病、脂肪肝，以及其他一些不太重要的疾病，如低磷血症、青草搐搦（又称低镁血症性搐搦）和妊娠毒血症。

最后，鉴于系统生物学的最新发展，代谢疾病应更多地看做是在与环境因素相互作用下，细胞和器官基因组学、转录组学、蛋白质组学和代谢组学的多方面综合性紊乱。在患有相同疾病的不同个体中，这些相互作用应被视为多层次且互不相同。这种复杂性需要一种新的方法来应对与疾病过程相关的挑战，还需要发展如何预防家畜疾病发生的新理念。

总体而言，需要重新审视或定义家畜尤其是奶牛的代谢疾病或代谢紊乱的概念。这是奶牛健康领域新发展的必然结果。也是当前研究领域对奶牛养殖业、未来一代的学生和研究者，以及奶牛福利的一种义务。

2.3 误解二：生产性疾病的概念

Payne 在 20 世纪 70 年代早期首次提出"生产性疾病"一词。从 1972 年至今，生物科学和兽医学科学以及疾病的基本概念有了许多新的发展。现在有必要重新审视并调整生产性疾病这一概念，以适应系统生物学方法的新时代。

生产性疾病的最初定义是什么？生产疾病的概念是由 Jack Payne（1977）提出的，他指出，随着集约化和生产力水平的提高，代谢紊乱的问题也随之增加。他进一步阐述了这一概念，该概念表明，现代观点认为，反刍动物的代谢疾病主要不是由于动物生物化学的先天性缺陷引起的。相反，它们是由于动物应对高产量的代谢需求的能力下降，加上现代集约化饲养管理的压力而引起的。换句话说，代谢疾病是一种将人类需求强加在家畜身上导致的副作用。这种观点引入了一个描述农场反刍动物代谢紊乱的新的集合名词——生产性疾病。Payne 提出，代谢疾病与奶牛无法满足产奶的高水平营养需求有关。但是，产奶量高的奶牛从亲代继承了高产的特性。因此，它们具有生产大量牛奶的潜能。如果我们为奶牛提供它们能够承受的产奶水平所需的营养水平，那么，奶牛必能达到这个潜力。事实证明，牛群中约有一半的高产奶牛在围产期受到代谢或疾病的影响。另一半则保持健康且高产，它们可以实现生产潜能而没有健康问题。Payne（1977）指出，这是一个重要线索，表明环境并不是奶牛大多数代谢或围产期疾病发生的唯一或主要因素。此外，如果牛群中有一半的奶牛被投喂等量和成分类似的饲料，且无代谢疾病，那么就意味在研究代谢疾病时，基因型也是一个非常重要的因素。然而，Payne（1977）在他的书中指出，"代谢疾病不是动物生物化学的先天性缺陷"。因此，Payne 排除了奶牛的代谢疾病与奶牛的先天性代谢缺陷或基因型有关的可能性。

让我们再举一个例子来更好地理解基因型在代谢疾病病理生物学中的作用。产犊后立即饲喂大量谷物，为奶牛提供产奶所需的能量和营养，与瘤胃液 pH 值降低有关。这种低 pH 值会影响瘤胃中微生物群的组成和细菌有毒化合物的释放。例如，饲喂奶牛大量谷物后，瘤胃液中的内毒素含量增加了约 14 倍（Emmanuel 等，2008）。内毒素能够通过瘤胃和结肠，进入体循环，引发一系列代谢和免疫反应，甚至诱发脂肪肝、蹄叶炎或胎衣不下等（Emmanuel 等，2007）。越来越多的证据表明，哺乳动物和奶牛个体间对内毒素的反应不同（Jacobsen 等，2007，2008）。有些个体更容易受到内毒素的影响，容易生病甚至死亡。有些个体对同等剂量的内毒素具有更强的抵抗力，可以通过轻微发热来消除内毒素的毒性作用。很多证据表明，内毒素与奶牛的多种围产期疾病有关，包括脂肪肝、乳热症、酮病、胎衣不下、皱胃移位、蹄叶炎等（Ametaj 等，2010，2015）。在这种情况下，显然一些奶牛对内毒素相关疾病的敏感性或耐受性差异与基因型密切相关。

Payne（1977）和许多科学家也认为，代谢性疾病是人类有目的地强行改变动物的正常生理状态所导致的疾病。根据这一定义，似乎是人类为了寻求更高的牛奶产量，从而使奶牛产生了代谢疾病。但是，并没有确凿的证据表明高产奶牛与更高的围产期疾病（包括代谢疾病）发病率有关。产奶量增加与围产期疾病发病率增加无关的一个明显例子是乳热病。自从 18 世纪首次报道了乳热症后，人类研究乳热症已经近一个世纪，但是这种疾病在北美、欧洲或其他地方的发病率一直在 5%~10%。这清楚地表明，乳热症不是一种人为造成的疾病，与人工选择高产奶牛无关。另一方面，某些品种的奶牛，如娟姗牛（Jersey）比荷斯坦奶牛更易患乳热症，这也支持了奶牛的基因型是疾病发展中的重要因素这一观点。

Payne（1977）进一步解释了生产性疾病的定义，首先，当生产需求超过动物的代谢能力时，疾病很可能发生；其次，为了高产，动物容易遭受代谢性损害，因为动物并不总是能得到适当的喂养或管理，以满足其特殊的生理和代谢需要。如果 Payne 的说法是正确的，那么牛群中 100% 的奶牛都会在产犊期发生代谢疾病或围产期疾病。但是，尽管奶牛被饲喂类似的口粮，这种情况也不会发生。实际上，只有 30%~50% 的奶牛同时受到一种或多种围产期疾病的影响。这再次表明，基因型是奶牛对围产期疾病具有不同敏感性的重要因素。

Payne（1977）的声明中值得讨论的另一个观点是，他以一种机械的方式定义了代谢疾病。他指出，所有的生产系统都有 3 个基本组成部分。它们都有原材料的输入、中央处理系统和成品的输出。这不仅是奶牛的基本生产模式，也是各种生产系统的基本生产模式。所有生产系统都容易患上类似的"疾病"。很明显，Payne 认为动物是一种机器，而忽略了生物学与人类、电子机械完全不同，奶牛比人造机器要复杂得多。Payne 的定义忽略的另一个方面是，在奶牛的胃肠道中，细菌的数量是其自身细胞的 10 倍或甚至更多。据报道，这些细菌及其产物与人类及动物的各种病症有关；但是，那时的科学家还未发现这一点。

Payne 还提出了投入与产出不平衡的概念。他将代谢疾病称为 "put-put 病"，类似于汽车厂的运作模式。强调一点，Payne 对生产性疾病的定义是在人们对细菌内毒素在奶牛疾病中的作用知之甚少的时候提出的。目前，越来越多的证据表明，奶牛产后立即采食大量谷物或精料与瘤胃液、瘤胃壁的多种异常变化及瘤胃液中内毒素的释放增强有关。大量研究表明，被释放到瘤胃的内毒素，在乳腺感染、子宫感染及多个围产期疾病的病理学中发挥重要作用。这个例子清楚地表明，生产疾病不是简单的 put-put 病，也与投入和产出之间的不平衡无关。在讨论围产期奶牛疾病时，还有其他因素在健康和疾病中起着重要作用，这些因素也是不容忽视的。因此，Payne 的机械模型不能适用于奶牛，因为奶牛这一有机体比汽车制造厂复杂得多。

此外，有几位作者研究并报道称，奶牛的产奶量与较高的代谢性或生产性疾病风险之间存在关联。但是，大多数人的研究表明没有这种风险。此外，Ingvartsen 等（2003）对高产奶量与较高发病率之间的关系进行了最全面的综述。作者对 11 项流行病学调查和 14 项遗传学研究进行了综合分析，研究了高产奶量与患生产性疾病风险增加之间的关联，生产性疾病包括难产、生产瘫痪（乳热症）、酮病、皱胃移位、胎衣不下、卵巢囊肿、子宫炎、乳房炎和跛行。得出结论，除了乳房炎，没有明确证据表明高产奶牛患生产性疾病的风险增加。

一些研究报道了高产奶量对某些疾病风险的影响（Curtis 等，1984，1985；Gröhn 等，1989；Gröhn 等，1990a，1990b；Bigras-Poulin 等，1990；Lyons 等，1991）。这些调查的结果与作者的假说相符。但是，应该记住这些作者尚未考虑其他因素对疾病的影响。例如，奶牛日粮中更高的谷物含量与围产期疾病更高的发生率有关。但是，按日粮 DM 的 0、15%、30% 和 45% 增加谷物的饲喂量时，其比率越高，瘤胃液中释放的内毒素越多；当它们被饲喂日粮 DM 的 30% 或 45% 谷物时，就会激活全身的先天免疫。在日粮中包含 30%~45% 的谷物时，瘤胃液中内毒素含量增加 14 倍（Emmanuel 等，2008）。另外，据报道，内毒素能够穿过牛的瘤胃和结肠组织，特别是处于炎症状态时，这种情况通常发生在高谷物饲养期间（Emmanuel 等，2007）。另一个重要的观察结果是，与产奶量较少的奶牛相比，产奶量较高的奶牛物质采食量（DMI）也较高。在奶牛场中，工人会跟踪奶牛的产奶量，并根据当前的产奶量进行饲养管理，这是现代奶牛场的一种常见做法。一头奶牛的产奶量越高，投喂的饲料就越多。与产奶量较低的奶牛相比，消耗更多的饲料（即 TMR）也意味着在 TMR 中摄入更多的谷物或精料。摄取较多的谷物会影响瘤胃微生物组分，当然也会影响奶牛的健康状况。总之，没有确切证据表明产奶量提高会增加患围产期疾病的风险。因此，与其称这些疾病为 put-put 病、人造疾病或生产性疾病，不如简单地将其称为奶牛的围产期疾病。

2.4 误解三：奶牛为了产奶牺牲自己

Payne（1977）在其关于奶牛代谢疾病的书籍中提出了另一个概念，该概念已成为主流，并仍在主导动物科学和兽医科学。例如，他指出："奶牛有生理上的先天缺陷，这对奶牛非常不利。这种缺陷是农场动物所特有的，人为的工业生产过程遇到的概率很低。简而言之，奶牛的产奶往往是强制性的，即使日粮摄入不足，甚至即将死亡，也仍然会产奶。""一位崇高的母亲为了孩子的生存而奉献牺牲，这似乎是非常理想化和令人信服的！多么令人感动啊！生命就这么脆弱？"如果奶牛在哺乳期死亡，那么新生犊牛也会死亡，因为在自然界中没有奶牛会哺育另一头奶牛的犊牛。此外，Payne 指出，奶牛与汽车生产工厂有所不同，因为奶牛在生产牛奶的过程中会死亡，这是后代生存不可或缺的主要特征。自然条件下所无法避免的，而工厂则不然（它们不会在汽车生产过程中消失）。不幸的是，如前所述，如果母亲去世，后代也将死亡。工厂缺少原材料时只会停止生产。患病的奶牛真的会因为生产后代成长所需的牛奶而死亡吗？或者真的会在产奶过程中牺牲自己？Payne 的说法有科学依据吗？我们实验室和许多其他研究人员的最新数据清晰地表明，包括子宫炎、乳房炎、蹄叶炎、酮病、乳热症和胎衣不下在内的6种最普遍的奶牛围产期疾病中，产奶量显著下降（约25%），但在疾病过程中没有奶牛死亡（Dervishi等，2015；Dervishi等，2016a，2016b；Zhang等，2015，2016）。这个证据明确表明，奶牛在为后代生产牛奶的过程中不会牺牲自己，尽管其患有临床疾病，并降低了采食量。其次，即使处于疾病状态，奶牛每天的产奶量也高于犊牛生长的需求量。犊牛每天不能喝超过10kg的牛奶，而在如今的发达国家，奶牛每天能生产40~50kg的牛奶。牛奶产量减少25%意味着每天减产10~12kg，每天仍有30~40kg牛奶可用于饲喂犊牛。由于奶牛的产后生理机能（支持和诱导产奶的激素，如催乳素）的存在，可支持乳腺持续产奶；在疾病期间，产奶量虽然低于奶牛的产奶潜力，但足以喂养犊牛。因此，他指出的"即使奶牛会在产奶过程中死亡，产量也高于奶牛本身"并没有太大意义。

2.5 误解四：一种代谢物，一种疾病的概念

建立一种代谢疾病所用的主要还原论原则是"一种代谢物改变，一种代谢疾病产生"。事实上，所有已知的奶牛代谢疾病都被定义为一种代谢物改变的疾病。例如，乳热症已被确定为围产期低钙血症；酮病已被确认为β-羟基丁酸酯（BHB）或酮体浓度增加；脂肪肝已被确定为产后血液中非酯化脂肪酸（NEFA）的水平升高，并且以甘油三酯的形式储存在肝脏中。基于这种逻辑，多年来确定的其他代谢疾病有低磷血症或慢性磷缺乏症，以及低镁血症性搐搦或镁缺乏。

事实上，最近各研究实验室利用蛋白质组学和代谢组学得到的最新数据表明，在奶牛发生乳热症、酮病和脂肪肝等重大疾病时，正如本书以下几章将阐述的那样，患病奶牛的血液、尿液和乳汁中，各种氨基酸、脂类、磷脂、鞘磷脂、酰基肉碱和金属的浓度会发生多种变化（Klein等，2012；Hailemariam等，2014；Imhasly等，2014；Sun等，2014）。此外，在围产期奶牛最常见的感染性疾病（包括子宫炎、乳房炎和炎症引起的跛行）期间，多个代谢途径受到干扰。这促使我们提出，奶牛在产犊前后的代谢和炎症反应可能被误解为代谢疾病或某些代谢物缺乏（如低钙血症）或过量（如高血NEFA）（Ametaj，2015）。这一假设的依据是，20世纪的研究人员一直专注于一个概念，即"某种代谢物紊乱是某种代谢疾病的主要病因"。现在的系统生物学数据表明，在奶牛主要围产期疾病期间，数十甚至数百种代谢物或蛋白质含量发生了显著变化。假如基于一种代谢物紊乱导致一种疾病的逻辑，我们现在可以轻松地发现数百种围产期奶牛代谢疾病。因此，科学界应该重新审视和定义奶牛代谢疾病的概念。

如前所述，奶牛不存在单纯的代谢疾病，因为对于奶牛的每一种主要的围产期疾病，如子宫炎、乳房炎、蹄叶炎、酮病、乳热症、胎衣不下，除了多种代谢产物和代谢途径紊乱外，还激活了先天性免疫，在发病前和临床疾病期间都存在（Dervishi 等，2015，2016a，2016b；Zhang 等，2015，2016）。这表明，奶牛围产期疾病的病理学比以前认为的要复杂得多。考虑到在疾病发生之前、期间和之后，围产期的代谢波动似乎是宿主对围产期疾病反应的一部分，因为先天性免疫和氨基酸、碳水化合物、脂质、磷脂、鞘磷脂及参与矿物质代谢的代谢物是机体对疾病作出反应并痊愈所必需的。

总之，在定义代谢疾病时，我们需要将重点放在紊乱的代谢通路和网络上，而不是单个基因、单个代谢物或单一的蛋白质，这样才能更好地了解整个有机体的变化，而不是仅限于机体的某单一组成部分。

2.6 还原主义 vs 系统兽医学方法

2.6.1 预测性、预防性和个性化医学

目前兽医科学的主要内容与亚临床或临床疾病的诊断有关。这意味着每种疾病都会经历完整的亚临床阶段，然而这个过程并未引起注意，最终进入临床阶段并完全表现出临床症状。即使该疾病处于亚临床阶段，大多数疾病如乳热症、酮病或乳房炎都是基于"一种代谢物，一种疾病"的方法进行诊断的。乳热症是指血液中 Ca 浓度较低，酮病是指血液中 BHBA 的浓度较高，乳房炎是指乳中的体细胞计数（SCC）高于一定值。在亚临床疾病晚期或临床疾病症状明显时进行诊断已经为时过晚，无法逆转其进程。此外，这个阶段的治疗费用更高，并且可能导致奶牛死亡。结果就是大量奶牛对药物治疗的反应不佳。众所周知，在发达国家，每年多达 50% 的奶牛因经济效益低下被淘汰。因此，在疾病发生的最初阶段及早发现、及早干预以防止疾病恶化，比治疗更有效果。

在 20 世纪，传统兽医学主要是一种反应性医学。这就意味着，一旦奶牛被诊断出患有某种疾病，或者当它们表现出明显的疾病迹象时，兽医就会对其进行治疗。事实上，传统的治疗已经并正在更多地关注于治疗一种与体内某种病理过程相关的致病因素引起的临床症状，消除这种症状即被视作一种治疗。然而，疾病可能会以亚临床形式持续影响奶牛健康。我们实验室进行的一项大型研究的最新代谢组学数据表明，即使奶牛临床表现正常，其多种代谢物、代谢通路和代谢网络也可能存在较大的紊乱，继而发展为子宫炎、乳房炎、跛行、酮病、乳热症和胎衣不下。该研究还显示，在奶牛出现临床症状前两个多月，就已经发生了主

要代谢途径的改变和先天免疫反应。不幸的是，在大多数情况下，反应性医学在亚临床疾病的早期阶段无法起作用，而且通常难以使奶牛恢复原来的生产性能和经济效益，这导致一个牛群中每年有将近一半的奶牛被淘汰。

不同于反应性兽医学等疾病开始发展才匆忙展开治疗、消除症状，前瞻性或预防兽医学为疾病预防提供了机会，并旨在治疗疾病发生的根本原因。系统兽医学方法的最新发展使得人们开始思考并引入新的理论来应对疾病成为可能。包含了基因组学、转录组学、蛋白质组学和代谢组学的系统生物学使开发新的方法来预测疾病风险成为可能，并使兽医有可能预防特定疾病的发展，能够以完全不同的方式处理疾病。然而，疾病的预防本身就是一门科学，需要更多的研究讨论，这样我们才能更好地理解疾病预防的含义。就动物健康而言，可以考虑两种类型的预防干预措施，如下所述。

系统兽医学建议用一种不同的方法来应对疾病过程，即通过鉴定和利用多种筛选、监测或预测生物标志物，使疾病在早期可逆转阶段被发现。还建议使用尿液或牛奶等容易获取的体液来进行体液检查，将对奶牛的侵入性影响降到最低。筛选或监测生物标志物的显著优势是，养殖户可以随时随地直接应用。这些正在开发中的新的奶牛方面的技术，将通过在疾病早期逆转疾病进程并减少医疗干预，降低药物成本。预防兽医学也建议使用绿色技术（Green technologies），如应用益生菌或新型疫苗来预防疾病的发生（Ametaj 等，2010，2012a，2012b；Deng 等，2015；Iqbal 等，2014）。其他方法还包括对奶牛日粮中的谷物进行加工，使之更健康，更适合奶牛的胃肠道生理（Iqbal 等，2012）。应当指出的是，一旦兽医行业和乳品业引入并接受生物标志物，那么就可能开启个性化医学的新时代。预防兽医学有3种不同的方法，分为一级、二级和三级。

一级兽医学预防方法是首先预防疾病的发生，这种干预的主要目的是预防或在最坏的情况下降低疾病的发病率。这种方法旨在在疾病出现之前采取预防措施。例如有实验室最近报道的，使用生物标志物预测发生子宫感染的风险，将奶牛分级，然后用益生菌进行治疗，来防止子宫感染的发生（Ametaj 等，2010；Deng 等，2015，2016）。还可以根据奶牛患围产期疾病的潜在风险对奶牛进行分级，然后在干奶期进行疫苗接种，来预防内毒素引起的疾病或乳房炎（Ametaj，2015）。现在已经开发出这种类型的预防性干预措施，可能很快就会开始应用到实际生产中。

二级兽医学预防方法是降低疾病发生率的另一种方法，其目的是在奶牛出现临床症状之前，在疾病的早期或亚临床阶段进行检测，发现疾病，并阻止或减缓疾病的进一步发展。这种预防性干预仍是将生物标志物用于亚临床阶段的疾病诊断。在问题很小的时候进行干预总是比在问题变得更严重、更难处理或难以逆转的时候干预更好。这种类型的预防性干预旨在利用临床筛查试验,尽早检测出疾病风险的生物标志物。例如,通过蛋白质组学或代谢组学技术筛选疾病风险的生物标志物。我们团队正在开发这样的奶牛试验,用于子宫炎、乳房炎、跛行、酮病、乳热症、胎衣不下的早期诊断。

三级兽医预防策略与治疗的经济性有关。与人类医学不同,如果已经预测到治疗奶牛的某种疾病将会经济亏损,或预测生物标志物表明治疗将失败,兽医学允许人道扑杀包括奶牛在内的动物。如果采用这种预防策略,可能会为全世界的乳制品生产商节省数十亿美元的兽医费用。

定义某种健康和疾病表型,并制定动物的个体预防、治疗和饲养策略,将是21世纪的新挑战。利用基于生物标记物的药物能将奶牛分为健康的表型或易患疾病的表型,这将可能基于生物标志物的利用情况再次跟踪治疗的效果,以预测治愈率。预测疾病风险和治疗效率的整体概念是"个体化医学"的一部分。生产者和兽医顾问在实际生产中应用这些新理念将提高奶牛养殖场的利润和效率。

除了用于预测疾病风险的生物标志物外,个体化饲养的概念也值得关注。有迹象表明,一些奶牛比其他奶牛更容易得病,或者对日粮成分和喂养量有不同的反应(García 等,2007)。未来可以通过营养基因组学实现个体化饲养,从而可能解决这些问题。营养基因组学包含 3 个应用于营养和健康领域的组学学科:基因组学、蛋白质组学和代谢组学。此外,营养组学为开发适应特定奶牛(无论这些奶牛是健康的、易患病的,还是已经患病的)的特定营养需求的饲料奠定了科学基础。同样地,能将奶牛按生产高效、抗病性强的表现型分类的生物标记物,无论是各种体液中的蛋白质还是代谢物,都将在未来的个体化饲养中起非常重要的作用。

2.6.2 转换研究范式:从还原论到系统兽医学

生物学家之间存在一个被广泛讨论的问题:用于疾病理解、诊断和治疗的理论是否仍然有效,还是应该用新的理论来代替?

几个世纪以来,生命科学的主导思想是为了了解整体(即有机体)是如何工作的,可以研究各部分的结构和功能,并从中推断出整体是如何工作的。这种思想是由 Descartes 和 Laplace 这两位哲学家提出来的,属于机械主义世界观。这个世界被描述为一台根据自然规律运转的大型机器。因此,要了解这台机器的功能,就需要了解这台机器的部件是如何工作的。这种思维哲学被称为还原论。数百年来,这种哲学都被生命科学(包括动物科学和兽医学)所接受。

几个世纪以来,还原论方法演变成 3 种相关但不同的子概念:本体论、方法论和认识论(Esfeld,2013)。在医学中,本体还原论对应的观点是,每个特定的生物系统（例如一个有机体）是由分子及其相互作用构成的，并且生物特性与组成部分的物理特性相关。因此，在分子水平上的认知足以解释任何生物现象。

另外，方法还原论认为在尽可能低的水平上对生物系统进行最有效的研究，科学研究的目标应该是发现分子或生物化学上的原因。这种理念的一个常见示例是将复杂系统分解为多个部分。生物学家可能会研究生物的细胞以了解其行为，或者检测细胞的生化成分以了解其特征（Peacocke，1985）。

最后，认识论还原主义指出，假定生物是由物理和化学已知的同种原子和分子构成的，那么，只要对某一有机体的特定原子和分子及其构象有了全面的认识，再加上对物理和化学定律的认识，从原则上讲，就足以从原子和分子的角度重新定义该有机体的所有特性，并推导其行为及其所遵循的规律（Kaiser，2011）。

虽然这3种还原论子哲学之间存在着细微的差别，但它们都有相同的Descartes机械思维，即整个有机体的功能是各部分功能的总和。基于还原论方法，几乎生命科学的所有研究都针对特定的特征、细胞、蛋白质、基因、代谢产物或一个非常狭隘的问题进行了"放大"研究。以酮病为例，以酮体为中心来解释酮病是20世纪解释该病所有病理生物学的基本方法。

在过去的10年里，还原论方法受到了生命科学界的质疑，因为单靠简单地了解各组成部分的功能无法理解复杂的有机体（Boogerd等，2007）。由于原来的还原论不能解释机体的整体功能，研究学者们已经发展出一种新的理念，称为系统生物学方法。"系统"一词指的是整个对象或有机体，这些对象或有机体可分为若干组成部分，而仅凭各组成部分的知识无法完全解释这些部分的本质属性。一个系统还意味着一定数量的不同并且相互作用的组件，不交互的对象不能构成一个系统（Maly，2009）。简单地说，系统生物学相信"总和大于部分"。系统生物学方法的另一个不同之处在于，它将系统的组件视为以非线性方式相互作用的单元，这意味着这些相互作用可能产生新的特性，也意味着孤立地研究一个有机体的组成部分并不能揭示这些新特性的存在。值得注意的是，鉴于有机物中存在大量的细胞、组织、器官、基因、蛋白质和代谢产物，所以各成分之间的相互作用是无限的。此外，系统生物学方法认为，是由生物体这个整体决定其组件的行为方式，系统内各部分的行为与其单独的行为在性质上是不同的。系统兽医学只不过是系统生物学方法在兽医学中的应用。

系统兽医学将基因组学、转录组学、蛋白质组学、代谢组学、计算生物学、信息学、生物统计学、数学和高通量技术相互关联起来，用于整合生物系统中关于相互作用的复杂数据。

本书接下来的章节中，将会通过展示许多示例来说明系统兽医学方法是如何有助于人们更好地理解奶牛的围产期疾病的。应当强调的是，系统兽医学方法还处于起步阶段，预计在与未来 10 年左右会产生更多新的突破。希望能为许多奶牛健康问题找到更好的解决方案，并使我们对各种疾病的病理学及如何预防围产期疾病的理解达到新高度。

结 论

总体而言，就如何研究奶牛的病理学和预防奶牛围产期疾病的方式来看，我们已经开始改变兽医学的研究范式。几个世纪以来，还原主义方法为奶牛机体研究、疾病诊断和疾病治疗作出了贡献；然而，还原主义方法并不能帮助我们充分了解疾病的确切病因，也无法帮助我们制定有效的围产期疾病预防策略。还原论思维在兽医学和动物科学中产生了许多错误的关于代谢疾病和生产性疾病定义的"神话"，这些"神话"需要被重新审视和定义。全世界许多实验室已经开始接受一种进行生命科学研究的新方法，即系统生物学方法，人们认为这种方法比还原论具有优势。这一新的围产期疾病病因研究方法得到了多种创新仪器和一种新方法的支持，该方法着眼于在健康或疾病状态下所有部分如何相互作用。此外，系统生物学方法有助于我们更好地了解宿主对疾病的反应、确定疾病的病因，使围产期疾病的早期诊断成为可能，更有助于预测疾病发生的风险，并在不久的将来设计和应用新的预防策略。

参考文献

Ametaj BN. 2015. A systems veterinary approach in understanding transition cow diseases: metabolomics. Proceedings of the 4th international symposium on dairy cow nutrition and milk quality, session 1, advances in fundamental research[C]. Beijing：78−85.

Ametaj BN, Zebeli Q, Iqbal S. 2010. Nutrition, microbiota, and endotoxin-related diseases in dairy cows[J]. Rev Bras Zootec, 39:433−444.

Ametaj BN, Zebeli Q, Iqbal S, Dunn SM. 2012a. Meeting the challenges of improving health in periparturient dairy cows[J]. Adv Dairy Technol, 24:287−317.

Ametaj BN, Zebeli Q, Sivaraman S, *et al*. 2012b. Repeated oral administration of lipopoly-saccharide from *Escherichia coli* 0111:B4 modulated humoral immune responses in peripartu-rient dairy cows[J]. Innate Immun, 18:638−647.

Bigras-Poulin M, Meek AH, Martin SW. 1990. Interrelationships among health problems and Milk production from consecutive lactations in selected Ontario Holstein cows[J]. Prev V et Med, 8:15-24.

Boogerd FC, Bruggeman J, Hofmeyr JS, *et al*. 2007. Towards philosophical founda-Tions of systems biology: introduction, in systems biology: philosophical foundations[M]. Elsevier, Amsterdam : 3-19.

Bradford BJ, Mamedova LK, Minton JE,*et al*. 2009. Daily injection of tumor necrosis factor-α increases hepatic triglycerides and alters transcript abundance of meta-bolic genes in lactating dairy cattle[J]. J Nutr, 139:1451-1456.

CanWest DHI and V alacta. 2015. Culling and replacement rates in dairy herds in Canada[J/OL]. http://www.dairyinfo.gc.ca/pdf/genetics-cull_e.pdf.

Curtis CR, Erb HN, Sniffen CJ, *et al*. 1984. Epidemiology of parturient paresis: predisposing factors with emphasis on dry cow feeding and management[J]. J Dairy Sci, 67:817-825.

Curtis CR, Erb HN, Sniffen CJ, *et al*. 1985. Path analysis of dry period nutrition, postpartum metabolic and reproductive disorders, and mastitis in Holstein cows[J]. J Dairy Sci, 68:2347-2360.

Deng Q, Odhiambo JF, Farooq U, *et al*. 2015. Intravaginal lactic acid bacteria modulated local and systemic immune responses and lowered the incidence of uterine infections in periparturient dairy cows[J]. PLoS One, 10(4):e0124167.

Deng Q, Odhiambo JF, Farooq U, *et al*. 2016. Intravaginal probiotics modulated metabolic status and improved productive performance of transition dairy cows[J]. J Anim Sci, 94:760-770.

Dervishi E, Zhang G, Hailemariam D, *et al*. 2015. Innate immunity and carbo-hydrate metabolism alterations precede occurrence of subclinical mastitis in transition dairy cows[J]. J Anim Sci Technol, 57:46-65.

Dervishi E, Zhang G, Hailemariam D, *et al*. 2016a. Occurrence of retained placenta is preceded by an inflammatory state and alterations of energy metabolism in transition dairy cows[J]. J Anim Sci Biotechnol, 7:26-39.

Dervishi E, Zhang G, Hailemariam D, *et al*. 2016b. Alterations in innate immunity reactants and carbohydrate and lipid metabolism precede occurrence of metritis in transition dairy cows[J]. Res V et Sci, 104:30-39.

Eckel EF, Ametaj BN. 2016. Invited review: role of bacterial endotoxins in the etiopaathogenesis of periparturient diseases of transition dairy cows[J]. J Dairy Sci, 98:5967-5990.

Emmanuel DGV , Madsen KL, Churchill TA, *et al*. 2007. Acidosis and presence of lipopolysaccharide from *Escherichia coli* O55: B5 cause hyperpermeability of rumen and colon tissues[J]. J Dairy Sci, 90:5552-5557.

Emmanuel DGV , Dunn SM, Ametaj BN. 2008. Feeding high proportions of barley grain stimulates an inflammatory response in dairy cows[J]. J Dairy Sci, 91:606–614.

Enns G. 2016. Encyclopedia Britannica. Metabolic disease[J/OL]. https://www.britannica.com/science/.

Esfeld M. 2013. Reductionism today. In: Galavotti MC, Nemeth E, Stadler F (eds) European philosophy of science—philosophy of science in Europe and the Viennesse heritage[J]. Springer, Cham, 89–101.

Ganz T. 2009. Iron in innate immunity: starve the invaders[J]. Curr Opin Immunol, 21:63–67.

García SC, Pedernera M, Fulkerson WJ, et al. 2007. Feeding concentrates based on individual cow requirements improves the yield of milk solids in dairy cows grazing restricted pasture[J] Aust J Exp Agric, 47:502–508.

Gröhn YT, Erb HN, McCulloch CE, et al. 1989. Epidemiology of metabolic disorders in dairy cattle: association among host characteristics, disease, and production[J]. J Dairy Sci, 72:1876–1885.

Gröhn YT, Erb HN, McCulloch CE, et al. 1990a. Epidemiology of mammary gland disorders in multiparous Finnish Ayrshire cows[J]. Prev V et Med, 8:241–252.

Gröhn YT, Erb HN, McCulloch CE, et al. 1990b. Epidemiology of reproductive disorders in dairy cattle: association among host characteristics, disease, and production[J]. Prev V et Med, 8:25–39.

Hailemariam D, Mandal R, Saleem F, et al. 2014. Metabolomics approach reveals altered plasma amino acid and sphingolipid profiles associated with pathological state in transition dairy cows[J]. Curr Metabolomics, 2:184–195.

Hotamisligil GS, Shargill NS, Spiegelman BM. 1993. Adipose expression of tumor necrosis factor-alpha: direct role in obesity-linked insulin resistance[J]. Science, 259:87–91.

Imhasly S, Naegeli H, Baumann S, et al. 2014. Metabolomics biomarkers correlating with hepatic lipidosis in dairy cows[J]. BMC V et Res, 10:122–130.

Ingvartsen KL, Dewhurst RJ, Friggens NC. 2003. On the relationship between lactational performance and health: is it yield or metabolic imbalance that cause production diseases in dairy cattle? A position paper[J]. Livestock Prod Sci, 83(2–3):277–308.

Iqbal S, Mazzolari A, Zebeli Q, et al. 2012. Treating barley grain with lactic acid and heat prevented subacute ruminal acidosis and increased milk fat content in dairy cows[J]. Anim Feed Sci Technol, 172:141–149.

Iqbal S, Zebeli Q, Mansmann DA, et al. 2014. Oral administration of lipopoly-saccharide and lipoteichoic acid prepartum modulated reactants of innate and humoral immunity in periparturient dairy cows[J]. Innate Immun, 20(4):390–400.

Jacobsen S, Andersen PH, Aasted B. 2007. The cytokine response of circulating peripheral blood mononuclear cells is changed after intravenous injection of lipopolysaccharide in cattle[J]. V et J,

174(1):170-175.

Kaiser M. 2011. The limoits of reductionism in the life sciences[J]. Hist Philos Life Sci, 33:453-476.

Klein MS, Buttchereit N, Miemczyk SP, et al. 2012. NMR metabolomic analysis of dairy cows reveals milk glycerophosphocholine to phosphocholine ratio as prognostic biomarker for risk of ketosis[J]. J Proteome Res, 11:1373-1381.

LeBlanc SJ. 2010. Health in the transition period[J]. Adv Dairy Technol, 22:97-110.

Lyons DT, Freeman AE, Kuck AL. 1991. Genetics of health traits in Holstein cattle[J]. J Dairy Sci, 74:1092-1100.

Maher P, Good M, More S. 2008. Trends in cow numbers and culling rate in the Irish cattle population, 2003 to 2006[J]. Ir V et J, 61:455-463.

Maly IV. 2009. Introduction: a practical guide to the systems approach in biology[J]. Systems biology,1-11.

Monteiro R, Azevedo I. 2010. Chronic inflammation in obesity and the metabolic syndrome[J]. Mediators Inflam.

Park C, Kim JR, Shim JK, et al. 1999. Inhibitory effects of streptozotocin, tumor necrosis factor-alpha, and interleukin-1 beta on glucokinase activity in pancreatic islets and gene expression of GLUT2 and glucokinase[J]. Arch Biochem Biophys, 362:217-224.

Payne J. 1977. Metabolic diseases in farm animals[M]. London: William Heineman Medical Books Ltd.. 1.

Peacocke A. 1985. Reductionism in academic disciplines. Society for Research into Higher Education & NFER-Nelson, Guilford.

Psychogios N, Hau DD, Peng J, et al. 2011. The human serum metabolome[J]. PLoS One, 6(2):e16957.

Raj DS, Moseley P, Dominic EA, et al. 2008. Interleukin-6 modulates hepatic and muscle protein synthesis during hemodialysis[J]. Kidney Int, 73:1054-1061.

Rosch JW, Sublett J, Gao G, et al. 2008. Calcium efflux is essential for bacterial survival in the eukaryotic host[J]. Mol Microbiol, 70(2):435-444.

Rushen J. 2013. The importance of improving cow longevity. Cow longevity conference. Hamra Farm, Sweden.

Sun Y, Xu C, Li C, et al. 2014. Characterization of metabolic profile of dairy cows with milk fever using ^{1}H-NMR spectroscopy[J]. V et Q, 34:159-163.

USDA. 2007a. Dairy 2007, Part 1: Reference of Dairy Cattle Health and Management Practices in the United States, 2007. USDA-APHIS-VS, CEAH, Fort Collins.

USDA. 2007b. Dairy 2007, Part II: Changes in the U.S. Dairy Cattle Industry, 1991-2007.USDA-

APHIS- VS, CEAH, Fort Collins.

Waldron MR, Nonnecke BJ, Nishida T, *et al*. 2003. Effect of lipopolysaccharide infusion on serum macromineral and vitamin D concentrations in dairy cows[J]. J Dairy Sci, 86:3440–3446.

Wander K, Shell-Duncan B, McDade TW. 2009. Evaluation of iron deficiency as a nutritional adaptation to infectious disease: an evolutionary medicine perspective[J]. Am J Hum Biol, 21:172–179.

Weisberg SP, McCann D, Desai M, *et al*. 2003. Obesity is associated with macrophage accumulation in adipose tissue[J]. J Clin Invest, 112:1796–1808.

Zhang G, Hailemariam D, Dervishi E, *et al*. 2015. Alterations of innate immunity reactants in transition dairy cows before clinical signs of lameness[J]. Animals, 5:717–747.

Zhang G, Hailemariam D, Dervishi E, *et al*. 2016. Dairy cows affected by ketosis show alterations in innate immunity and lipid and carbohydrate metabolism during the dry off period and postpartum[J]. Res V et Sci, 107:246–256.

Zhang G, Dervishi E, Dunn SM, *et al*. 2017. Metabotyping reveals distinct metabolic alterations in ketotic cows and identifies early predictive serum biomarkers for the risk of disease[J]. Metabolomics, 13:43–58.

3

围产期奶牛免疫的组学研究

Emily F. Eckel，Burim N. Ametaj

摘 要

对围产期奶牛免疫的传统研究常用一种还原论方法（一种将高层次还原为低层次、将整体还原为各组分加以研究的方法；与整体主义相对），试图找出围产期免疫抑制的单一致病因素。以往和最近的研究都表明，围产期免疫抑制具有多种病因，而凭借我们目前的认识还难以有效控制围产期免疫抑制的高发病率。通过组学技术采用系统生物学方法，我们能对先前技术失败的原因和免疫抑制的潜在机制有基本的了解。此外，这些新技术有可能帮助我们开发相应的管理技术，以促使围产期免疫反应恢复正常，并降低免疫抑制导致的高发病率。应当指出的是，目前的组学方法在围产期奶牛免疫研究中的应用尚处于开拓性阶段，要充分认识到组学在奶牛健康和免疫研究中的重要性，就有必要对此开展进一步的研究。

3.1 还原论者对产犊前后免疫的理解

与围产期奶牛的许多其他健康问题一样，产犊前后的免疫问题主要是通过还原论来研究的，该观点着眼于寻找一个可能触发产犊前后免疫抑制的单一致病因素。直到最近，大部分的这类研究仍集中于寻找营养与免疫之间的关系以及营养管理技术如何帮助减少免疫功能障碍。但是，正如许多研究已经明确的那样，大部分免疫抑制作用不是仅由一个因素引起的。有趣的新发现也证实了围产期免疫抑制具有多因素性质，但它同时也与病因学上的经典观点相抵触。在本章中，我们将讨论还原论方法的贡献，并概述对研究免疫抑制更复杂方法的需求。我们还将总结到目前为止组学科学为更好地理解免疫抑制所作的贡献。

3.2 免疫学的基本概念

要研究导致奶牛免疫抑制的围产期生理变化，我们首先需要了解免疫系统是如何正常运转的。免疫是机体对病原体的自然防御反应，而免疫应答通常可以分为两类，即先天免疫和获得性免疫，实际上二者是相辅相成的。先天免疫是从出生起就存在的、具有迅速反应和表现出广泛特异性的成分，它们能针对各种潜在感染源。而获得性免疫则涉及能够识别特异性抗原的 B 细胞和 T 细胞。与先天免疫的快速免疫应答不同，获得性免疫是通过免疫记忆为机体提供长期免疫保护的，并且在第二次接触特定抗原时会表现出更高的免疫应答水平（Coico 和 Sunshine，2015；Williams，2012）。

对病原体迅速作出免疫反应的先天免疫系统既是机体的第一道防线，又能促进获得性免疫发挥作用。先天免疫机制分许多层次，在此仅举几个例子，包括表层屏障（如皮肤、黏膜）、体液因子（如急性期蛋白、抗微生物肽、补体蛋白）和细胞介导的反应（如吞噬作用、细胞毒性作用、抗原呈递）。先天免疫的 3 个主要作用是：① 区分自我和非我；② 杀灭病原体或受感染的细胞并去除异物颗粒；③ 发出炎症诱导信号和获得性免疫诱导信号。参与先天免疫应答的免疫细胞类型包括粒细胞、单核细胞、巨噬细胞、树突状细胞（DCs）和自然杀伤（NK）细胞。粒细胞包括多型核白细胞（PMN，由中性粒细胞、嗜碱性粒细胞和嗜酸性粒细胞组成）和肥大细胞，它们因含有促炎性介质和/或抗微生物因子的细胞质颗粒而得名，这些颗粒能通过脱粒过程释放到细胞外环境中。免疫应答的第一步是识别外来病原体，这需要表达模式识别受体（PRR），例如 Toll 样受体（TLR）和 NOD 样受体（NLR）。这些受体对被称为病原体相关分子模式（PAMP）的保守微生物结构做出反应。存在于细胞外的病原体（细胞外病原体）通常被巨噬细胞和肥大细胞识别，继而诱发炎症，激活获得性免疫反应。活化的巨噬细胞分泌的促炎细胞因子是可溶性介质，其通过介导局部炎症、组织修复和急性期蛋白（APP）合成来调节免疫系统，并将白细胞（如中性粒细胞和单核细胞）募集到受到感染的部位。另一方面，肥大细胞释放组胺，引起血管扩张和血管通透性增加。这些作用增加了感染部位的血液供应，并允许整体上有助于解决炎症的蛋白质和白细胞从血液向组织的运动。

诱导获得性免疫反应需要专门的抗原呈递细胞（APC）的帮助，包括树突状细胞、巨噬细胞和 B 细胞，这些细胞吞噬病原体并通过主要组织相容性复合体（MHC）II 向 $CD4^+$ T 细胞呈递抗原。$CD4^+$ T 细胞也称为辅助性 T 细胞。将抗原呈递给幼稚辅助 T 细胞会导致它们分化成可能的亚群之一，包括 T_H1、T_H2、T_H17 或 Treg 细胞，这取决于 T 细胞成熟时所存在的细胞因子。在早期对细胞内病原体产生先天免疫反应时，IL-12（DCs）、IFN-γ（NK 细胞）和 TNF（巨噬细胞）的产生导致 T_H1 辅助细胞的分化，继而产生 IFN-γ 和 IL-2。T_H1 反应刺激产生细胞介导的免疫，用以消除引发反应的细胞内病原体。T_H1 反应的标志包括 $CD8^+$ 细胞活性的增加［也被称为细胞毒性 T 细胞（CTLs）］和 NK 细胞活性的增加，并刺激吞噬作用。CTLs 和 NK 细胞的主要功能是通过促进细胞凋亡来杀死被感染的细胞。一小部分活化的辅助 T 细胞和 CTLs 能够在炎症消退后幸存下来，成为记忆 T 细胞。同一个抗原再次进入机体后，记忆 T 细胞可以更快、更有效地产生免疫反应。另外，对细胞外病原体的反应通过 IL-4 的存在以及存在 IL-4 而没有 IL-12 来促进 T_H2 细胞的发育。T_H2 细胞产生的 IL-4、IL-5、IL-6、IL-10 和 IL-13 刺激 B 细胞增殖、免疫球蛋白类型转换为 IgE 以及活化嗜酸性粒细胞。该反应通常与抗寄生虫反应以及抗过敏原反应有关。

B 细胞产生的抗体是获得性免疫的另一个重要成分。抗体（也称为免疫球蛋白）负责获得性免疫中的体液反应。抗体具有高度抗原特异性。T 细胞依赖性（T cell dependent，TD）抗原的激活过程是，辅助性 T 细胞识别 B 细胞通过 MHC Ⅱ 呈递的抗原，产生 IL-4 并活化 B 细胞。在不存在辅助性 T 细胞的情况下能够刺激 B 细胞活化的抗原被称为非 T 细胞依赖性（T cell independent，TI）抗原。活化后的 B 细胞将增殖、进行免疫球蛋白类型转换（又称种型转换）并产生抗体。当识别其特异性抗原后，抗体会结合至靶细胞表面，这样信号传导就被效应细胞所识别，从而增强巨噬细胞的吞噬作用和 NK 细胞抗体依赖细胞介导的细胞毒作用（ADCC）（Coico 和 Sunshine，2015；Williams，2012）。

3.3 什么是（围产期）免疫抑制？

（围产期）免疫抑制是指先天免疫和获得性免疫反应在产犊前后的暂时性损伤，这一现象在过去 40 年中已被许多研究证实（Aleri 等，2016；LeBlanc 等，2006；Mallard 等，1998）。由于围产期仍然是一个重要的研究领域，我们对围产期以及此时免疫抑制机制的了解和理解尚在不断地深入中（Aleri 等，2016；Drackley，1999；LeBlanc 等，2006）。Drackley（1999）和 LeBlanc 等（2006）的综述已经很好地阐述了这样的观点，即对围产期及围产期免疫抑制的研究对改善围产期疾病的预防以及整个泌乳期的产奶量（Production）、奶牛健康和生产表现（Performance）具有巨大的潜力。

近 30 年来，对奶牛进行的一些研究发现了围产期中性粒细胞趋化性和抗微生物功能的受损，以及淋巴细胞增殖的减少。这些早期研究是为确定围产期奶牛乳房炎易感性增加的原因（Kehrli 等，1989a，1989b）。尽管这些研究结果只是暗示产犊前后免疫功能障碍与疾病易感性有关（Kehrli 等，1989a，1989b），但随后的一些研究证实了此时期免疫细胞功能受到了损害（Kimura 等，2002；Mallard 等，1998；Nagahata 等，1992；Wathes 等，2009）。早期以来的这些研究进展不仅有助于确认先前的发现，而且还揭示了与免疫功能障碍和免疫抑制有关的多个系统的相互联系，在某些情况下这些进展还与先前的结果相矛盾。

例如，最近的一些旨在确定预测产犊前后影响奶牛主要疾病的潜在生物标志物的研究发现，早在分娩前8周和临床上出现跛行（Zhang 等，2015）、子宫炎（Dervishi 等，2016b）、酮症（Zhang 等，2016）、胎衣不下（RP；Dervishi 等，2016a）和亚临床乳房炎（Dervishi 等，2015）迹象之前，就发现了免疫激活的一般状态。这些研究的结果表明，先天免疫在疾病出现临床症状之前是被激活的而不是被抑制的。在所有病例中均观察到细胞因子和急性期蛋白（Acute phase proteins，APPs）的升高，同时血清乳酸水平也升高。尽管经典观点认为，产犊前后免疫反应受到抑制从而导致疾病发生率增加，但新发现表明疾病的发作与先天免疫的早期激活有关。这些矛盾的结果表明，在围产期并非先天免疫的所有功能都被抑制，而从还原论方法扩展到更大的视野来理解免疫抑制则会让我们从中受益匪浅。

3.4 导致围产期免疫功能障碍的因素

正在进行的研究持续表明，围产期发生的极端生理变化与免疫功能障碍的发展之间存在复杂的联系。一个中心概念逐渐清晰，即营养、激素变化和免疫力之间存在微妙的动态关系（Aleri 等，2016；Ingvartsen 和 Moyes，2015）。支持乳汁合成的营养需求显著增加是围产期的标志：对葡萄糖的需求增加了3倍，氨基酸需求增加了两倍，脂肪酸需求增加了5倍（Overton 和 Waldron，2004）。于是，新陈代谢活动的急剧增强会通过增加细胞的呼吸作用以及在外周组织提供能量的非酯化脂肪酸（Nonestesterified fatty acid，NEFA，又称游离脂肪酸）的 β-氧化而导致氧化应激（Abuelo 等，2015）。最后，由于健康的产犊需要生殖激素的特定变化，而分娩应激导致了糖皮质激素的释放，围产期奶牛的激素谱也发生了显著变化（Kindahl 等，2002；Senger，2003）。所有这些已经观察到的主要变化都会改变奶牛的免疫因子，现在将予以讨论。

3.4.1 代谢应激

哺乳期开始时营养需求的急剧增加,加之临产时食欲的下降会导致极端的代谢应激。为满足泌乳的营养需求,脂肪组织发生过度动员,这导致血液循环中游离脂肪酸和酮的浓度升高,例如 β- 羟基丁酸(BHBA)。大量证据表明,游离脂肪酸和 β- 羟基丁酸升高可引起免疫功能改变,从而导致免疫抑制(Ingvartsen 和 Moyes,2015;Sordillo 和 Raphael,2013)。已观察到,接近分娩时奶牛血清中的游离脂肪酸浓度升高,产犊后不久达到峰值。血清游离脂肪酸是产犊后脂肪动员水平的指标;当游离脂肪酸水平超过肝脏可完全氧化的水平时,其就与 β- 羟基丁酸的增加直接相关(Seifi 等,2007)。但这种反应是可变的,取决于诸如产前体况评分(Busato 等,2002)和干奶期营养水平(Dann 等,2006)等多个因素。尽管观察到游离脂肪酸浓度升高是正常的,但接近产犊(产前约 1 周)时游离脂肪酸升至 0.4 mmol/L 以上是多种疾病的重要风险因素,包括真胃移位(DA)和胎盘滞留,以及在 60 个泌乳天数(DIM)之前淘汰的可能性增加(LeBlanc,2010;Mordak 和 Stewart,2015)。

如上所述,尽管有证据表明游离脂肪酸调节免疫应答,但对其作用仍知之甚少。产前游离脂肪酸浓度高与普通围产期疾病的发病率升高,以及泌乳早期淘汰的比例增加之间的关联(Ingvartsen 和 Moyes,2015;LeBlanc,2010)表明,游离脂肪酸与免疫功能受损有关。但是,游离脂肪酸在免疫抑制中的作用存在矛盾的结果,这可能是由于各类脂肪酸的不同作用所致,因为通常来说,不饱和脂肪酸会削弱免疫反应,而饱和脂肪酸会改善免疫反应(Ingvartsen 和 Moyes,2015;Sordillo 和 Raphael,2013)。例如,Ster 等(2012)观察到,游离脂肪酸浓度的升高会损害外周血单核细胞(PBMC)的增殖和功能,并减少中性粒细胞的氧化爆发。相反,Scalia 等(2006)的研究发现,吞噬作用相关的氧化爆发活动在高游离脂肪酸浓度下显著增加,而细胞活力则降低。有趣的是,Ster 等(2012)和 Scalia 等(2006)发现,使用游离脂肪酸混合物并没有区别,这表明还有其他影响因素。

另外,高酮血症会对奶牛的正常免疫功能产生负面影响。酮体的存在会显著抑制外周血淋巴细胞(Sato 等,1995)以及牛骨髓细胞(Hoeben 等,1999)的增殖。多项研究表明,酮病奶牛或产后奶牛的 β- 羟基丁酸水平还可以抑制牛中性粒细胞的几种功能,包括趋化性(Hillreiner 等,2016;Suriyasathaporn 等,2000;Zarrin 等,2014)、吞噬作用(Suriyasathaporn 等,2000),以及如氧化性爆发或细胞外陷阱之类的抗微生物功能(Grinberg 等,2008;Hoeben 等,1999;Sordillo 和 Raphael,2013),这些都是先天免疫的重要组成部分。

3.4.2 氧化应激

氧化应激是指机体活性氧类（ROS）的产生量超过了抗氧化机制的中和能力，从而导致活性氧类积累而引起的一系列适应性反应。氧化应激已被确认为围产期免疫抑制的重要基础因素（Abuelo 等，2015；Sordillo 等，2009）。产生一定水平的活性氧类对于免疫反应必不可少，因为它们显著地促进氧化爆发从而杀死被中性粒细胞或巨噬细胞所吞噬的病原体；一定水平的活性氧类也有助于其他免疫机制。但是如果任其积累，活性氧类同样也会损伤宿主细胞（Sordillo，2013）。从根本上说，围产期奶牛的氧化应激与脂质过度动员相关，因此氧化应激也与代谢应激有关。游离脂肪酸被用作周围组织的能量来源会增加β氧化过程中活性氧类的产生（Abuelo 等，2015；Shi 等，2015）。氧化应激可通过促进游离脂肪酸和β-羟基丁酸浓度增加，而间接地导致免疫抑制。有研究表明，活性氧类可以激活NF-κB从而导致TNF释放。TNF是一种促炎性细胞因子，可促进线粒体产生活性氧类，并直接刺激脂解，同时降低干物质采食量（DMI）（Sordillo 和 Raphael，2013）。这些作用导致了活性氧类产生的恶性循环和上述代谢应激的免疫抑制作用（Abuelo 等，2015）。

关于补充抗氧化剂的研究（Sordillo 和 Aitken，2009；Spears 和 Weiss，2008）进一步证明了氧化应激导致免疫功能障碍，以及抗氧化补充剂对围产期奶牛免疫力的有益作用。维生素E和硒均以其抗氧化特性而闻名。与缺乏维生素E和硒的奶牛相比，对奶牛补充维生素E和硒有益于其免疫功能，包括吞噬作用、杀菌（能力）和中性粒细胞氧化代谢的增强。此外，有研究发现，维生素E能增加来源于巨噬细胞的IL-1和MHC II的表达，并由丝裂原诱导牛外周血单核细胞产生IgM，而硒能增强机体受到大肠杆菌攻击后中性粒细胞对乳腺的趋化性（Sordillo 和 Aitken，2009）。这些结果表明，氧化应激可能是引起免疫功能障碍的潜在因素，并提示补充抗氧化剂有增加抗病性的潜力。

3.4.3 内分泌因素

健康的产犊需要在妊娠后期性类固醇激素的显著改变。产犊前约1周，雌二醇水平迅速升高并在分娩前3d达到峰值，在分娩后下降。整个妊娠期间维持高水平的孕酮在妊娠后期下降，并于产犊前2d急剧下降。这些激素的广泛变化与此时免疫力的下降有关（Lamote 等，2006；Senger，2003）。Chacin 等（1990）观察到孕激素治疗与淋巴细胞增殖抑制之间的联系，同时观察到对子宫腔内IgA分泌的促进作用。雌二醇被发现会削弱中性粒细胞的迁移以及迁移后的生存能力（Lamote 等，2006；Lamote 等，2004）。另外，低浓度的雌二醇在体外抑制粒细胞祖细胞的增殖（Van Merris 等，2004）。最后，有研究显示，与妊娠相关的糖蛋白（奶牛早期妊娠检测的标志物）的峰值出现在多型核白细胞的氧化爆发受损之前（Dosogne 等，1999）。

由于此时周围环境的变化以及分娩本身的应激性质，即将分娩时，与应激相关的激素水平增加也很常见（Aleri 等，2016；Kindalh 等，2002）。多年以来，研究人员已经观察到各物种的应激、糖皮质激素和免疫抑制之间的关联（Griffin，1989；Mallard 等，1998），最近的研究只是基于我们对这种现象发生机理的认识之上。皮质醇和地塞米松（Dex）下调了奶牛中性粒细胞表面的黏附分子 L- 选择蛋白和 CD18，从而损害了趋化性（Burton 等，1995）。地塞米松还被发现会通过外周血单核白细胞削弱 IFN-γ 和 IgM 的产生（Nonnecke 等，1997），并耗尽 T 细胞和 NK 细胞（Maslanka，2014），同时观察到氢化可的松会降低粒细胞和单核细胞集落的生长（Van Merris 等，2004），这进一步暗示了糖皮质激素在免疫抑制中的作用。肾上腺素和去甲肾上腺素也是与应激有关的激素，它们可能通过刺激产生抑制细胞免疫反应的抗炎细胞因子来促进免疫抑制。但是，考虑到分娩前后应激激素的短期升高，这些作用不太可能是围产期免疫抑制的主要因素。

3.4.4 细菌毒素

在人类医学中已经确定了细菌毒素在操纵宿主防御中的作用，但迄今为止，对于细菌毒素在奶牛免疫抑制中的作用还知之甚少。一个有趣的现象是，可能存在外部因素加剧了免疫抑制。Van Dyke（1982）对引起牙周疾病的细菌进行的一项早期研究发现，革兰氏阴性细菌能够通过释放非趋化肽与 FMLP（N- 甲酰基甲硫酰基 - 亮氨酰 - 苯丙氨酸）受体结合来抑制中性粒细胞的趋化作用，而表现出拮抗作用，从而阻止中性粒细胞感受趋化因子梯度。在这项研究中评估的大多数抑制性生物中均观察到了竞争 FMLP 受体结合肽的产生。

在人类中，金黄色葡萄球菌是鼻孔和皮肤的常见细菌，通常是引起软组织和血液感染的原因。已发现这些细菌具有逃避先天免疫系统并阻止获得性免疫系统发育的机制（Thammavongsa 等，2015）。由于金黄色葡萄球菌是与奶牛乳房炎有关的主要细菌之一（Tiwari 等，2013），因此这些机制可能在牛中也发挥作用。为了逃避通常会消除细菌感染的免疫机制，金黄色葡萄球菌会分泌能破坏中性粒细胞的可溶性因子。例如，分泌的葡萄球菌 SSL5 和细胞外黏附蛋白（Eap）会损害中性粒细胞的趋化性，从而阻止中性粒细胞与黏附分子的相互作用并抑制外渗。金黄色葡萄球菌产生的可溶性因子还有其他的免疫逃避机制，包括趋化因子受体与拮抗蛋白的结合、通过蛋白的阻断或裂解破坏补体级联反应、抑制 IgG

调理作用从而抑制其对吞噬作用的促进、降解嗜中性粒细胞胞外诱捕网（NETs）等，都对机体的免疫防御有抑制作用（do Vale 等，2016；Powers 和 Bubeck Wardenburg，2014；Thammavongsa 等，2015）。

在研究人类尿路致病菌——大肠杆菌（*Escherichia coli*）时，发现它也可以调节中性粒细胞的趋化性，而大肠杆菌是与牛乳房炎相关的另一种主要病原体（Loughman 和 Hunstad，2011；Tiwari 等，2013）。Loughman 和 Hunstad（2011）发现，大肠杆菌的尿毒症菌株可抑制中性粒细胞的活性。这些菌株能够逃避中性粒细胞介导的杀伤作用并减少抗微生物反应。分析尿毒症大肠杆菌对人多形核白细胞的基因表达的改变发现，与先天免疫反应（例如促炎性细胞因子、细胞信号传导途径的中间产物）和趋化性（例如趋化因子、细胞黏附分子）相关的基因显著下调。有研究认为，在炎症反应发生之前，上述这些作用可以通过延迟中性粒细胞的活动来初步建立细菌感染（Loughman 和 Hunstad，2011）。研究还发现，泌尿道致病性大肠杆菌通过释放犬尿氨酸来抑制中性粒细胞趋化性。犬尿氨酸能够结合芳基烃受体（AHR），后者转位到细胞核中，从而对基因转录产生主要的免疫抑制变化（Loughman 等，2016）。另外还发现，致病性大肠杆菌裂解后会在膀胱上皮细胞附近释放 YbcLUTI（一种中性粒细胞迁移的有效抑制剂）。这种机制被描述为利他合作，即少数细菌的裂解可以强烈抑制中性粒细胞的趋化性，从而在总体上促进细菌定殖（Lau 等，2012）。这些机制尚未在牛中进行评估。考虑到在人类中观察到的采用免疫抑制机制的细菌通常也与牛的乳房炎有关，因此评估感染乳腺的菌株是否也能发挥这些作用值得关注。

3.5 免疫抑制对奶牛健康和生产性能的影响

免疫抑制和分娩前后的疾病高发是乳品生产者的主要关注点，因为这对奶牛健康和生产性能都产生了负面影响。例如，疾病和炎症都与产奶量下降（Detilleux 等，1997；Huzzey 等，2015；Rajala 和 Grohn，1998）以及生育力受损（Sheldon 等，2009；Williams 等，2008a）有关，并会导致短期经济损失和非自愿淘汰的增加（Simenew 和 Wondu，2013）。但是，在某些情况下，疾病的影响还可能跨越随后的泌乳期，如乳房炎对乳腺造成的不可逆损害降低了随后的产奶量（Mehrzad 等，2005；Zhao 和 Lacasse，2008），从而导致长期的重大损失。此外，因为犊牛饮用初乳和牛奶，免疫力受损还会影响生产系统中的犊牛健康（Mallard 等，1998）。

3.5.1 疾病易感性

中性粒细胞是先天免疫系统的重要组成部分，在及时解决细菌感染中起关键作用。乳腺和子宫在围产期很容易受到细菌感染，其主要原因就是中性粒细胞功能障碍（Mallard 等，1998；Sheldon 和 Dobson，2004）。通常，中性粒细胞响应某些介质（如趋化因子）而从循环系统迁移到感染部位，然后吞噬并通过氧化爆发杀死细菌（Sordillo 和 Streicher，2002）。如前所述，许多重要免疫特征在分娩过程中受损，导致子宫和乳腺感染的概率增加。

另外，免疫抑制还在胎盘滞留的发病机理中起重要作用。为了正常排出胎盘，必须将子叶-子宫阜附着物降解，从而使胎盘膜与母体组织分离。该过程需要针对胎膜的免疫反应，该反应要在整个妊娠过程中受到抑制以维持妊娠。胎盘滞留奶牛的中性粒细胞募集减少，中性粒细胞的氧化暴发活性也降低（Kimura 等，2002；LeBlanc，2008；Mordak 和 Stewart，2015）。

3.5.2 生产性能

围产期疾病会降低产奶量和繁殖力，从而对奶牛的生产性能产生持久影响。大多数早期研究显示，免疫抑制似乎与产犊前后乳房炎易感性增加有关。这是有充分理由的，因为尽管进行了多年的研究，但乳房炎仍然是所有奶牛疾病中最常见且代价最高的一种疾病（Cha 等，2011；Ingvartsen 和 Moyes，2015）。乳房炎会导致产奶量降低、弃奶量增加、过早淘汰、繁殖性能降低和成本增加，从而影响经济效益（Hamadani 等，2013；Ruegg，2012；Schrick 等，2001）。产奶量降低是导致与乳房炎有关的经济损失的主要原因，约占70%。这在很大程度上源于不可逆的乳腺组织损伤，因为即便已经解决了乳腺感染问题，生产性能也会降低（Zhao 和 Lacasse，2008）。

子宫疾病的易感性增加在乳业中也特别令人关注，因为子宫感染是不孕的最常见原因。子宫感染导致不孕的一些机制包括黄体期延长、排卵受阻、下丘脑和垂体功能损伤以及类固醇生成受损（Williams 等，2008b）。随之而来的是，受感染的奶牛由于空怀期增加、首次配种时间延迟、受孕率降低，以及由于繁殖障碍导致的非自愿淘汰的增加，繁殖性能明显下降（Gilbert 等，2005）。

3.5.3 犊牛健康

围产期的母体免疫状况对犊牛的健康至关重要。在整个妊娠过程中，母体和胎儿的血液供应是分开的，这意味着犊牛天生就缺乏自然免疫力，并需要从初乳吸收母体抗体（Godden，2008；Mallard 等，1998）。由此可见，在体液免疫反应受到抑制的动物中，母体血液循环中的抗体浓度会降低，因此在产生初乳过程中无法分泌高浓度的抗体。初乳管理已被视为决定奶牛健康和存活的最重要单一因素。高品质的初乳不仅可以改善犊牛的健康和存活率，还与长期效益有关，例如提高繁殖性能和增加早期胎次产奶量（Godden，2008）。但是，只有在给犊牛饲喂天然初乳（而不是初乳替代乳）时才有这些效果。此外，免疫抑制与乳房炎易感性增加密切相关（Mallard 等，1998），并且发现饲喂高 SCC（体细胞计数）初乳的牛犊在出生后的头 42d 具有较低的血清 IgG 浓度，其健康状况受损、断奶体重较低（Ferdowsi Nia 等，2010）。

3.6 系统兽医学研究对免疫抑制的贡献

具有巨大潜力的系统兽医学研究可以扩大和加深我们对围产期奶牛免疫力的认识。这些技术使我们能够在各种变化冲击（免疫力）的时期，研究整个组织和特定细胞内发生的基本变化，从而为我们揭示更多导致发生这些变化的原因。通过加深了解，我们就能够实施针对这些问题的策略，即选择性育种及相关研究。

3.6.1 全基因组关联研究

新研究领域具有一些突破性成果，包括针对具有不同免疫应答性的奶牛进行的全基因组关联研究（GWAS）（Thompson-Crispi 等，2014）。通过将 GWAS 与获得专利的系统（圭尔夫大学开发，可识别出具有优异细胞介导的和抗体介导的免疫反应能力的奶牛的系统）结合使用，有望确定高响应奶牛的总体遗传差异，并鉴定候选基因以进行选择性育种。几千个基因调节哺乳动物的免疫力，选择更能产生免疫应答的牛可以降低疾病发病率、改善牛奶质量、改善犊牛健康状况和延长使用寿命，从而显著提高奶牛场的利润（Godden，2008；Mallard 等，2015；Ruegg，2012）。遗传选择的成功依赖于这些候选基因的遗传力，以及一些免疫反应性状［这些免疫反应性状用于确定抗体介导的免疫力和细胞介导的免疫力的估计育种值（EBV）］，其遗传力估计与生产性状处于相似范围内，并且优于大多数繁殖性状。除了减少分娩前后的疾病发生，还有证据表明，提高免疫反应性还可以改善初乳质量和繁殖性状（如提高妊娠率）（Mallard 等，2015）。

Thompson-Crispi 等（2014）最近进行了一项全基因组关联研究，比较了在细胞介导的免疫反应和抗体介导的免疫反应中分别表现出高应答和低应答的加拿大荷斯坦奶牛。该研究发现，在两种类型的免疫应答中，高应答奶牛和低应答奶牛之间存在显著差异，这表明有可能在遗传上鉴定出抗病力更高的奶牛。其中候选基因包括牛白细胞抗原基因（*BoLA*），这个基因与主要组织相容性复合物（MHC）、白细胞介素17及其受体IL17RA、TNF及其他几个与经典补体途径相关的基因类似（Thompson-Crispi等，2014）。还有研究利用高密度单核苷酸多态性（SNPs）对3个品种奶牛的临床乳房炎性状进行了全基因组关联研究。尽管还没能确定特定的基因或多态性为直接因素，但已鉴定出几个候选基因（Sahana等，2014）。

3.6.2 功能基因组学和免疫抑制机制的见解

牛的功能基因组学是一门还在发展中的科学，但为研究人员提供了将遗传表达变异与不同生理状态（例如，从围产期到哺乳期或由特定治疗引起的生理状态）联系起来的机会（Pareek等，2011）。已经在牛中开展了以确定从围产期到哺乳期之间免疫细胞内基因表达变化为目的的研究。Madsen等（2002）比较了初产荷斯坦奶牛的牛中性粒细胞在妊娠中期以及产前14d到产后7d等几个时间点的基因表达。这项研究的最重要成果是发现了细胞色素b（细胞呼吸的关键组成部分）和核糖体蛋白S15的基因表达降低，而核糖体蛋白S15是正常形成核糖体复合物以翻译mRNA形成蛋白质所必需的，其表达量在产后降低了50%。有趣的是，分娩时和分娩后孕酮的显著下降与这些基因的抑制之间存在相关性，这可能为生殖激素在免疫抑制中的作用提供了进一步证据。还有研究发现，柠檬酸循环中DNA结合蛋白和酶的基因表达降低（Madsen等，2002）。还有一项类似的研究，Burton等（2001）利用cDNA微阵列分析了分娩对血液白细胞内基因表达的影响。高产荷斯坦奶牛产前14d和产后6h的白细胞RNA比较显示，产后18个基因表达被抑制。被抑制的基因中有1个与MHC Ⅱ类β链相关，有11个与细胞生长、代谢和应答有关（包括2个参与基因转录的基因），还有6个尚未被鉴定。

利用基因组学还可以更深入地了解以前观察到的特定治疗的效果，而这些治疗的潜在机制仍然是个谜。如前所述，已有研究表明，糖皮质激素治疗会损害牛中性粒细胞的某些功能，但到目前为止，其潜在机制仍不清楚。Burton等（2005）研究了糖皮质激素对中性粒细胞基因表达的影响。有趣的是，这项研究的结果表明，糖皮质激素可能在分娩期间的免疫防御和组织修复中起关键作用。研究观察到分娩期间血液中性粒细胞增加了促存活机制的表达，同时下调了促凋亡因子，这表明其功能向细胞存活方向的转变（Burton等，2005）。随后的一项研究分析了地塞米松治疗对牛中性粒细胞转录组的影响，进一步证实了这些发现，因为基因表达谱分析和表型分析结果表明地塞米松延迟了中性粒细胞凋亡，从而延长了细胞存活（Weber等，2006）。在分娩时，观察到基因表达的改变不仅与皮质醇的增加相关，而且与孕酮的显著下降也存在相关性。血液皮质醇水平还与趋化基因的显著下调、产犊日至产后第一天之间细胞活性氧类的产生和氧化还原状态的调节相关（Burton 等，2005）。

结合先前讨论的 Madsen 等（2002）的发现，已经观察到分娩通过削弱细胞呼吸而损害中性粒细胞的杀菌功能，而细胞呼吸能产生氧化爆发所需的活性氧类。Burton 等（2005）推测，这可能会使中性粒细胞的整体功能转向分娩时的组织重塑，从而有助于降解细胞外基质。尽管未证实中性粒细胞增强了组织降解活性，但他们对中性粒细胞中有关组织重塑的基因变化的评估仍支持这一假说。这将进一步支持牛的免疫功能障碍和 RP 的关联，因为正常的胎盘排出需要子叶-子宫阜附着物的溶解，同时提供新的信息，即氧化爆发活性降低可能是自然的向重塑的转变，这被认为是固有的功能障碍（Burton 等，2005；Kimura 等，2002）。然而，关于糖皮质激素在细胞外基质降解中的作用存在矛盾的结果，因为 Burton 等（2005）研究发现，在分娩过程中基质金属蛋白酶 9（MMP-9）的表达被上调，而在另一项研究中（Weber 等，2006），该酶的表达却在地塞米松治疗期间被下调。这表明有必要在这一领域进行进一步研究。

功能基因组学也已被用于鉴定代谢变化在免疫抑制中的作用。一项利用不同水平能量负平衡（轻度或重度）模型的研究确定了早期泌乳奶牛子宫内膜基因表达的变化，以评估能量负平衡对子宫修复和炎症的作用。据推测，分娩时若不能适应新陈代谢的变化，会延迟子宫复旧并助长慢性炎症的发生，从而可能导致不孕。抗微生物基因（尤其是 *S100A8*、*S100A9* 和 *S100A12*）表达水平升高表明，处于严重能量负平衡状态的奶牛比处于轻度能量负平衡状态的奶牛保持更长时间的免疫激活状态。

氧化应激的增加以及与 Nrf-2 介导的氧化应激相关的基因表达的改变也表明了这一点。严重的能量负平衡还与细胞增殖和交流相关基因（如 *NTRK2*、*CCNB1*、*MYB* 和 *NOV*）的下调有关。在严重能量负平衡的奶牛中发现，促炎细胞因子 IL-1 和先前描述过的趋化因子 IL-8 的表达上调，上调的还包括细胞因子、趋化因子及其受体、黏附分子和干扰素等免疫因子基因。与轻度能量负平衡奶牛相比，处于严重能量负平衡期间的奶牛的组织修复基因（例如上述 MMP-9）上调表明组织重塑时间延长。总体而言，这项研究的结果表明，处于严重能量负平衡的奶牛组织修复机制受损，导致子宫复旧延迟并且处于慢性炎症状态，提示其细菌清除效率较低（Wathes 等，2009）。子宫复旧延迟与细菌清除率降低可加剧牛宫感染而导致生育力下降（Sheldon 和 Dobson，2004）。

基因组技术的另一项应用是，在疾病状态下确定靶组织基因表达的差异。例如，Walker 等（2015）研究了患有亚临床子宫内膜炎的奶牛子宫内膜全基因组 DNA 甲基化和基因表达，结果与子宫内细菌学结果进一步相关。有趣的是，在健康奶牛和患子宫内膜炎的奶牛之间，在细菌学上没有发现差异，但后者则处于免疫激活状态。具体发现表明，一旦清除污染细菌，子宫内膜炎就可能是由于无法解决炎症而引起的。此外还提示，巨噬细胞功能障碍可能是另一个促成因素，因为患有子宫内膜炎的奶牛单核细胞趋化因子上调，但未观察到巨噬细胞计数的差异（Walker 等，2015）。通过识别疾病状态期间发生的总体变化，我们可能了解这些疾病背后的机制。

最后，如前所述，细菌毒素可能是调节牛免疫反应的外部因素。Loughman 和 Hunstad（2011）利用微阵列评估了人类多形核白细胞对尿毒症大肠杆菌的反应的基因表达整体变化。这项研究的结果表明免疫应答和趋化性基因显著下调。这些技术可以类似地应用于奶牛，利用引起乳房炎的致病菌株来确定在牛乳腺感染期间是否还有在人的泌尿道感染中观察到的免疫抑制作用。这代表了利用系统生物学技术进行免疫抑制研究的一种有趣的新方法。

3.6.3 蛋白质组学的应用

蛋白质组学还具有利于研究奶牛健康和福祉的临床应用。质谱学中的新技术允许使用一种鸟枪法蛋白质组学方法，该方法可以同时对复杂的蛋白质混合物进行检测、鉴定和定量，而无须仅关注特定蛋白质家族（Lippolis 等，2006；Yates，2004）。针对围产期和地塞米松治疗的奶牛中性粒细胞的蛋白质组学分析表明，在分娩前后和地塞米松治疗期间，蛋白表达有着显著的变化。尽管一部分围产期免疫抑制归因于糖皮质激素的作用，然而，就围产期中性粒细胞和地塞米松治疗组而言，并非所有的蛋白质表达差异都是相似的。例如，在经地塞米松治疗后和围产期中，髓过氧化物酶（MPO，一种有助于抗微生物活性的酶）在中性粒细胞膜中的表达被下调，而另一些蛋白质则朝着相反的方向被调节，或两组中仅有一组有所不同（Lippolis 等，2006）。

随后的蛋白质组学研究评估了产犊后健康奶牛和患亚临床乳房炎的奶牛产犊时血浆蛋白的变化。健康奶牛和患有乳房炎的奶牛在分娩时均观察到包括热休克蛋白（Hp）和血清淀粉样蛋白 A（SAA）在内的阳性急性期蛋白（Positive APPs，受伤或炎症时产生的急性期蛋白）的上调，表明其处于免疫激活状态。尽管健康奶牛和患乳房炎的奶牛围产期血清蛋白变化相似，但研究结果发现，与健康奶牛相比，亚临床乳房炎奶牛的急性期蛋白升高时间延长，表明此时机体无法解决自然发生的炎症（Yang 等，2012）。这些结果可以证实以前讨论过的 Wathes 等（2009）的发现，即未能顺利适应围产期的奶牛是处于慢性炎症状态的。此外，Burton 等（2005）还描述了类似的功能障碍，这种自然功能的变化如果长期化（例如糖皮质激素的功能可能将中性粒细胞的功能向组织修复的方向转变），则会带来问题并加重疾病。

3.7 组学科学的总体贡献

尽管认识围产期免疫抑制的方法经典地集中于还原论观点，但结果却只是表明该现象是由多种因素引起的。最初，感染性疾病和代谢病被认为是割裂的，而进一步的研究证明事实并非如此。有证据表明，营养、氧化应激、内分泌变化和免疫系统之间是相互联系的，向泌乳状态的不成功过渡会严重损害免疫系统，以至于疾病易感性增加。尽管先前的研究已经能够确定影响免疫的多种因素的能力，但其潜在机制仍是未知数。在采取系统生物学方法时，我们有能力通过研究在围产期、治疗和疾病状态下特定组织和细胞的基因和蛋白质表达的整体变化来揭示免疫抑制的基本机制。最近，在使用组学技术对围产期免疫抑制进行的研究中发现，在某些情况下能够解释观察到的变化，而在另一些情况下则得出了或新颖或矛盾的结果。这些研究的前景在于，通过广泛地观察正在发生的变化，我们也许能够开发出降低疾病易感性的高效技术。另外，全基因组关联研究正被应用于鉴定牛的优异免疫反应性的遗传标记，以便应用于选择育种。这项研究进展表明，不仅有望减少疾病的发病率，而且还可增加产奶量、改善繁殖力和犊牛的健康状况。总的来说，系统生物学方法对围产期免疫力的认识将有益于我们对围产期的理解，并大大提高乳业的盈利能力。

参考文献

Abuelo A, Hernandez J, Benedito JL, et al. 2015. The importance of the oxidative status of dairy cattle in the periparturient period: revisiting antioxidant supplementation[J]. J Anim Physiol Anim Nutr, 99(6):1003–1016.

Aleri JW, Hine BC, Pyman MF, et al. 2016. Periparturient immunosuppression and strategies to improve dairy cow health during the periparturient period[J]. Res Vet Sci, 108:8–17.

Burton JL, Kehrli ME Jr, Kapil S, et al. 1995. Regulation of L-selectin and CD18 on bovine neutrophils by glucocorticoids: effects of cortisol and dexamethasone[J]. J Leukoc Biol, 57(2):317–325.

Burton JL, Madsen SA, Yao J, et al. 2001. An immunogenomics approach to understanding periparturient immunosuppression and mastitis susceptibility in dairy cows[J]. Acta Vet Scand, 42(3):407–424.

Burton JL, Madsen SA, Chang LC, et al. 2005. Gene expression signatures in neutrophils exposed to glucocorticoids: a new paradigm to help explain "neutrophil dysfunction" in parturient dairy cows[J]. Vet Immunol Immunopathol, 105(3–4):197–219.

Busato A, Faissle D, Kupfer U, et al. 2002. Body condition scores in dairy cows: associations with metabolic and endocrine changes in healthy dairy cows[J]. J Vet Med A Physiol Pathol Clin Med, 49(9):455–460.

Cha E, Bar D, Hertl JA, et al. 2011. The cost and management of different types of clinical mastitis in dairy cows estimated by dynamic programming[J]. J Dairy Sci, 94(9):4476–4487.

Chacin MFL, Hansen PJ, Drost M. 1990. Effects of stage of the estrous cycle and steroid treatment on uterine immunoglobulin content and polymorphonuclear leukocytes in cattle[J]. Theriogenology, 34(6):1169–1184.

Coico R, Sunshine G. 2015. Immunology: a short course[M]. 7th edn. Wiley, Chichester.

Dann HM, Litherland NB, Underwood JP, et al. 2006. Diets during far-off and close-up dry periods affect periparturient metabolism and lactation in multiparous cows[J]. J Dairy Sci, 89(9):3563–3577.

Dervishi E, Zhang G, Hailemariam D, et al. 2015. Innate immunity and carbohydrate metabolism alterations precede occurrence of subclinical mastitis in transition dairy cows[J]. J Anim Sci Technol, 57:46.

Dervishi E, Zhang G, Hailemariam D, et al. 2016a. Occurrence of retained placenta is preceded by an inflammatory state and alterations of energy metabolism in transition dairy cows[J]. J Anim Sci Biotechnol, 7:26.

Dervishi E, Zhang G, Hailemariam D, et al. 2016b. Alterations in innate immunity reactants and carbohydrate and lipid metabolism precede occurrence of metritis in transition dairy cows[J]. Res Vet Sci, 104:30–39.

Detilleux JC, Grohn YT, Eicker SW, et al. 1997. Effects of left displaced abomasum on test day milk yields of Holstein cows[J]. J Dairy Sci, 80(1):121–126.

Dosogne H, Burvenich C, Freeman AE, et al. 1999. Pregnancy-associated glycoprotein and decreased polymorphonuclear leukocyte function in early post-partum dairy cows[J] Vet Immunol Immunopathol, 67(1):47–54.

Drackley JK. 1999. ADSA foundation scholar award. Biology of dairy cows during the transition period: the final frontier?[J]. J Dairy Sci, 82(11):2259–2273.

Ferdowsi Nia E, Nikkhah A, Rahmani HR, et al. 2010. Increased colostral somatic cell counts reduce pre-weaning calf immunity, health and growth[J]. J Anim Physiol Anim Nutr, 94:628–634.

Gilbert RO, Shin ST, Guard CL, et al. 2005. Prevalence of endometritis and its effects on reproductive performance of dairy cows[J]. Theriogenology, 64(9):1879–1888.

Godden SM. 2008. Colostrum management for dairy calves[J]. Vet Clin N Am Food Anim Pract, 24(1):19–39.

Griffin JF. 1989. Stress and immunity: a unifying concept[J]. Vet Immunol Immunopathol, 20(3):263–312.

Grinberg N, Elazar S, Rosenshine I, *et al.* 2008. Beta-hydroxybutyrate abrogates formation of bovine neutrophil extracellular traps and bactericidal activity against mammary pathogenic *Escherichia coli*[J]. Infect Immun, 76(6):2802–2807.

Hamadani H, Khan AA, Banday MT, *et al.* 2013. Bovine mastitis: a disease of serious concern for dairy farmers[J]. Int J Livest Res, 3(1):42–55.

Hillreiner M, Flinspach C, Pfaffl MW, *et al.* 2016. Effect of the ketone body Beta - Hydroxybutyrate on the innate defense capability of primary bovine mammary epithelial cells[J]. PLoS One, 11(6):e0157774.

Hoeben D, Burvenich C, Massart-Leen AM, *et al.* 1999. In vitro effect of ketone bodies, glucocorticosteroids and bovine pregnancy-associated glycoprotein on cultures of bone marrow progenitor cells of cows and calves[J]. Vet Immunol Immunopathol, 68(2–4):229–240.

Huzzey JM, Mann S, Nydam DV, *et al.* 2015. Associations of peripartum markers of stress and inflammation with milk yield and reproductive performance in Holstein dairy cows[J]. Prev Vet Med, 120(3–4):291–297.

Ingvartsen KL, Moyes KM. 2015. Factors contributing to immunosuppression in the dairy cow during the periparturient period[J]. Jpn J Vet Res, 63(1):S15–S24.

Kehrli ME Jr, Nonnecke BJ, Roth JA. 1989a. Alterations in bovine lymphocyte function during the periparturient period[J]. Am J Vet Res, 50(2):215–220.

Kehrli ME Jr, Nonnecke BJ, Roth JA. 1989b. Alterations in bovine neutrophil function during the periparturient period[J]. Am J Vet Res, 50(2):207–214.

Kimura K, Goff JP, Kehrli ME Jr, *et al.* 2002. Decreased neutrophil function as a cause of retained placenta in dairy cattle[J]. J Dairy Sci, 85(3):544–550.

Kindahl H, Kornmatitsuk B, Konigsson K, *et al.* 2002. Endocrine changes in late bovine pregnancy with special emphasis on fetal well-being[J]. Domest Anim Endocrinol, 23(1–2):321–328.

Lamote I, Meyer E, Duchateau L, *et al.* 2004. Influence of 17β-estradiol, progesterone, and dexamethasone on diapedesis and viability of bovine blood polymorphonuclear leukocytes[J]. J Dairy Sci, 87(10):3340–3349.

Lamote I, Meyer E, De Ketelaere A, *et al.* 2006. Influence of sex steroids on the viability and CD11b, CD18 and CD47 expression of blood neutrophils from dairy cows in the last month of gestation[J].

Vet Res, 37(1):61–74.

Lau ME, Loughman JA, Hunstad DA. 2012. YbcL of uropathogenic Escherichia coli suppresses transepithelial neutrophil migration[J]. Infect Immun, 80(12):4123–4132.

LeBlanc SJ. 2008. Postpartum uterine disease and dairy herd reproductive performance: a review[J]. Vet J, 176(1):102–114.

LeBlanc S. 2010. Monitoring metabolic health of dairy cattle in the transition period[J]. J Reprod Dev, 56(35):S29–S35.

LeBlanc SJ, Lissemore KD, Kelton DF, et al. 2006. Major advances in disease prevention in dairy cattle[J]. J Dairy Sci, 89(4):1267–1279.

Lippolis JD, Peterson-Burch BD, Reinhardt TA. 2006. Differential expression analysis of proteins from neutrophils in the periparturient period and neutrophils from dexamethasone-treated dairy cows[J]. Vet Immunol Immunopathol, 111(3–4):149–164.

Loughman JA, Hunstad DA. 2011. Attenuation of human neutrophil migration and function by uropathogenic bacteria[J]. Microbes Infect, 13(6):555–565.

Loughman JA, Yarbrough ML, Tiemann KM, et al. 2016. Local generation of Kynurenines mediates inhibition of neutrophil Chemotaxis by Uropathogenic Escherichia coli[J]. Infect Immun, 84(4):1176–1183.

Madsen SA, Weber PS, Burton JL. 2002. Altered expression of cellular genes in neutrophils of periparturient dairy cows[J]. Vet Immunol Immunopathol, 86(3–4):159–175.

Mallard BA, Dekkers JC, Ireland MJ, et al. 1998. Alteration in immune responsiveness during the peripartum period and its ramification on dairy cow and calf health[J]. J Dairy Sci, 81(2):585–595.

Mallard BA, Emam M, Paibomesai M, et al. 2015. Genetic selection of cattle for improved immunity and health[J]. Jpn J Vet Res, 63(1):S37–S44.

Maslanka T. 2014. Effect of dexamethasone and meloxicam on counts of selected T lymphocyte subpopulations and NK cells in cattle - in vivo investigations[J]. Res Vet Sci, 96(2):338–346.

Mehrzad J, Desrosiers C, Lauzon K, et al. 2005. Proteases involved in mammary tissue damage during endotoxin-induced mastitis in dairy cows[J]. J Dairy Sci, 88(1):211–222.

Mordak R, Stewart PA. 2015. Periparturient stress and immune suppression as a potential cause of retained placenta in highly productive dairy cows: examples of prevention[J]. Acta Vet Scand, 57(84):15–175.

Nagahata H, Ogawa A, Sanada Y, et al. 1992. Peripartum changes in antibody producing capability of lymphocytes from dairy cows[J]. Vet Q, 14(1):39–40.

Nonnecke BJ, Burton JL, Kehrli ME Jr. 1997. Associations between function and composition of blood mononuclear leukocyte populations from Holstein bulls treated with dexamethasone[J]. J

Dairy Sci, 80(10):2403-2410.

Overton TR, Waldron MR. 2004. Nutritional management of transition dairy cows: strategies to optimize metabolic health[J]. J Dairy Sci, 87:E105-E119.

Pareek CS, Smoczynski R, Pierzchala M, et al. 2011. From genotype to phenotype in bovine functional genomics[J]. Brief Funct Genomics, 10(3):165-171.

Powers ME, Bubeck Wardenburg J. 2014. Igniting the fire: Staphylococcus aureus virulence factors in the pathogenesis of sepsis[J]. PLoS Pathog, 10(2):e1003871.

Rajala PJ, Grohn YT. 1998. Effects of dystocia, retained placenta, and metritis on milk yield in diary cows[J]. J Dairy Sci, 81(12):3172-3181.

Ruegg PL. 2012. New perspectives in udder health management[J]. Vet Clin North Am Food Anim Pract, 28(2):149-163.

Sahana G, Guldbrandtsen B, Thomsen B, et al. 2014. Genome-wide association study using high-density single nucleotide polymorphism arrays and whole-genome sequences for clinical mastitis traits in dairy cattle[J]. J Dairy Sci, 97(11):7258-7275.

Sato S, Suzuki T, Okada K. 1995. Suppression of mitogenic response of bovine peripheral blood lymphocytes by ketone bodies[J]. J Vet Med Sci, 57(1):183-185.

Scalia D, Lacetera N, Bernabucci U, et al. 2006. In vitro effects of nonesterified fatty acids on bovine neutrophils oxidative burst and viability[J]. J Dairy Sci, 89(1):147-154.

Schrick FN, Hockett ME, Saxton AM, et al. 2001. Influence of subclinical mastitis during early lactation on reproductive parameters[J]. J Dairy Sci, 84(6):1407-1412.

Seifi HA, Gorji-Dooz M, Mohri M, et al. 2007. Variations of energy- related biochemical metabolites during transition period in dairy cows[J]. Comp Clin Pathol, 16(4):253-258.

Senger PL. 2003. Pathways to pregnancy and parturition[M]. 2nd edn. Current Conceptions, Pullman.

Sheldon IM, Dobson H. 2004. Postpartum uterine health in cattle[J]. Anim Reprod Sci, 83:295-306.

Sheldon IM, Price SB, Cronin J, et al. 2009. Mechanisms of infertility associated with clinical and subclinical endometritis in high producing dairy cattle[J]. Reprod Domest Anim, 3:1-9.

Shi X, Li D, Deng Q, et al. 2015. NEFAs activate the oxidative stress-mediated NF-kappaB signaling pathway to induce inflammatory response in calf hepatocytes[J]. J Steroid Biochem Mol Biol, 145:103-112.

Simenew K, Wondu M. 2013. Transition period and immunosuppression: critical period of dairy cattle reproduction[J]. Int J Anim Vet Adv, 5(2):44-57.

Sordillo LM. 2013. Selenium-dependent regulation of oxidative stress and immunity in periparturient dairy cattle[J]. Vet Med Int, 154045(10):14.

Sordillo LM, Aitken SL. 2009. Impact of oxidative stress on the health and immune function of dairy cattle[J]. Vet Immunol Immunopathol, 128(1–3):104–109.

Sordillo LM, Raphael W. 2013. Significance of metabolic stress, lipid mobilization, and inflammation on transition cow disorders[J]. Vet Clin North Am Food Anim Pract, 29(2):267–278.

Sordillo LM, Streicher KL. 2002. Mammary gland immunity and mastitis susceptibility[J]. J Mammary Gland Biol Neoplasia, 7(2):135–146.

Sordillo LM, Contreras GA, Aitken SL. 2009. Metabolic factors affecting the inflammatory response of periparturient dairy cows[J]. Anim Health Res Rev, 10(1):53–63.

Spears JW, Weiss WP. 2008. Role of antioxidants and trace elements in health and immunity of transition dairy cows[J]. Vet J, 176(1):70–76.

Ster C, Loiselle MC, Lacasse P. 2012. Effect of postcalving serum nonesterified fatty acids concentration on the functionality of bovine immune cells[J]. J Dairy Sci, 95(2):708–717.

Suriyasathaporn W, Heuer C, Noordhuizen-Stassen EN, et al. 2000. Hyperketonemia and the impairment of udder defense: a review[J]. Vet Res, 31(4):397–412.

Thammavongsa V, Kim HK, Missiakas D, et al. 2015. Staphylococcal manipulation of host immune responses[J]. Nat Rev Microbiol, 13(9):529–543.

Thompson-Crispi KA, Sargolzaei M, Ventura R, et al. 2014. A genome-wide association study of immune response traits in Canadian Holstein cattle[J]. BMC Genomics, 15(559):1471–2164.

Tiwari JG, Babra C, Tiwari HK, et al. 2013. Trends in therapeutic and prevention strategies for management of bovine mastitis: an overview[J]. J Vaccines Vaccin, 4(176):2.

do Vale A, Cabanes D, Sousa S. 2016. Bacterial toxins as pathogen weapons against phagocytes[J]. Front Microbiol, 7:42.

Van Dyke TE, Bartholomew E, Genco RJ, et al. 1982. Inhibition of neutrophil chemotaxis by soluble bacterial products[J]. J Periodontol, 53(8):502–508.

Van Merris V, Meyer E, Duchateau L, et al. 2004. Differential effects of steroids and retinoids on bovine myelopoiesis in vitro[J]. J Dairy Sci, 87(5):1188–1195.

Walker CG, Meier S, Hussein H, et al. 2015. Modulation of the immune system during postpartum uterine inflammation[J]. Physiol Genomics, 47(4):89–101.

Wathes DC, Cheng Z, Chowdhury W, et al. 2009. Negative energy balance alters global gene expression and immune responses in the uterus of postpartum dairy cows[J]. Physiol Genomics, 39(1):1–13.

Weber PS, Madsen-Bouterse SA, Rosa GJ, et al. 2006. Analysis of the bovine neutrophil transcriptome during glucocorticoid treatment[J]. Physiol Genomics, 28(1):97–112.

Williams AE. 2012. Immunology: mucosal and body surface defences[M]. Wiley, Chichester.

Williams EJ, Herath S, England GC, et al. 2008a. Effect of *Escherichia coli* infection of the bovine uterus from the whole animal to the cell[J]. Animal, 2(8):1153–1157.

Williams EJ, Sibley K, Miller AN, et al. 2008b. The effect of *Escherichia coli* lipopolysaccharide and tumour necrosis factor alpha on ovarian function[J]. Am J Reprod Immunol, 60(5):462–473.

Yang YX, Wang JQ, Bu DP, et al. 2012.Comparative proteomics analysis of plasma proteins during the transition period in dairy cows with or without subclinical mastitis after calving[J]. Czech J Anim Sci, 57(10):481–489.

Yates JR 3rd. 2004. Mass spectral analysis in proteomics[J]. Annu Rev Biophys Biomol Struct, 33:297–316.

Zarrin M, Wellnitz O, van Dorland HA, et al. 2014. Induced hyperketonemia affects the mammary immune response during lipopolysaccharide challenge in dairy cows[J]. J Dairy Sci, 97(1):330–339.

Zhang G, Hailemariam D, Dervishi E, et al. 2015. Alterations of innate immunity reactants in transition dairy cows before clinical signs of lameness[J]. Animals, 5(3):717–747.

Zhang G, Hailemariam D, Dervishi E, et al. 2016. Dairy cows affected by ketosis show alterations in innate immunity and lipid and carbohydrate metabolism during the dry off period and postpartum[J]. Res Vet Sci, 107:246–256.

Zhao X, Lacasse P. 2008. Mammary tissue damage during bovine mastitis: causes and control[J]. J Anim Sci, 86(13 Suppl):57–65.

4

瘤胃酸中毒的系统兽医学研究

Morteza H. Ghaffari, Ehsan Khafipour, Michael A. Steele[*]

摘 要

  为了增加泌乳早期奶牛的产奶量，通常会提高饲粮中可快速发酵的碳水化合物（高谷物）的比例。当饲粮转换太突然或谷物水平过高时，瘤胃中的发酵速率会超过瘤胃吸收和缓冲速率，这使得奶牛易发生瘤胃酸中毒。关于瘤胃酸中毒大多数的研究都采取了还原论的方法，将注意力集中在其对瘤胃的影响，而未考虑其他器官。然而，谷物引起的瘤胃酸中毒的影响涉及整个动物机体的炎症反应，而且越来越明显的是，其他胃肠道部位（Gut compartments），即下消化道和内脏组织（如肝脏），在整个动物机体的多器官炎症反应的病因中也起着重要的作用。在过去的10年里，系统生物学的方法已经开始被用于描述/研究/表征（Characterizing）瘤胃酸中毒导致的胃肠道和整个动物机体的炎症反应。为了实现这一点，高通量组学数据（即基因组学、代谢组学、转录组学和蛋白质组学）的结合在我们对瘤胃酸中毒病因的理解方面取得了独特而有意义的进展。本章将重点介绍系统生物学在瘤胃酸中毒研究相关方面的应用，这些应用为研究瘤胃酸中毒过程中瘤胃微生物生态学、代谢组和宿主基因表达的变化提供了有意义的见解。

---

[*] M.H. Ghaffari • M.A. Steele, Ph.D. (✉)
Department of Agricultural, Food and Nutritional Science, University of Alberta, Edmonton, AB, Canada
e-mail: morteza1@ualberta.ca; masteele@ualberta.ca

E. Khafipour, Ph.D.
Departments of Animal Science and Medical Microbiology, University of Manitoba, Winnipeg, MB, Canada
e-mail: ehsan.khafipour@umanitoba.ca

4.1 引言

　　集约化乳品生产系统依靠奶牛日粮中的大量谷物来增加能量摄入量,以支持高水平的牛奶生产。然而,给反刍动物喂食过多可快速发酵的饲粮碳水化合物会引起瘤胃微生物群的变化,从而导致短链脂肪酸(SCFA)的积累和瘤胃pH值的降低。这些变化导致瘤胃酸中毒的发生(Khafipou等,2009a)。当瘤胃pH值降至5.6或以下时,瘤胃内的微生物种群转向乳酸的产生,从而进一步降低瘤胃pH值。与挥发性脂肪酸相比,乳酸的pKa(解离常数)要低得多(pKa 3.9 vs.4.9),而且在pH值=5.0时,乳酸的质子化程度比SCFA更低。有研究发现,乳酸在瘤胃内积累导致瘤胃pH值螺旋式下降(Nagaraja和Titgemeyer,2007)。

　　亚急性形式的瘤胃酸中毒(SARA)是指每天至少3 h的瘤胃pH值处于低于5.6的状态(Gozho等,2005)。据估计,泌乳早期有20%的奶牛患有SARA(Plaizier等,2008)。这种紊乱与干物质摄入量减少(Plaizier等,2008;Gozho等,2005)、瘤胃纤维消化减少(Plaizier等,2001)和乳脂率的下降(Khafipour等,2009b)有关,还与瘤胃微生物种群丰度和多样性的变化、不饱和脂肪酸的瘤胃生物加氢作用的变化,以及牛奶脂肪酸谱的变化有关(Kleen等,2009;Colman等,2013)。此外,SARA会导致腹泻、胃肠道损伤、肝脓肿乃至整个动物机体的炎症反应,从而损害动物健康(Plaizier等,2008;Emmanuel等,2008)。这种生产能力和健康水平的损失使得SARA成为奶牛营养中一个至关重要的话题。

　　奶牛在泌乳早期发生瘤胃酸中毒的风险更大,因为它们的饲粮在短时间内(通常是一夜之间)就会从高粗饲料配比(干奶牛)转变为高精料配比(泌乳牛/分娩初期牛)。在此期间,SCFA在整个瘤胃中的吸收能力有限,因为瘤胃乳头需要2~3周的时间来增大,以处理高浓度饲粮产生的SCFA负荷(Dieho等,2016)。酸的快速积累改变了瘤胃内许多细菌种类的活性和丰度,从而导致纤维素分解菌减少而耐酸菌增殖(Khafipour等,2009c)。在瘤胃酸中毒期间,瘤胃上皮(RE)的形态学和组织学特征也有显著变化,强烈表明其屏障功能受损,反过来又损害奶牛的健康(Steele等,2011a,2011b,2016)。

　　与SARA相关的大多数研究主要集中在对瘤胃,以及对瘤胃发酵的变化及其与奶牛生产性能和行为的关系的描述/表征上(Plazier等,2008)。然而,SARA的紊乱涉及数个动态的生物系统。通过采取一种还原论的方法并把注意力集中在单一器官上,比如瘤胃,可能忽略了其他器官发生的更大损伤,而这些损伤同样会导致健康状况下降。描述/表征这些变化的一种新方法是系统生物学,它是一个新兴的跨学科研究领域，结合了生物学、生物信息学、统计学、数学和计算科学，以获取、整合和分析多个实验来源的复杂数据集，以便更好地理解基础生物学（Woelders 等，2011；Loor 等，2013）。在过去的 10 年里，涉及全基因组、转录组、蛋白质组的系统生物学新技术、代谢组学分析已被应用于瘤胃酸中毒实验中，并取得了一些有意义的进展，这些进展有助于研究人员进一步深入了解 SARA 期间奶牛机体不同系统之间的作用机制。本章的目的是总结使用高通量技术获取的 SARA 期间瘤胃微生物生态学、代谢组和宿主基因表达变化的新进展。

4.2 瘤胃酸中毒与瘤胃微生物区系/群

最早描述瘤胃酸中毒微生物病原学的工作是通过一系列基于培养的实验来阐述与从高草料向高谷物的日粮转变相关的瘤胃变化（Hungate 等，1952；Hungate，1966）。一些重要的发现基于培养的实验，例如瘤胃中乳酸产生菌（*S. bovis*，牛链球菌）和乳酸利用菌（*Magasphaera elsdenii*，玛氏乳杆菌）之间的失衡如何在酸中毒的发病中发挥作用（Russell 等，1979，1981）。尽管以培养为基础的技术（如滚管培养或连续培养系统）对于研究特定微生物很有用，但它们低估了微生物群落的多样性，以及微生物在其生境中的相互作用（McSweeney 等，2007）。使用定量 PCR 技术也无法完全解决这一局限性，因为它们针对的是微生物群落内的特定微生物而不是群落整体（Tajima 等，2000；Khafipour 等，2016）。21 世纪初，出现了一系列可用于研究微生物多样性的技术，如变性梯度凝胶电泳（DGGE）、温度梯度凝胶电泳（TGGE）、核糖体基因间隔区分析（RISA）、自动核糖体间隔基因分析（ARIA）、限制性片段长度多态性（RFLP）和末端限制性片段长度多态性（TRFLP）。

最早利用 TRFLP 研究 SARA 期间细菌群落结构的研究之一是 Khafipour 等（2009c）作出的。在该研究中，作者证明了无论瘤胃 pH 值、SCFA 和游离脂多糖（LPS；一种主要的内毒素）浓度是否相似，谷物和苜蓿颗粒引起的 SARA 对瘤胃微生物群落和动物健康的影响是不同的。研究发现，这两种饲粮模型都降低了瘤胃微生物群落的丰度、均匀度和多样性，从而将这些微生物群转化为功能较弱的状态。特别是，谷物引起的轻度和重度 SARA 导致革兰氏阴性拟杆菌门的成员显著减少（如苏格兰普雷沃菌、短普雷沃菌和栖瘤胃普雷沃菌）；然而与重度组相比，谷物引起的轻度 SARA 减少幅度较小。与谷物诱发的轻度或重度 SARA 组比较，饲喂紫花苜蓿颗粒引起的 SARA 保有了较大比例的拟杆菌，尤其是苏格兰普雷沃菌和栖瘤胃普雷沃菌。这种对瘤胃微生物组的组成和功能的差异性影响可能为致病性和机会性群落成员提供机会，使其得以在其中一种，而不是另一种挑战条件下在瘤胃中增殖。例如，引起严重酸中毒的高谷物饲喂与瘤胃中致病性大肠杆菌和产气荚膜梭菌种群数量的增加有关（Khafipour 等，2009c；Plaizier 等，2016）。这是一个重要的发现，因为尽管 SARA 在瘤胃发酵条件和游离 LPS 含量方面的结果是相同的，但瘤胃细菌群落是不同的，而只有谷物引起的 SARA 才会引起炎症反应。

自 20 世纪中期以来，测序技术的迅速发展将为微生物群落作为整体的研究提供了低成本的分子技术。这些新技术是基于对细菌和古细菌群落高度保守和普遍的 16S rRNA 基因高变区的高通量测序（Woese and Fox，1977；Pace 等，1985）或真菌和原生动物群落的 rRNA 基因的 18S 或内部转录间隔区（ITS）（Firkins 和 Yu，2015）。总 DNA（宏基因组学）或总 RNA（宏转录组学）的广泛测序也使微生物组的功能得到了更全面的研究（Desai 等，2012）。这些方法已成为近年来研究奶牛胃肠道微生物群落特征的常用方法，用于确定高精料饲喂条件下微生物群落组成和功能的变化。

当使用组学方法描述微生物群落时，如果没有直接评估微生物，则必须使用术语"操作分类单位"（OTUs），而不是"物种"（Khafipour 等，2016）。OTU 是具有给定相似性的序列读取片段集群，预期将被对应到某一个分类学水平（例如，具有 97% 相似性的序列近似对应于"种"）（Khafipour 等，2016）。在最近对瘤胃微生物群的一项综合研究中，从地处不同地理区域的 35 个国家的 32 个物种中采集了 742 个前肠（网胃、瘤胃和瓣胃）微生物群落样本（Henderson 等，2015）。研究结果表明，普雷沃菌属（拟杆菌门）是反刍动物中数量最丰富的类群，其次是丁酸弧菌属和瘤胃球菌属（均来自厚壁菌门），它们最有可能构成反刍动物的核心微生物群。

最近一些采用高通量测序的研究更深入地揭示了酸中毒期间微生物群落结构的变化（总结见表 4.1）。总的来说，研究结果一致表明，过量饲喂谷物降低了瘤胃中微生物的丰度和多样性（Khafipour 等，2011；Petri 等，2012；Mao 等，2013）。虽然为了评估瘤胃微生物群，这项研究大部分是在瘤胃液体样品上进行的，但最近的一些研究已经确定了瘤胃内容物和附着在瘤胃壁上的微生物组成（Petri 等，2013a；McCann 等，2016）。瘤胃壁微生物群不同于瘤胃液和与颗粒相关微生物组（Li 等，2012）。此外，它们还具有特定的功能，如上皮组织的循环、氧的清除和尿素的水解（Petri 等，2013a）。Petri 等（2013b）认为，牛的瘤胃壁核心微生物组在酸中毒期间可能是稳定的，而瘤胃微生物群落结构的改变似乎可以在康复期间快速恢复。

在奶牛体内，游离脂多糖的主要来源是胃肠道，其中含有很高比例的革兰氏阴性菌（Eckel 和 Ametaj，2016）。变形杆菌门、拟杆菌门和纤维杆菌门的细菌是瘤胃消化液中游离脂多糖库的主要贡献者。这些内毒素是革兰氏阴性细菌细胞壁外膜的一部分，以其自由形式充当免疫原性化合物（Hurley，1995）。它们在细菌生长的对数期和静止期大量脱落，并在菌体解体和裂解后释放（Nagaraja 等，1978a，1978b；Hurley，1995；Plaizier 等，2012）。先前的研究表明，在高谷物饲喂期间，瘤胃消化液中的脂多糖含量增加的部分原因是对数生长期脂多糖的释放，导致瘤胃中革兰氏阴性菌绝对数量的增加（Plaizier 等，2008，2012）。然而，这种增长不一定会使这些细菌在菌群中占有更高比例。例如，Li 等（2012）研究发现，大量增加谷物的饲喂方式增加了变形杆菌的丰度，而 Khafipour 等（2009b）和 Plaizier 等（2016）则未观察到任何此类影响。不管怎样，重要的是要记住不同种类的革兰氏阴性菌中 LPS 的毒力是不同的，因此 LPS 后续的促炎作用可能有所不同。例如，在 Khafipour 等（2009a，2009b，2009c）的研究中，在谷物引起的 SARA 中，瘤胃 LPS 含量接近于苜蓿颗粒引起的 SARA，但在谷物引起的 SARA 中，瘤胃大肠杆菌数量显著高于苜蓿颗粒引起的 SARA（Khafipour 等，2011）。由于大肠杆菌 LPS 的毒力比瘤胃中的主要的革兰氏阴性菌强，这可能是导致两种疾病模型之间观察到的炎症反应出现差异的原因。

研究瘤胃微生物组的高通量方法无疑提高了我们对急性酸中毒和 SARA 期间瘤胃群落结构变化的认识，但我们对瘤胃微生物组整体功能的认识还需要进一步的研究。系统生物学工具的应用（如宏基因组学、宏转录组学和代谢组学）将提供更多关于微生物的功能及其与宿主的相互作用的见解。

表 4.1 动物酸中毒后牛、羊瘤胃微生物群落的概况

标题	测序平台	主要发现	参考文献
高精料日粮适应过程中的瘤胃微生物种群动态	ABI 3700	——饲喂高精料日粮增加了埃氏巨型球菌、牛链球菌、普雷沃氏菌、反刍兽月形单胞菌而减少了纤维溶解菌	Fernando 等（2010）
通过 454 GS FLX 焦磷酸测序评估的瘤胃微生物生态受到日粮淀粉和油脂补充的影响	454 GS-FLX	——高淀粉处理显著增加了奥尔森氏菌、巴尼西拉菌和口小杆菌属的相对丰度，但降低了丁酸弧菌 – 假丁酸弧菌和理研菌科肠道 RC9 菌的相对丰度	Zened 等（2013）
焦磷酸测序法研究奶牛瘤胃微生物群对亚急性瘤胃酸中毒（SARA）适应的影响	454 GS-FLX	——与对照组相比，饲粮引起的 SARA 增加了双歧杆菌和未分类梭菌的数量，降低了普雷沃菌、不动杆菌、密螺旋体属、厌氧支原体、乳头杆菌和未分类黏胶球形菌的数量	Mao 等（2013）

(续表)

标题	测序平台	主要发现	参考文献
从饲草向精饲料转换以及酸中毒挑战期间和之后，牛核心瘤胃微生物组的特征	454 GS-FLX	——临床和亚临床酸中毒的后备母牛瘤胃中普雷沃菌、链球菌、乳酸杆菌和聚乙酸菌的相对丰度增加	Petri 等（2013b）
日粮和诱发的瘤胃酸中毒对肉牛瘤胃壁外细菌多样性的影响	454 GS-FLX	——与酸中毒期间的饲粮相比，高精料日粮中的阿托波氏菌、脱硫化曲菌、铁还原灼烧菌、乳酸菌和奥尔森氏菌的相对丰度增加。此外，在酸中毒期间，惟小杆菌属、阿托波氏菌、cc142、RC39、产琥珀酸菌、乳杆菌、夏普氏菌属、奥尔森氏菌和互营球菌属尤其普遍	Petri 等（2013a）
亚急性瘤胃酸中毒对山羊瘤胃中液体和固体相关细菌多样性的影响	454 GS-FLX	——焦磷酸测序分析表明，SARA 指征增加了厚壁菌门的比例，降低了拟杆菌门在液体和固体组分中的比例	Huo 等（2014）
高饲粮引起山羊瘤胃上皮菌群的剧烈变化及 Toll 样受体基因的表达	454 GS-FLX	——山羊中，在属一级上，饲喂高精料日粮增加了丁酸弧菌、未分类菌、艰难杆菌属、未分类厌氧绳菌科、产琥珀酸菌的相对丰度，降低了未分类瘤胃球菌科、未分类理研菌科、霍华德氏菌、未分类丹毒丝菌科和未分类奈瑟氏菌科的相对丰度	Liu 等（2015）
微生物组-代谢组分析揭示了山羊模型中瘤胃微生物组分和代谢随着日粮中谷物的增加而发生的不良变化	454 GS-FLX	——随着谷物比例的增加，产琥珀酸菌、赖氨酸芽孢杆菌属、普雷沃菌、地中海螺旋菌/海旋菌和乳头杆菌以及一些未分类细菌（包括未分类的瘤胃球菌科未分类细菌和未分类的普雷沃菌科）的比例呈线性下降。相反，随着谷物比例的增加，聚乙酸菌、丁酸弧菌、艰难杆菌属和未分类厌氧绳菌科的比例呈线性增加	Mao 等（2016）
亚急性瘤胃酸中毒的诱导对瘤胃微生物和上皮细胞的影响	MiSeq Illumina	——固体组分中，SARA 引起的厚壁菌门相对丰度降低，拟杆菌门相对丰度增加；然而，占序列60%以上的拟杆菌门相对丰度在液体组分中趋于增加	McCann 等（2016）

(续表)

标题	测序平台	主要发现	参考文献
添加二元羧酸或多酚类物质的高精料日粮对后备奶牛瘤胃微生物种群的宏基因组分析	Illumina sequencing	——与饲喂高谷物日粮的对照组青年奶牛相比，多酚类物质和有机酸显著增加了克里斯滕森菌科的数量，降低了短普雷沃菌的数量。由于类黄酮具有潜在的抗菌活性，多酚补充增加了许多属于软壁菌门、厚壁菌门和拟杆菌门的细菌类群的丰度	De Nardi 等（2016）
与目前饲养场实施的山羊养殖方式相比，富含谷物的日粮改变了与结肠发酵和黏膜相关的细菌群落，而瘤胃细菌群落引起的黏膜损伤可以更快地适应高浓度日粮	Illumina MiSeq sequencing	——山羊饲喂高谷物日粮会增加结肠黏膜细菌群落中布劳特氏菌属的数量，并降低芽孢杆菌属、肠球菌属和乳球菌属的数量	Ye 等（2016）

4.3 代谢组学是认识瘤胃酸中毒的新途径

在谷物引起的 SARA 过程中，瘤胃代谢物的关键变化是有充分报道的，包括瘤胃 SCFA（即丙酸和丁酸）总量的增加（Lettat 等，2010）。在过去的 20 年里，研究人员的注意力一直集中在 SCFA 的变化上，因为 SCFA 代表了瘤胃中最大浓度的代谢物。也因为这种方法，我们忽略了瘤胃中存在的数百种低浓度的其他代谢物，而这些代谢物也可能具有与 SARA 相关的生物活性。随着代谢组学领域新技术的发展，现在可以同时对一个样本中的数百种代谢物进行表征/描述，而不仅仅只对 SCFA。利用代谢组学对瘤胃代谢组进行更详细的表征/描述可以加深我们对 SARA 期间微生物群–代谢组–宿主相互作用的理解。

研究代谢组的方法主要基于允许并可以检测数百种代谢物的两个技术平台：核磁共振（NMR）谱和气相色谱–质谱（GC-MS）。首次瘤胃酸中毒代谢组学研究采用了核磁共振和 GC-MS 代谢组学分析（Ametaj 等，2010）。这项研究结果表明，在总日粮中增加 30% 和 45% 的谷类可以提高一些瘤胃代谢产物的浓度，包括甲胺、N-亚硝基二甲胺、二甲胺、葡萄糖、丙氨酸、麦芽糖、尿嘧啶、丙酸、富马酸、丁酸、戊酸、黄嘌呤、乙醇和苯乙酸、缬氨酸、亮氨酸、赖氨酸、烟酸、甘油以及苯基乙酰甘氨酸，而降低奶牛瘤胃中磷脂酰胆碱和 3-苯基丙酸含量水平。Saleem 等（2012）所做的另一项研究用核磁共振和气相色谱-质谱联用技术对瘤胃液进行了分析，确定并量化了饲喂高谷物日粮的奶牛瘤胃中总计93种代谢物。该研究的数据显示，给奶牛喂食高谷物饲料（替代超过30%的标准泌乳牛日粮）会导致瘤胃液中的生物胺（即组胺，酪胺和色胺，尸胺和腐胺）的增加，这些生物胺来自于某些类型的瘤胃细菌（如乳酸菌等碳水化合物发酵细菌）对氨基酸（精氨酸、赖氨酸和精氨酸/鸟氨酸）的脱羧作用。正常的细胞生长和分化模式需要低浓度的生物胺（Bardócz等，1995），但大量的生物胺可能对家畜造成毒性影响（即每天1.4 g）而导致细胞死亡（Fusi等，2004）。虽然对酸中毒期间瘤胃液代谢组学的研究有限，但这类研究提出了更多的假设，即虽然其中一些代谢产物浓度较低，但在SARA期间可能发生变化，并可能向奶牛发出改变胃肠功能的信号。

4.4 饲喂高谷物日粮动物的瘤胃组织转录组学和蛋白质组学分析

转录组学和蛋白组学技术的最新进展为研究人员提供了同时研究生物样品中大量RNA转录本和蛋白质丰度的能力。综述中，转录组学是对RNA转录本（即mRNA、miRNA、非编码RNA和小核RNA）的测量和研究，并提供了哪些基因对谷物引起的SARA有反应的特征。实时定量PCR（qRT-PCR）、微阵列和RNA测序是特征转录组的3种常用方法。另外，蛋白组学提供了有关蛋白质丰度和蛋白质翻译后修饰的信息，这对其生物学活性至关重要。蛋白组学的实验室技术包括各种基于凝胶和质谱的技术，可对蛋白质组图谱进行高通量分析。由于翻译后修饰和翻译基因调控的变化，基因表达方式的变化不一定反映相应蛋白质表达的类似变化。

迄今为止，SARA奶牛的功能基因组特征研究/表征主要集中在瘤胃组织的RNA表达上，很少有研究小组利用高通量技术研究蛋白质丰度。尽管如此，通过这些功能基因组学方法，我们对饲喂谷物/谷物挑战期间瘤胃组织的代谢、生长和屏障功能的理解都已经得到改善。本节总结了我们对酸中毒期间RE的代谢、生长和屏障功能的理解的主要进展。重点将放在过去5年从高通量方法到研究转录组和蛋白质组的发现上。

4.4.1 新陈代谢

尽管曾经被认为只是一种保护性屏障，但现在众所周知，RE具有代谢活性，而且是内脏总能量的最大消耗者（Huntington，1990）。RE在整个动物机体的能量学中起着重要的作用，因为它负责的瘤胃SCFA运输和代谢最终占奶牛可代谢能量的大部分（Baldwin，1998）。RE 属于一种复层鳞状上皮，是由 4 个具有多种功能的不同细胞层组成（基底层、棘细胞层、颗粒细胞层和角质层）。基底层和棘细胞层与基底层和颗粒层相邻，并具有大量的功能齐全的线粒体和其他细胞器，这些细胞器对 RE 的代谢特性（即生酮作用）起最大作用（Steele 等，2011a）。因此，就能量代谢而言，基底层和棘细胞层是瘤胃的重要细胞层（Baldwin 等，2004）。

SCFA 通过 RE 的转运受到钠/氢交换蛋白、单羧酸盐转运蛋白和阴离子转运蛋白的几种同工型的调节（Gaebel 和 Martens，1988）。虽然一些有针对性的研究已经表明，钠/氢交换蛋白在山羊的谷物挑战中增加（Yang 等，2009），但在奶牛的高通量转录组研究中发现，这些转运蛋白变化很小。只有一项在饲喂高谷物日粮的绵羊中进行的蛋白质组学研究发现了碳酸酐酶同工酶 1 的蛋白丰度降低，这与 RE 的 pH 值调节和离子转运有关（Bondzio 等，2011）。尽管使用高通量技术发现的差异表达有限，但它对理解交换蛋白和转运蛋白特定的同工型，以便在未来开展更具针对性的研究。

一旦被运输进入细胞，SCFA 就会进入循环或代谢。在 SCFA 中，丁酸是瘤胃上皮组织的首选能源，瘤胃中吸收的大部分丁酸在线粒体中代谢为 β- 羟基丁酸（BHBA）（Bergman，1990）。乙酰辅酶 A 乙酰转移酶 1（ACAT1）和 3- 羟基 -3- 甲基戊二酰辅酶 A 合酶 2（HMGCS2）被认为是 RE 的生酮途径中的限速酶（Lane 等，2002）。*ACAT1*、*HMGCS2* 和其他生酮基因的表达受过氧化物酶体增殖物激活受体 α（PPARα）转录因子的转录调控（Kinoshita 等，2002）。虽然在饲喂谷物/谷物挑战期间血液中 BHBA 含量升高是很常见的，但转录组和蛋白质组并未检测到 RE 生酮酶的差异表达（Penner 等，2009，2011；Steele 等，2011a）。尽管在患有 SARA 的奶牛中未检测到 RE 生酮基因的变化，但已经确定了由 PPARα 和固醇调节元件结合蛋白（SREBP）控制的胆固醇生物合成途径发生了很大的变化。在饲喂谷物/谷物挑战引起的 SARA 中，涉及胆固醇生物合成的基因下调是无法预期的。但是，当人们认为在饲喂谷物/谷物挑战期间要代谢的 SCFA 量较高时，可以预料到在 RE 中作为某些主要的 SCFA 代谢途径中下游的胆固醇合成是受到严格控制的。尽管这一发现的生物学意义尚存疑问，但胆固醇的调节对于减少因 RE 细胞产生的胆固醇水平升高而引起的潜在负面影响可能至关重要，这可能与维持细胞膜功能或控制炎症有关（Steele 等，2011a，2011b，2012）。系统生物学方法对于研究 SARA 期间的 RE 适应性非常有用，因为它发现了可能与生物学相关的且过去从未考虑过的新途径。

4.4.2 瘤胃组织的增长/生长

众所周知，将日粮转换为可以被更快发酵的碳水化合物时，RE 会增殖以增加吸收 SCFA 的表面积，但控制 RE 生长和分化的分子机制尚不清楚。如前所述，饲喂易发酵的碳水化合物会增加瘤胃中丙酸和丁酸的比例，这被认为可以直接或间接地刺激瘤胃乳头的生长，从而增加总的吸收表面积。由于 SCFA 在体外实验不引起增殖反应，因此生长可能是通过激素间接控制的（Baldwin 1999）。在促进再生生长的激素中，胰岛素样生长因子-1（IGF-1）和胰岛素样生长因子结合蛋白（IGFBP）的作用越来越受到关注。

在最早的一项对饲喂高热量饲粮的山羊的 RE 基因表达进行评估的研究中，研究人员确定了 RE 增殖与 RE 细胞中 IGF-1 受体的增加以及血浆中 IGF-1 的浓度有关（Shen 等，2004）。在最近的一项基于基因转录组的研究证实了 IGF-1 轴参与 SARA 条件下奶牛的 RE 适应。在 Steele 等（2011b）的一项研究中，利用微阵列技术评估了 SARA 对参与泌乳奶牛 RE 增殖的候选基因的 mRNA 表达的短期和长期影响。该研究结果表明，当牛的日粮浓度向高浓度转换时，RE 中胰岛素样生长因子结合蛋白 5（IGFBP5）的相对 mRNA 表达上调，而 IGFBP3 和 IGFBP6 的表达下调。这个结果很有趣，因为众所周知，IGFBP3 拮抗，而 IGFBP5 促进了 IGF-1 介导的细胞事件；因此，在高谷物饲养的牛中，IGFBP3 的下调和 IGFBP5 的上调可能会增加循环中 IGF-1 的浓度，从而刺激 RE 中的细胞生长（Steele 等，2011b）。在一项类似的研究中，从干奶期（产犊前 3 周）到泌乳早期（泌乳第 1 周和第 6 周）的围产期奶牛 RE 基因表达的研究中，也发现了类似的 IGFBP 表达谱（Steele 等，2015）。然而，上述结果与 McCann 等（2016）最近的一项研究结果形成了对比，McCann 等（2016）研究表明，短期 SARA 诱导并不影响泌乳荷斯坦奶牛 IGFBP3 和 IGFBP5 的相对 mRNA 表达。迄今为止，尚未在蛋白质水平上验证与 IGF-轴相关的基因的表达，这代表了下一步逻辑步骤是验证其在 RE 增殖中的潜在作用。

在最近对奶牛进行的一项研究中，在围产期向哺乳期的过渡期间对瘤胃组织进行了活检，在向可更快发酵日粮的转换过程中，发现了可能参与 RE 增殖和分化的其他生长因子。例如，转化生长因子 β（TGFB）是一种在 RE 中调节生长和分化的多功能肽，而 Steele 等（2015）在研究中发现，TGFB1 和 TGFB2 及其骨形态发生蛋白亚家族的基因表达在泌乳早期上调。在同一项研究中，研究人员还注意到，在饲喂高能量日粮的奶牛的泌乳早期，表皮生长因子受体（EGFR）和生长激素受体（GHR）均下调。虽然这些发现是初步的，需要在蛋白质水平上进行验证，但对酸中毒期间 RE 的高通量研究的积累已经确定了一些需要进一步研究的关键基因。

4.4.3 屏障功能

瘤网胃（Reticulo-rumen）不仅在代谢中起着重要作用，而且在保护宿主免受恶劣瘤胃环境的侵袭中起着屏障的作用。防止细菌和毒素进入门脉循环和维持离子吸收所需的浓度梯度是 RE 的功能。众所周知，瘤胃酸中毒可损害 RE 的屏障功能，这主要与瘤胃 pH 值下降（Aschenbach 等，2011）和瘤胃渗透压的增加有关（Penner 等，2010）。对于 RE，颗粒细胞层和角质层起着重要的屏障作用。内毒素如脂多糖（LPS）和脂磷壁酸可破坏胃肠道上皮屏障（Korhonen 等，2002；Singh 等，2007）。Metzler-Zebeli 等（2003）注意到，与下部肠单层柱状上皮结构相比，多层的复层鳞状瘤胃上皮的渗透性可能更低，从而不允许 LPS 的迁移。

最近，利用高通量基因表达分析的研究已被用于揭示与细胞黏附和上皮结构相关的基因，这些基因可能会对日粮中谷物水平的升高作出反应。在首次对 SARA 奶牛进行的微阵列研究中发现，瘤胃中的屏障功能由于瘤胃酸中毒而受损，并且与瘤胃组织中桥粒连接蛋白 1 表达下调有关（Steele 等，2011a）——桥粒连接蛋白 1 是细胞桥粒的关键成分，在上皮的颗粒层中可见。这一数据得到了 McCann 等（2016）的证实，进一步表明了它在谷物挑战期间的 RE 功能中的作用。同一项研究表明，瘤胃上皮中与屏障功能相关的基因（*claudin1* 和 *claudin4*）的表达对于患 SARA 的奶牛而言是上调的。此外，Mackey（2013）使用 RNA 测序技术进行的转录组分析显示，参与同源细胞黏附分子途径的基因（原钙黏蛋白 β 4/*PCDHB4*、*PCDHB15*、*PCDHB14* 和 *PCDHB7*）上调，以拮抗奶牛机体为应对 SARA 而在 RE 中形成的弱化的渗透屏障。虽然这些发现从探索的角度来看是重要的，但除了明确在 RNA 水平上的反应性外，还需要进一步的研究来阐明它们对 RE 屏障功能的控制程度。

4.5 其他器官：认识瘤胃酸中毒的系统生物学方法

虽然大多数关于瘤胃酸中毒的研究结果都集中在瘤胃上，但越来越多的证据表明，其他器官如下消化道和肝脏在 SARA 的病因中起着关键作用（图 4.1）。饲喂高谷物日粮会使淀粉分流到小肠（Li 等，2012），而过多的易发酵的碳水化合物流入小肠会导致发酵性酸中毒，并伴有 SCFA 积累（包括乳酸）（Gressley 等，2011）。先前的研究表明，牛的后肠（盲肠和结肠）和粪便中的微生物群落的丰度、均匀度和多样性会由于饲喂高谷物日粮而降低（Mao 等，2013；Li 等，

2012）。已有研究报道，饲喂高谷物日粮会增加后肠致病性产气荚膜梭菌和大肠杆菌（产 LPS 的细菌）的数量（Plaizier 等，2016）。但是，针对饲喂高谷物日粮的反刍动物的下消化道微生物组的研究，特别是使用高通量测序检测的研究还很有限。

SCFA 的积累和消化道下段渗透压的增加可导致肠道屏障的损伤，而使细菌、内毒素或胺进入体循环（Plaizier 等，2008）。与瘤胃的复层鳞状上皮相比，下段肠道只有简单的上皮结构，其特殊细胞类型的相对比例会发生显著变化（Lavker and Motoltsy，1970）。饲喂泌乳牛的日粮含有较高比例的精饲料，这会导致瘤胃或后肠中细菌内毒素（即 LPS）释放的增加（Gozho 等，2006；Plaizier 等，2016）。内毒素对上皮细胞的毒性作用可能是早期阶段局部炎症反应的原因

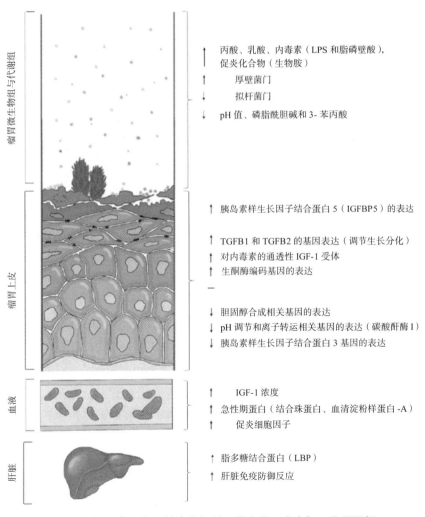

图 4.1　饲喂高谷物日粮牛的饲料 – 微生物 – 宿主相互作用图解

（Thibault 等，2010），也可能是内毒素穿过胃肠道转移到血液循环中从而产生大部分促炎性细胞因子和急性期蛋白（APP）的原因（Gozho 等，2006；Khafipour 等，2009b；Emmanuel 等，2007）。

肝细胞合成的急性期蛋白包括结合珠蛋白（Hp）、血清淀粉样蛋白（SAA）和脂多糖结合蛋白（LBP）是判断炎症的生物标志物（Emmanuel 等，2008；Eckersall 和 Bell，2010）。Gozho 等（2007）的研究表明，血液中的 Hp 和 SAA 水平的升高激活了饲喂高谷物日粮的奶牛的全身性炎症反应。血液中的 LBP 浓度也常作 LPS 引起的全身性炎症的指标。qRT-PCR 分析表明，与饲喂低谷物的山羊相比，以高谷物日粮喂养的山羊中有 13 种参与免疫应答的基因的 mRNA 表达以及肝脏中的 TLR4 蛋白上调，这表明内毒素进入肝脏会加剧肝脏的免疫防御反应（Chang 等，2015）。这些结果表明 SARA 对肝脏的免疫防御反应具有重要影响。

在系统生物学的背景下，为更好地理解胃肠道微生物和饲喂高谷物日粮的动物的系统反应之间的关系，需要更多的研究。尽管在过去的 5 年里，已有许多使用组学和生物信息学工具对家畜营养研究发表报道，但不同组学平台之间的整合有限，也很少有研究致力于破解高谷物日粮的喂养是如何影响动物功能的。

结 论

对奶牛瘤胃酸中毒等健康问题的研究，传统上是采取还原论方法，重点放在了瘤胃上，以进行诊断并提供治疗和预防措施。然而，"瘤胃酸中毒"一词具有误导性，因为在 SARA 期间，下段肠道可能在整个动物炎症的病因中起重要作用。既然我们知道 SARA 是一种会影响多个器官的动物全身性疾病，而且在 SARA 期间许多器官和生物液体还未被鉴定/表征，那么利用高通量、系统生物学的方法来扩展我们的知识库将是非常有利的。系统生物学的最新进展，包括基因组学、转录组学、代谢组学和蛋白质组学，为 SARA 的生物学研究提供了新的见解，也为以高通量的方式研究多个生物学目标提供了一种新颖的方法。使用高通量测序方法的最新进展表明，瘤胃和下消化道微生物组的丰度、多样性和功能性会因进食过量的谷物和酸中毒而下降，从而影响动物生产和健康。这些分析还表明，饲喂高谷物日粮可改变与瘤胃上皮细胞增殖代谢、胃肠道屏障功能和肝酶活性相关的多个基因的表达水平。需要一个综合性的系统生物学方法来充分揭示在 SARA 挑战中驱动胃肠道微生物和宿主之间相互作用的原因和机制。因此，未来对瘤胃酸中毒的系统生物学研究应该着重于确定可靠的生物标志物，以用于瘤胃酸中毒的分子诊断和早期检测，从而改善围产期奶牛的健康。

参考文献

Ametaj BN, Zebeli Q, Saleem F, et al. 2010. Metabolomics reveals unhealthy alterations in rumen metabolism with increased proportion of cereal grain in the diet of dairy cows[J]. Metabolomics, 6:583-594.

Aschenbach JR, Penner G, Stumpff BF, et al. 2011. Ruminant nutrition symposium: role of fermentation acid absorption in the regulation of ruminal pH[J]. J Anim Sci, 89:1092-1107.

Baldwin RL (1998) Use of isolated ruminal epithelial cells in the study of rumen metabolism. J Nutr 128:293S-296S.

Baldwin RL. 1999. The proliferative actions of insulin, insulin like growth factor-I, epidermal growth factor, butyrate and propionate on ruminal epithelial cells in vitro[J]. Small Rumin Res, 32:261-268.

Baldwin RL, McLeod IKR, Klotz JL, et al. 2004. Rumen development, intestinal growth and hepatic metabolism in the pre- and postweaning ruminant[J]. J Dairy Sci, 87(Suppl E):E55-E65.

Bardócz S, Duguid TJ, Brown DS, et al, 1995. The importance of dietary polyamines in cell regeneration and growth[J]. Br J Nutr, 73:819-828.

Bergman EN. 1990. Energy contributions of volatile fatty acids from the gastrointestinal tract in various species[J]. Physiol Rev, 70:567-590.

Bondzio A, Gabler C, Badewien-Rentzsch B, et al. 2011. Identification of differentially expressed proteins in ruminal epithelium in response to a concentrate-supplemented diet[J]. Am J Physiol Gastrointest Liver Physiol, 301:G260-G268.

Chang G, Zhang K, Xu T, et al. 2015. Feeding a high-grain diet reduces the percentage of LPS clearance and enhances immune gene expression in goat liver[J]. BMC Vet Res, 11:67.

Colman E, Khafipour E, Vlaeminck B, et al. 2013. Grain-based versus alfalfa-based subacute ruminal acidosis induction experiments: similarities and differences between changes in milk fatty acids[J]. J Dairy Sci, 96:4100-4111.

De Nardi R, Marchesini G, Li S, et al. 2016. Metagenomic analysis of rumen microbial population in dairy heifers fed a high grain diet supplemented with dicarboxylic acids or polyphenols[J]. BMC Vet Res, 12:29.

Desai N, Antonopoulos D, Gilbert JA, et al. 2012. From genomics to metagenomics[J]. Curr Opin Biotechnol, 23:72-76.

Dieho K, Dijkstra J, Schonewille JT, et al. 2016. Changes in ruminal volatile fatty acid production and absorption rate during the dry period and early lactation as affected by rate of increase of concentrate allowance[J]. J Dairy Sci, 99:5370-5384.

Eckel EF, Ametaj BN. 2016. Invited review: role of bacterial endotoxins in the etiopathogenesis of periparturient diseases of transition dairy cows[J]. J Dairy Sci, 99(8):5967-5990.

Eckersall PD, Bell R. 2010. Acute phase proteins: biomarkers of infection and inflammation in veterinary medicine[J]. Vet J, 185:23-27.

Emmanuel DGV, Madsen KL, Churchill TA, et al. 2007. Acidosis and lipopolysaccharide from *Escherichia coli* B:055 cause hyperpermeability of rumen and colon tissues[J]. J Dairy Sci, 90:5552-5557.

Emmanuel DGV, Dunn SM, Ametaj BN. 2008. Cover image article feeding high proportions of barley grain stimulates an inflammatory response in dairy cows[J]. J Dairy Sci, 91:606-614.

Fernando SC, Purvis HT, Najar FZ, et al. 2010. Rumen microbial population dynamics during adaptation to a high-grain diet[J]. Appl Environ Microbiol, 76:7482-7490.

Firkins JL, Yu Z. 2015. Ruminant nutrition symposium: how to use data on the rumen microbiome to improve our understanding of ruminant nutrition[J]. J Anim Sci, 93:1450-1470.

Fusi E, Rossi L, Rebucci R, et al. 2004. Administration of biogenic amines to Saanen kids: effects on growth performance, meat quality and gut histology[J]. Small Rumin Res, 53:1-7.

Gaebel G, Martens H. 1988. Reversibility of acid induced changes in absorptive function of sheep rumen[J]. Zentralbl Vet A, 35:157-160.

Gaebel G, Martens H, Suendermann M. 1987. The effect of diet, intraruminal pH and osmolarity on sodium, chloride and magnesium absorption from the temporarily isolated and washed reticulo-rumen of sheep[J]. Q J Exp Physiol, 72:501-511.

Gozho GN, Plaizier JC, Krause DO, et al. 2005. Subacute ruminal acidosis induces ruminal lipopolysaccharide endotoxin release and triggers an inflammatory response[J]. J Dairy Sci, 88:1399-1403.

Gozho GN, Krause DO, Plaizier JC. 2006. Rumen lipopolysaccharide and inflammation during grain adaptation and subacute ruminal acidosis in steers[J]. J Dairy Sci, 89:4404-4413.

Gozho GN, Krause DO, Plaizier JC. 2007. Ruminal lipopolysaccharide concentration and inflammatory response during grain-induced subacute ruminal acidosis in dairy cows[J]. J Dairy Sci, 90:856-866.

Gressley TF, Hall MB, Armentano LE. 2011. Ruminant nutrition symposium: productivity, digestion, and health responses to hindgut acidosis in ruminants[J]. J Anim Sci, 89:1120-1130.

Henderson G, Cox F, Ganesh S, et al. 2015. Rumen microbial community composition varies with diet and host, but a core microbiome is found across a wide geographical range[J]. Sci Rep, 5:14567.

Hungate RE 1966. The rumen and its microbes[M]. Academic, New York.

Hungate RE, Dougherty RW, Bryant MP, et al. 1952. Microbiological and physiological changes associated with acute indigestion in sheep[J]. Cornell Vet, 42:423–449.

Huntington GB. 1990. Energy metabolism in the digestive tract and liver of cattle: influence of physiological state and nutrition[J]. Reprod Nutr Dev, 30:35–47.

Huo W, Zhu W, Mao S. 2014. Impact of subacute ruminal acidosis on the diversity of liquid and solid-associated bacteria in the rumen of goats[J]. World J Microbiol Biotechnol, 30:669–680.

Hurley JC. 1995. Endotoxemia: methods of detection and clinical correlates[J]. Clin Microbiol Rev, 8:268–292.

Khafipour E, LiS THM. 2016. Effects of grain feeding on microbiota in the digestive tract of cattle[J]. Anim Front, 6:13–19.

Khafipour E, Krause DO, Plaizier JC, 2009a. Alfalfa pellet induced subacute ruminal acidosis in dairy cows increases bacterial endotoxin in the rumen without causing inflammation[J]. J Dairy Sci, 92:1712–1724.

Khafipour E, Krause DO, Plaizier JC, 2009b. A grain-based subacute ruminal acidosis challenge causes translocation of lipopolysaccharide and triggers inflammation[J]. J Dairy Sci, 92:1060–1070.

Khafipour E, Li S, Plaizier JC, et al. 2009c. Rumen microbiome composition determined using two nutritional models of subacute ruminal acidosis[J]. Appl Environ Microbiol, 75:7115–7124.

Khafipour E, Plaizier JC, Aikman PC, et al. 2011. Population structure of rumen *Escherichia coli* associated with subacute ruminal acidosis (SARA) in dairy cattle[J]. J Dairy Sci, 94:351–360.

Kinoshita M, Suzuki Y, Saito Y. 2002. Butyrate reduces colonic paracellular permeability by enhancing PPAR activation[J]. Biochem Biophys Res Commun, 293:827–831.

Kleen JL, Hooijer GA, Rehage J, et al. 2009. Subacute ruminal acidosis in Dutch dairy herds[J]. Vet Rec, 164:681–684.

Korhonen R, Korpela R, Moilanen E. 2002. Signalling mechanisms involved in the induction of inducible nitric oxide synthase by *Lactobacillus rhamnosus* GG, endotoxin, and lipoteichoic acid[J]. Inflammation, 26:207–214.

Lane MA, Baldwin VIRL, Jesse BW. 2002. Developmental changes in ketogenic enzyme gene expression during sheep rumen development[J]. J Anim Sci, 80:1538–1544.

Lavker RM, Matoltsy AG. 1970. The fate of cell organelles and differentiation products in ruminal epithelium[J]. J Cell Biol, 44:501–512.

Lettat A, Nozière P, Silberberg M, et al. 2010. Experimental feed induction of ruminal lactic, propionic, or butyric acidosis in sheep[J]. J Anim Sci, 88:3041–3046.

Li S, Khafipour E, Krause DO, et al. 2012. Effects of subacute ruminal acidosis challenges on fermentation and endotoxins in the rumen and hindgut of dairy cows[J]. J Dairy Sci, 95:294–303.

Liu JH, Bian G, Zhu W, et al. 2015. High-grain feeding causes strong shifts in ruminal epithelial bacterial community and expression of toll-like receptor genes in goats[J]. Front Microbiol, 6:167.

Loor JJ, Bionaz M, Drackley JK. 2013. Systems physiology in dairy cattle: nutritional genomics and beyond[J]. Annu Rev Anim Biosci, 1:365–392.

Mackey, E. 2013. Effects of ruminal acidosis on rumen papillae transcriptome[D]. The University of Delaware.

Mao SY, Zhang RY, Wang DS. 2013. Impact of subacute ruminal acidosis (SARA) adaptation on rumen microbiota in dairy cattle using pyrosequencing[J]. Anaerobe, 24:12–19.

Mao S, Huo W, Zhu WY. 2016. Microbiome–metabolome analysis reveals unhealthy alterations in the composition and metabolism of ruminal microbiota with increasing dietary grain in a goat model[J]. Environ Microbiol, 18:525–541.

McCann JC, Luan S, Cardoso FC, et al. 2016. Induction of subacute ruminal acidosis affects the ruminal microbiome and epithelium[J]. Front Microbiol, 7:701.

McSweeney CS, Denman SE, Wright A-DG, et al. 2007. Application of recent DNA/RNA-based techniques in rumen ecology[J]. Asian Aust J Anim, 20:283–294.

Metzler-Zebeli BU, Schmitz-Esser S, Klevenhusen F, et al. 2013. Grain-rich diets differently alter ruminal and colonic abundance of microbial populations and lipopolysaccharide in goats[J]. Anaerobe, 20:65–73.

Nagaraja TG, Titgemeyer EC. 2007. Ruminal acidosis in beef cattle: the current microbiological and nutritional outlook[J]. J Dairy Sci, 90(Suppl 1):E17–E38.

Nagaraja TG, Bartley EE, Fina LR, et al. 1978a. Quantitation of endotoxin in cell-free rumen fluid of cattle[J]. J Anim Sci, 46:759–1767.

Nagaraja TG, Bartley EE, Fina LR, et al. 1978b. Evidence of endotoxins in the rumen bacteria of cattle fed hay or grain[J]. J Anim Sci, 47:226–234.

Pace NR, Stahl DA, Lane DJ, et al. 1985. Analyzing natural microbial populations by rRNA sequences[J]. ASM News, 51:4–12.

Penner GB, Taniguchi BM, Guan LL, et al. 2009. Effect of dietary forage to concentrate ratio on volatile fatty acid absorption and the expression of genes related to volatile fatty acid absorption and metabolism in ruminal tissue[J]. J Dairy, Sci 92:2767–2781.

Penner GB, Oba M, Gäbel G, et al. 2010. A single mild episode of subacute ruminal acidosis does not affect ruminal barrier function in the short term[J]. J Dairy Sci, 93:4838–4845.

Penner GB, Steele MA, Aschenbach JR, et al. 2011. Molecular adaptation of ruminal epithelia to highly fermentable diets[J]. J Anim Sci, 89:1108–1119.

Petri R, Forster R, Yang W, et al. 2012. Characterization of rumen bacterial diversity and fermentation parameters in concentrate fed cattle with and without forage[J]. J Appl Microbiol, 112:1152–1162.

Petri RM, Schwaiger T, Penner GB, *et al.* 2013a. Changes in the rumen epimural bacterial diversity of beef cattle as affected by diet and induced ruminal acidosis[J]. Appl Environ Microbiol, 79:3744–3755.

Petri RM, Schwaiger T, Penner GB, *et al.* 2013b. Characterization of the core rumen microbiome in cattle during transition from forage to concentrate as well as during and after an acidotic challenge[J]. PLoS One, 8:e83424.

Plaizier J, Keunen J, Walton J, *et al.* 2001. Effect of subacute ruminal acidosis on in situ digestion of mixed hay in lactating dairy cows[J]. Can J Anim Sci, 81:421–423.

Plaizier JC, Krause DO, Gozho GN, *et al.* 2008. Subacute ruminal acidosis in dairy cows: the physiological causes, incidence and consequences[J]. Vet J, 176:21–31.

Plaizier JC, Khafipour E, Li S, *et al.* 2012. Subacute ruminal acidosis (SARA), endotoxins and health consequences[J]. Anim Feed Sci Technol, 172:9–21.

Plaizier JC, Li S, Tun HM, *et al.* 2016. Effects of experimentally induced subacute ruminal acidosis (SARA) on the rumen and hindgut microbiome in dairy cows[M]. Front Microbiol In press.

Russell JB, Sharp WM, Baldwin RL. 1979. The effect of pH on maximum bacterial growth rate and its possible role as a determinant of bacterial competition in the rumen[J]. J Anim Sci, 48(2):251–255.

Russell JB, Cotta MA, Dombrowski DB. 1981. Rumen bacterial competition in continuous culture: *Streptococcus bovis* versus *Megasphaera elsdenii*[J]. Appl Environ Microbiol, 41(6):1394–1399.

Saleem F, Ametaj BN, Bouatra S, *et al.* 2012. A metabolomics approach to uncover the effects of grain diets on rumen health in dairy cows[J]. J Dairy Sci, 95:6606–6623.

Shebl FM, Pinto LA, García-Piñeres A, *et al.* 2010. Comparison of mRNA and protein measures of cytokines following vaccination with human papillomavirus-16 L1 virus-like particles[J]. Cancer Epidemiol Biomark Prev, 19:978–981.

Shen Z, Seyfert H, Lo B, *et al.* 2004. An energy-rich diet causes rumen papillae proliferation associated with more IGF type 1 receptors and increased plasma IGF-1 concentrations[J]. J Anim Sci, 90:307–317.

Singh AK, Jiang Y, Gupta S, 2007. Effects of bacterial toxins on endothelial tight junction in vitro: a mechanism-based investigation[J]. Toxicol Mech Methods, 17:331–347.

Steele MA, Croom J, Kahler M, *et al.* 2011a. Bovine rumen epithelium undergoes rapid structural adaptations during grain-induced subacute ruminal acidosis[J]. Am J Physiol Regul Integr Comp Physiol, 300:R1515–R1523.

Steele MA, Vandervoort G, AlZahal O, *et al.* 2011b. Rumen epithelial adaptation to high-grain diets involves the coordinated regulation of genes involved in cholesterol homeostasis[J]. Physiol Genomics, 43:308–316.

Steele MA, Greenwood SL, Croom J, et al. 2012. An increase in dietary non-structural carbohydrates alters the structure and metabolism of the rumen epithelium in lambs[J]. Can J Anim Sci, 92:123–130.

Steele MA, Schiestel C, AlZahal O, et al. 2015. The periparturient period is associated with structural and transcriptomic adaptations of rumen papillae in dairy cattle[J]. J Dairy Sci, 98:2583–2595.

Steele MA, Penner GB, Chaucheyras-Durand F, et al. 2016. Development and physiology of the rumen and the lower gut: targets for improving gut health[J]. J Dairy Sci, 99:4955–4966.

Tajima K, Arai S, Ogata K, et al. 2000. Rumen bacterial community transition during adaptation to high-grain diet[J]. Anaerobe, 6(5):273–284.

Thibault R, Blachier F, Darcy-Vrillon B, et al. 2010. Butyrate utilization by the colonic mucosa in inflammatory bowel diseases: a transport deficiency[J]. Inflamm Bowel Dis, 16:684–695.

Woelders H, Te Pas MF, Bannink A, et al. 2011. Systems biology in animal sciences[J]. Animal, 5:1036–1047.

Woese CR, Fox GE. 1977. Phylogenetic structure of the prokaryotic domain: the primary kingdoms[J]. Proc Natl Acad Sci, 74(11):5088–5090.

Yang W, Martens H, Shen Z. 2009. Effects of energy intake and ruminal SCFA on mRNA expression of Na^+/H^+ exchangers in rumen epithelium of goats. Proceedings of 11th international symposium of ruminant physiology[C]. Clermont-Ferrand, France：412–413.

Ye H, Liu J, Feng P, et al. 2016. Grain-rich diets altered the colonic fermentation and mucosa- associated bacterial communities and induced mucosal injuries in goats[J]. Sci Rep, 6:20329.

Zened A, Combes S, Cauquil L, et al. 2013. Microbial ecology of the rumen evaluated by 454 GS FLX pyrosequencing is affected by starch and oil supplementation of diets[J]. FEMS Microbiol Ecol, 83:504–514.

5

健康和患病奶牛的胃肠道菌群研究

André Luiz Garcia Dias，Burim N. Ametaj[*]

摘　要

瘤胃是反刍动物体内最重要的器官之一，含有数以万亿计的细菌（又称微生物群）。反刍动物宿主和微生物群是共生关系，细菌得到庇护和营养，而宿主受益于细菌发酵释放的许多必需营养，否则反刍动物就会因为缺乏特定的酶无法获得这些营养。在自然界中，反刍动物通常食草而日粮中几乎不存在谷物。然而，在集约化养殖条件下，生产大量牛奶的奶牛需要非常多的能量来满足产奶的高能量需求。在集约化乳牛农场（Diary farm），反刍动物通常是以谷物形式（包括玉米、大麦、小麦或其他形式的谷物）摄入能量。据报道，在饲喂的日粮中，特别是在刚分娩后奶牛日粮中加入大量谷物，主要会对胃肠道（GI）微生物群及其代谢产物的组成产生影响。据报道，除了释放大量有益和必要的营养外，细菌活性还与包括细菌内毒素在内的多种有害化合物的释放有关。这些化合物易位到乳腺、子宫等重要器官或进入体循环，会对产后奶牛的健康状况产生多种有害影响。本章将详细讨论胃肠道微生物群、影响其组成的因素以及对宿主的有害影响。

5.1　引言

动物微生物学家和反刍动物健康科学家专注于3个主要器官（包括瘤胃、乳

---

[*] A.L.G. Dias, Ph.D. (✉) • B.N. Ametaj, D.V.M., Ph.D., Ph.D.
Department of Agriculture, Food and Nutritional Science, University of Alberta,
Edmonton, AB, T6R 2J6, Canada
e-mail: garciadi@ualberta.ca; burim.ametaj@ualberta.ca

房和子宫）来研究奶牛的微生物群组成。不管从生理角度还是从健康角度来看，这3个器官都非常重要。本章我们将重点关注胃肠道（GIT）微生物群，因为GIT目前被认为是反刍动物最重要的"器官"之一。成年奶牛瘤胃中的细菌总数可能超过10^{12}。牛的胃分为4个部分，包括瘤胃、网胃和瓣胃（前三个胃也合称为前胃），以及真胃。瘤胃是反刍动物特有的器官，其主要功能是通过微生物群发酵饲料，来吸收大量宿主无法获得的营养物质。植物纤维被微生物群消化并进一步转化为维持生命活动、产奶、胎儿生长和肉类生产所必需的营养。微生物通过发酵饲料中的纤维类物质，以脂肪酸、脂类、碳水化合物和维生素的形式向宿主提供必需的营养。

从最近对瘤胃组成和细菌活动的深入研究中吸取的一个重要教训是，瘤胃微生物群除了因它们对饲料消化的贡献而是反刍动物宿主的"朋友"外，有时还因为它们是各种致病物质的来源（如在奶牛中引发各种疾病的内毒素）而可以成为"敌人"。

本章我们将重点关注通过系统生物学方法获取的关于奶牛特有的反刍动物胃肠道微生物群及其与健康状态之间的关系的新知识。一是讨论了影响瘤胃和肠道的核心微生物群细菌组成的相关因素。二是讨论了微生物组在奶牛疾病病理生物学中的潜在作用。

5.2 瘤胃微生物群

5.2.1 瘤胃的核心细菌

瘤胃是一个容纳着数万亿微生物的厌氧器官。细菌之间共同生存、消化、补充、互动、竞争或斗争，也可以根据在周围环境中建立的条件帮助或伤害宿主。瘤胃微生物群是复杂的，具有高密度、多样化和相互作用的复杂性的特征。此外，瘤胃内容物是一个独特的生态系统，包括细菌、原生动物、真菌和古生菌。值得注意的是，细菌是瘤胃中数量最多、种类最丰富的类群，约占瘤胃微生物群落总数的95%，本章我们的讨论将专注于细菌（Brulc等，2009）。

瘤胃细菌主要分为三大类：① 游离于瘤胃液体中的细菌；② 附着于饲料颗粒上的细菌；③ 附着于瘤胃上皮或瘤胃壁的细菌。有趣的是，第一类细菌的功能是降解和使用可溶于或不溶于瘤胃液的饲料。这种类型的细菌非常容易移动，因为它们会与内容物一起移动到胃肠道的其他部分。第二类细菌附着在瘤胃固体颗粒上，功能是降解和利用以颗粒形式散布在瘤胃内的饲料。第三类细菌（即瘤胃壁细菌）占附着在瘤胃上皮的所有瘤胃细菌的1%~2%。它们在除氧（即25%~50%的瘤胃壁细菌是兼性厌氧菌）、尿素水解和组织回收中起着重要作用（Cheng等，1979；Wallace等，1979）。据报道，这类细菌的组成与游离于瘤胃液体或附着在固体颗粒上的细菌不同。考虑到上皮细胞每1~2 d脱落1次，这些细菌也会随之落入瘤胃内容物中，并转移到胃肠道的其他部分。大多数被运到皱胃的细菌都会在酸性条件下被消化或破坏，并被用作宿主的营养来源。

瘤胃微生物群生活在一个随各种环境因素不断变化的环境中，因此这些细菌一直很难被鉴定。可影响瘤胃微生物群组成的因素，包括日粮、年龄、品种、泌乳阶段、补充的抗生素（如莫能菌素）、宿主的健康状况，以及地理位置和季节（Stewart等，1997；Kocherginskaya等，2001）。此外，微生物群落的变化与微生物结构和种群水平的变化有关。

关于游离的瘤胃液细菌，Brulc等（2009）分析了不同宏基因组文库的瘤胃液样本，并报道了目前存在的3种主要的系统型，包括拟杆菌门、厚壁菌门和变形杆菌门，它们占目前所有门的91.3%~95.2%。Jing等（2014）对瘤胃样本进行了常规DNA测序，其报道称厚壁菌门和拟杆菌门分别占所有类群的59.3%和34.3%，或总计在所有类群中约占93.6%，这证实了Brulc等（2009）的研究结果。

Petri等（2013）对肉牛瘤胃壁核心微生物组进行了研究，发现厚壁菌门（73%）、变形杆菌门（11%）、拟杆菌门（10%）和放线菌门（3%）的丰度最高。此外，Jami和Mizrahi（2012）报道，使用30%粗饲料和70%精饲料配比日粮喂养的荷斯坦奶牛中，所有瘤胃微生物群中的98%由拟杆菌门（51%）、厚壁菌门（42%）和变形杆菌门（5.21%）组成。放线菌门和软壁菌门的丰度较低，分别为0.9%和0.7%。在属的水平上也对微生物组进行了分析，共鉴定出32个属，其中普雷沃菌属几乎占所有瘤胃细菌属的52%。普雷沃菌是一种革兰氏阴性细菌，在厌氧条件下生长旺盛。除了它们在饲料颗粒降解中的作用外，其还与人类的多种疾病有关，包括鼻窦炎、中耳炎、牙科感染、扁桃体周围脓肿、吸入性肺炎、肺脓肿、腹膜炎、盆腔炎、外阴和肛周感染、心内膜炎、脑膜炎、关节炎、骨髓炎等（Stubbs等，1996；Made等，1998；Brook和Frazier，2003；Hayashi等，2007；Ulrich等，2010；Field等，2010；Nadkarni等，2012；Ruan等，2015）。此外，普雷沃菌已被证明与牛的子宫疾病（Sheldon等，2008）、牙周炎（Borsanelli等，2015）和腐蹄病（Kennan等，2011；Kaler等，2012）有关。

Henderson等（2015）发表的一项研究评估了来自全球7个地区35个国家的32种反刍动物的742个样本。研究结果表明，在90%以上的样本中发现了

30个丰度最高的瘤胃细菌科，占所有测序数据的89.4%。丰度最高的7个菌属占所有细菌序列数据的67.1%，包括普雷沃菌属、丁酸弧菌属、瘤胃球菌属，以及未分类的毛螺菌科、瘤胃球菌科、拟杆菌门和梭菌目。研究指出，这些科是最主要的瘤胃细菌，且由于它们存在于大量反刍动物中，因此可以被视为属级或更高级别的"核心细菌微生物组"。Henderson等（2015）还观察到宿主和日粮对瘤胃微生物群的影响。他们的结论是，饲喂草料的反刍动物的细菌群落彼此相似；饲喂精料的反刍动物的细菌群落也彼此相似，但不同于饲喂草料的反刍动物的细菌群落，以及饲喂混合饲料的反刍动物的细菌群落。未分类拟杆菌目（Bacteroidales）和瘤胃球菌科细菌的丰度在所有饲喂草料的动物中均更高。相比之下，在日粮含有精料的动物体内，普雷沃菌属和未分类的琥珀酸弧菌科细菌丰度更高。

5.2.2　改变瘤胃核心菌群的因素

众所周知，宿主（基因型）、环境（日粮和药物）、细菌（不同种的比例、细菌间相互作用、黏附能力以及酶和代谢活性）等因素在决定哺乳动物物种的胃肠道菌群中起着重要的作用。然而，影响奶牛瘤胃微生物群组成的最常见因素是谷物的数量或日粮（能量）浓度，尤其是在泌乳初期。从干奶期到泌乳早期的过渡与日粮结构的重大变化有关。在干奶期，奶牛通常摄入低能量的日粮（主要是干草和饲草）来满足生存和妊娠的需要。然而，产犊后的奶牛会立即被喂以谷物或精料形式的大量能量，以应对产奶的高需求。日粮中谷物或精料的含量可达谷物形式干物质（DM）的45%~60%，而饲草只占40%~55%。

5.2.2.1　谷物饲喂对瘤胃微生物群的影响

与含有大量草料的日粮相比，含有高比例谷物的日粮已被证明与瘤胃细菌种群的多样性和结构的显著变化有关。这些变化是由于高精料日粮中含有的可发酵底物的增加而产生的，有利于淀粉分解和其他淀粉消化细菌的生长。

Fernando等（2010）比较了饲喂草原干草和饲喂精料比例不断增加的日粮的肉用阉公牛，并报道了瘤胃微生物群组成的显著变化。结果表明，饲喂草原干草的肉牛瘤胃中最主要的种系型为厚壁菌门（35.4%）、拟杆菌门（23.8%）、纤维杆菌门（3.2%）、变形菌门（2.5%）和螺旋体门（2.5%）。在分析样本中，也有约32.6%的未分类操作分类单元（OTUs）。此外，饲喂高精料日粮的阉公牛瘤胃液中的细菌门有拟杆菌门（44.9%）、厚壁菌门（40.1%）、螺旋体门（3.6%）、变形菌门（1.0%）、纤维杆菌门（0.4%）和未分类的OTUs（10%）（Fernando等，2010）。

此外，据Fernando等（2010）报道，在属一级上，饲喂草原干草的阉公牛瘤胃中叶缘焦枯病菌属、黄单胞菌属、支原体属、陶厄氏菌属和拟杆菌属的细菌增加。此外，在日粮中干草：精料比为 20 ∶ 80 的动物中，普雷沃菌属、放线杆菌、食烷菌属、节杆菌属、拟杆菌属、甲基芽孢杆菌属、巨球形菌属和泰勒菌属的 OTUs 增加。上述纤维杆菌门中的所有细菌均属于纤维杆菌属，而拟杆菌门中的大多数菌种属于普雷沃菌属。厚壁菌门细菌的数量没有差异，然而对该门细菌的科的分析表明，来自梭菌科和氨基酸球菌科的细菌数量较多。同一研究人员还观察到，在摄入高精料日粮的动物中，埃氏巨球形菌、牛链球菌、反刍兽月形单胞菌和布鲁氏普雷沃氏菌的数量增加，而溶纤维丁酸弧菌和产琥珀酸丝状杆菌的种类减少。

5.2.2.2 基因型对瘤胃微生物群的影响

在宿主基因型和日粮组成中，最能决定瘤胃微生物组成的因素还有争论。迄今为止发表的大多数研究都表明，影响奶牛胃肠道微生物群的最主要因素是日粮（Khafipour 等，2009；Ramirez 等，2012）。然而，应该指出的是，在某些动物个体中，瘤胃微生物群对变化的抵抗力更强（Weimer 等，2010a；Mohammed 等，2012）。

例如，在一项涉及 3 头阉公牛的研究中，瘤胃微生物群分析表明，尽管它们摄入相同比例的中等质量的青草和豆科干草，但瘤胃微生物群具有个体性。在上述例子中，其中 1 头阉公牛的纤维附着微生物群的系统发育分布明显不同，其中 2/3（即 63%）的细菌基因归属于 γ 变形杆菌纲，而在其他两头牛中，γ 变形杆菌纲序列仅占 3.5%~8%（Bruc 等，2009）。

据 Li 等（2009）的另一项研究报道，饲喂相同日粮的 3 头荷斯坦奶牛的微生物多样性相似度较低（74.4%~89.9%）。这些结果提示，宿主基因型可能在瘤胃微生物结构的分类中起着重要的作用。然而，宿主基因型、微生物组成与瘤胃细菌代谢活性之间的联系尚不明确，需要进一步研究。

Mohammed 等（2012）分析了围产期内严重酸中毒期间瘤胃细菌群落组成的变化，并观察到细菌组成与饮食治疗无关。奶牛个体的细菌种群数量变化更大，但这与酸中毒的严重程度无关。这表明，每只动物都有一个特定的瘤胃细菌群落，通常在不同的泌乳周期中持久存在。

研究还观察到，微生物群的变化是对日粮改变的响应，然而，一旦去除日粮因素，这些变化就会恢复到原来的水平。例如，Wemer 等（2010 b）交换不同奶牛之间的所有瘤胃内容物后，瘤胃微生物组成发生了巨大变化；然而，在干预后 9 周内原有的微生物群落又重新被建立。此外，Li 等（2012）通过注入丁酸改变了瘤胃细菌的组成，并观察到处理 168 h 后微生物组分又恢复到原来的状态。此外，Blanch 等（2009）报道，在诱导瘤胃酸中毒 4 d 后，肉用青年母牛的微生物谱恢复到原有的组成。这些结果也提示，动物基因型实际上可能在瘤胃微生物群组成中起着重要的作用。

5.2.2.3　饲喂时间和瘤胃部位

按时饲喂被认为是一种农场管理实践，可以促进瘤胃细菌群落的改变。瘤胃pH值在一天中变化很大，主要取决于每次饲喂中可发酵碳水化合物的数量。一天内pH值变动0.5~1.0是常见的；然而，这些小的变动代表着瘤胃氢离子浓度5~10倍的变化（Nocek等，2002）。瘤胃环境酸化是影响瘤胃微生物种群的最重要的因素之一。

Mullins等（2013）在饲喂前2 h和饲喂后4 h评估了瘤胃内容物。他们发现，与饲喂前相比，饲喂后采集的样品中瘤胃细菌总数更大。这些结果已经在多项研究中观察到，并且与微生物群落中营养物质的利用率有关。研究还指出，一些细菌种群的不同响应与进食后的时间有关。Mullins等（2013）的研究表明，产琥珀酸丝状杆菌的丰度在饲喂后比饲喂前更高，而白色瘤胃球菌的数量在饲喂后则更少。

有趣的是，在Li等（2009）进行的一项研究中，没有提及相对于进食的时间是引起瘤胃微生物群改变的一个因素。同样地，在瘤胃不同部位采集的样品中也没有发现细菌组成上的差异。这表明，为了更多地了解这些因素对瘤胃微生物群的影响，需要在更多的动物上开展更深入的研究。

5.2.2.4　瘤胃固体和液体部分

各种因素都可能影响瘤胃固相和液相中发现的细菌数量间的相关性。这一点很重要，因为用于确定微生物种群的方法因所收集样品的类型而异。众所周知，附着在未消化饲料颗粒上的微生物占瘤胃微生物总数的大部分（Craig等，1987）。液体部分中的微生物群与底物接触较少，通常随食糜进入网胃、瓣胃和真胃。

Mullins等（2013）在一项研究中发现了瘤胃固液两组分中几种细菌的相对丰度差异。研究结果表明，在固相组分中发现的细菌DNA平均占总细菌DNA的92%。Welkie等（2010）也观察了液相和固相组分中细菌种群之间的差异，在瘤胃液中观察到的检测读数大约为14%，而在固体颗粒中为2%左右。瘤胃样品中的其他所有细菌读数在液相和固相中均有发现。有趣的是，在进食周期过程中，固相附着的细菌组成变化比液相中存在的细菌组分变化小。

Pitta等（2014）也对瘤胃固体和液体组成中存在的细菌门进行了研究，并报道了液体组分中含有55个谱系，其中20%为拟杆菌门，40%为厚壁菌门。在固体组分中结果相似，22%的细菌种群为拟杆菌门，49%的菌群为厚壁菌门。

5.3 肠道微生物群

对反刍动物肠道微生物组成的研究尚不多见，还有待进一步研究。本节我们将讨论有关奶牛肠道微生物群组成的报告数据。

据报道，构成反刍动物肠道的细菌种群多种多样。人们普遍认为动物和人类都有肠道核心微生物组。这些细菌群落受到多种因素的影响，其中营养被认为是最重要的因素。在反刍动物中，饲料的发酵和消化主要发生在瘤胃。能够穿过前胃的饲料被肠道进一步消化。需要注意的是，与瘤胃和大肠相比，肠道上段的细菌数量要少一些。这可以理解，因为小肠的功能是消化和吸收营养。此外，小肠中细菌的存在与其功能相背，因为它们会与宿主竞争营养而使肠道内的可吸收营养减少。

抑制肠道近端细菌生长的机制有多种，包括化学抑制（如胆汁）、营养吸收竞争速率高（大吸收面和主动转运）、内容物的高排空率（冲刷游离细菌）、上皮细胞和黏液的持续脱落（冲洗黏附细菌）、免疫防御机制（分泌性免疫球蛋白A 的产生）（Peterson 等，1998；Thomas 和 Versalovic，2010；Frank 等，2011；Pfluoeft 和 Versalovic，2012）。

与瘤胃核心细菌群相似，肠内的微生物群主要有3个门，分别为厚壁菌门、拟杆菌门和变形菌门（Shanks 等，2011；Dowd 等，2008；Mao 等，2015）。例如，Mao 等（2015）的研究表明，与瘤胃样品相比，肠道内容物中的拟杆菌门细菌的丰度明显更低。研究总结出了奶牛肠道中丰度最高的是厚壁菌门（占总数的70%）、变形菌门（约15%）和拟杆菌门（约3%）。

此外，Shanks 等（2011）报告说，奶牛粪便样本细菌主要由厚壁菌门（73.3%）、拟杆菌门（13.3%）、蓝菌门（3.33%）、软壁菌门（3.33%）和放线菌门（0.67%）组成。丰度最高的分类群：瘤胃球菌科（6.9%）、普雷沃菌属（3.9%）、毛螺菌科（3.2%）、消化链球菌科（1.3%）、苏黎世杆菌属（1.1%）。同时对粪便标本进行了分析，发现粪便中有10个门类属于厚壁菌门（55.3%）、拟杆菌门（25.4%）、软壁菌门（2.9%）和变形菌门（2.5%），占粪便样品中细菌门类总数的86%以上。

在另一项研究中，Dowd 等（2008）分析了来自20头荷斯坦奶牛的粪便样本，发现梭菌属（占所有奶牛的群落总数的19.0%）、卟啉单胞菌属（7.34%）、拟杆菌属（9.26%）、瘤胃球菌属（3.57%）、另枝菌属（6.61%）、毛螺菌属（3.73%）和普雷沃菌属（5.47%）细菌在所有样品中都高度流行。

5.3.1 影响肠道核心菌群的因素

据报道，有几种因素可以改变奶牛的肠道微生物群，包括日粮（特别是从高饲草向高精料日粮的转变）、抗生素的使用、宿主的应激以及免疫状态或疾病的发生。影响反刍动物的另一个因素是，在瘤胃发酵过程中释放的某些代谢物会触发肠道微生物群组成的改变。一些营养成分（如淀粉）能够穿过前胃而不被降解，从而引起肠道细菌群落的波动。下面详细讨论有关影响肠道细菌微生物群的因素。

5.3.1.1 日粮中谷物的数量

在饲喂谷物或主要饲喂草料的肉牛中，饲喂谷物的阉公牛粪便中拟杆菌门细菌的数量比主要饲喂草料的牛高 2.4 倍（Shanks 等，2011）。此外，在科一级水平上对拟杆菌门的进一步研究发现，普雷沃菌科细菌相对丰度高。例如，饲喂谷物的阉公牛的普雷沃菌科数量比饲喂草料的阉公牛多 10 倍。此外，饲喂谷物的阉公牛的细菌群落表现出严重的群落丰度下降，作者主要将其归因于普雷沃菌科细菌的出现。

Shanks 等（2011）还报告说，随着粪便中淀粉含量的增加，拟杆菌门细菌的相对丰度增加，而厚壁菌门细菌的数量减少。考虑到已知拟杆菌门细菌参与复杂碳水化合物的消化，这不足为奇。

5.3.1.2 肠段

肠道的每一段都有不同的生理功能，因此小肠和大肠的细菌群落也各不相同。Mao 等（2015）分析奶牛胃肠道的 10 个不同部位后，在食糜样本中发现 21 个细菌门分属于为厚壁菌门（64.81%）、拟杆菌门（15.06%）和变形菌门（13.29%）。瘤胃和皱胃含有最多的门类（19 个门），而盲肠中的门类最少（12 个门）。在对细菌组成进行区段比较时发现，除十二指肠中变形菌门（45.6%）是最主要门外，厚壁菌门主导了其他所有胃肠段的群落。前胃中第二常见的是拟杆菌门细菌，而变形菌门细菌在空肠、回肠、盲肠和结肠中排在第二位。属一级的分析表明，肠杆菌科中未分类科在小肠、盲肠和结肠中占主导地位，而很大一部分的聚乙酸菌属、瘤胃球菌属和未分类的毛螺菌科细菌在空肠中占主导地位。数据还显示，在十二指肠和空肠的丁酸弧菌属细菌比其他肠段区域更多。未分类的消化链球菌科和苏黎世杆菌属细菌在回肠和大肠中增加，而梭菌属细菌在大肠比例高于小肠（Mao 等，2015）。

5.3.1.3 食糜和黏膜细菌

食糜和消化道黏膜中细菌群落的多样性和组成有显著差异。例如，空肠和大肠的食糜中的厚壁菌门细菌比例比相应肠段的黏膜组织中的高（Mao 等，2015

年）。有趣的是，十二指肠、空肠和大肠食糜中的拟杆菌门细菌比相应肠段的黏膜组织中的少。直肠黏膜组织中变形菌门细菌的比例高于食糜，而十二指肠的食糜中变形菌门细菌比例相对较高。

5.4 胃肠道微生物群与疾病

梭菌属是广泛分布于胃肠道的一个大的细菌属。梭菌能对反刍动物产生积极和消极的影响，这与牵涉的具体梭菌种类有关。例如，产气荚膜梭菌、破伤风梭菌、肉毒杆菌和艰难梭菌可对产奶量产生重大影响。相反，一些梭菌属细菌，如克氏梭菌可能有益并促进纤维素等复杂有机物的消化，甚至可以作为有益的益生菌（Widyastuti 等，1992）。

拟杆菌是已知的肠道细菌，可以是有益的，也可以有害的，还参与抗微生物药耐药基因的自然遗传转移（Shoemaker 等，1991）。

值得注意的是，瘤胃细菌的活性与各种化合物的释放和产生有关，其中一些化合物可能涉及围产期疾病的病理生物学。的确，2010 年以来开展的几项代谢组学研究已确定了来自饲料消化或细菌活动的多种代谢产物，这些代谢产物可能与围产期奶牛不同疾病的病理生物学有关（Ametaj 等，2010a，2010b；Saleem 等，2012）。

5.4.1 谷物饲喂、微生物群变化与疾病

瘤胃中含有多种厌氧微生物，其中大多数与所消耗的日粮化合物的分解和消化有关。几十年来，都是针对产奶量选育奶牛品种，然而却没有针对提高采食量方面的选育。多年来，针对高产奶量的选育标准已经改变了奶牛的饲养方式，而随之增加高能量饲料的比例成为必要。高精料日粮通常与亚临床型或临床型瘤胃酸中毒（即 SARA 或 ARA）相关，其特征是瘤胃液中的 pH 值低于 5.8（Cooper 和 Klopfenstein，1996）。

可发酵碳水化合物的消耗与 VFAs 的释放有关，包括乙酸、丙酸和丁酸及其他酸性产物（如乳酸），它们产生后降低了瘤胃的 pH 值（Steele 等，2012）。瘤胃 pH 值的降低影响了乳酸生产者（如牛链球菌）的微生物群组成，其在数量上超过了乳酸利用者（如埃氏巨球形菌和反刍兽月形单胞菌），导致乳酸在瘤胃液中积累。此外，如果瘤胃 pH 继续下降，乳酸菌就会开始超过牛链球菌，从而引发的乳酸过度积累，导致瘤胃酸中毒（Russell 和 Hino，1985）。由于乳酸的 pKa（即 3.9）比主要挥发性脂肪酸（VFA）的 pKa（即 4.8~4.9）低，瘤胃 pH 值随之降低至酸性值（Nocek，1997）。其他与高谷物饲喂有关的微生物群变化还包

括纤维降解细菌。大多数降解纤维的细菌种类如产琥珀酸丝状杆菌、白色瘤胃球菌和黄色瘤胃球菌对瘤胃酸性 pH 敏感，且数量开始减少（Russell 和 Wilson，1996）。

瘤胃 pH 值低为什么对奶牛有害？显然，瘤胃酸中毒与瘤胃微生物群数量的主要改变、瘤胃短链脂肪酸发酵模式、胃肠功能改变、采食量、产奶量和牛奶成分、肝脓肿有关，因此这可能是许多其他疾病的病因（Nocek，1997；Plizier 等，2012；Steele 等，2011）。

瘤胃酸中毒还与上皮层肿胀有关，因为在酸中毒期间，瘤胃运动能力降低，而牛链球菌（一种耐酸细菌）刺激黏液多糖产生，从而增加瘤胃内容物的黏度（Khafipour 等，2009）。

此外，pH 值为酸性的瘤胃内容物对瘤胃壁的完整性也有不利影响。由发酵酸引起的反复侵袭可能导致瘤胃乳头萎缩；扩散区域（Diffusion areas）的急性或慢性损伤；严重的局部瘤胃炎、穿孔和毛霉菌病相关损伤引起的疤痕；采食不适、障碍以及瘤胃功能改变（Enemark，2008）。

大量革兰氏阴性菌栖息于奶牛瘤胃和肠道中，它们在消化过程中起着重要作用。瘤胃上皮细胞起到屏障作用，可防止细菌及其产物，如脂多糖（LPS）或其他有害化合物，易位进入血液或淋巴循环。屏障功能的衰竭与 LPS 向体循环的易位有关。一旦进入血液循环，LPS 就会与各种免疫细胞和非免疫细胞相互作用，包括巨噬细胞、多形核粒细胞、血小板以及内皮和平滑肌细胞，从而刺激促炎性介质（例如细胞因子）的产生，进而触发急性期反应。根据屏障衰竭的严重程度、LPS 结构和 LPS 易位的程度，免疫反应可能会保持于局部或遍布至全身，并引发健康问题，如低血压、休克、关键器官衰竭、呼吸停止和死亡（Jacobson 等，2004）。

在酸性 pH 值下，瘤胃中 LPS 的存在使瘤胃组织对不易消化的化合物的通透性增加 6 倍以上、使结肠组织的通透性增加 5 倍以上（Emmanuel 等，2007），这表明，在 LPS 存在的情况下，可能容易增加来自瘤胃或肠道有害化合物的易位。

内毒素损伤瘤胃屏障功能的机制可能与诱导细胞凋亡、破坏紧密连接蛋白封闭小带 -1 及以剂量和时间依赖的方式增强上皮通透性有关（Chin 等，2006）。紧密连接蛋白的结构和功能的表达和 / 或位置的改变可能是通过增加诱导型一氧化氮合酶表达而发生的，这反过来又增加了一氧化氮的浓度（Singh 等，2007）。一氧化氮降低钠泵的活性，导致肿胀和紧密连接蛋白表达失调，并导致屏障功能衰竭（Han 等，2004）。除了破坏紧密连接蛋白外，一氧化氮还可能通过抑制细胞呼吸、激活凋亡级联反应来诱导肠上皮细胞凋亡（Potoka 等，2002），加重组织损伤及其通透性。过量的一氧化氮与超氧阴离子结合，形成有毒的过氧亚硝酸盐，会导致上皮细胞死亡或凋亡（Bossy-Wetzel 和 Lipton，2003）。

瘤胃上皮具有一分层的鳞状结构和一层被称为角质层的角蛋白，可起到保护性屏障作用。据报道，高谷物日粮会导致上皮细胞的增殖急剧增加，使细胞过早过渡到角化层，称为角化不全（Steele 等，2011）。有趣的是，早先的一份报道表明，LPS 能引起角蛋白产生异常，导致角化不全（Singh 等，2007），这或许可以解释 SARA 期间角化不全和角化过度的频繁发生。

通过分层鳞状瘤胃上皮的增殖来增加瘤胃乳头的大小，使瘤胃上皮发生改变以适应高谷物日粮，从而最大限度地增加 VFA 吸收的表面积（Odongo 等，2006）。Steele 等（2011）报道，饲喂奶牛高谷物日粮 1 周后会导致瘤胃上皮发生急剧变化，这与细胞连接的退化、上皮细胞脱落和细胞间隙的增加有关，从而为微生物向血液循环的易位创造了条件。

瘤胃内 LPS 浓度的增加及其向体循环的转运不仅对胃肠道上皮细胞有害，而且还可改变瘤胃细菌群落的结构和组成。Jing（2014）的一项研究发现，向泌乳荷斯坦奶牛静脉注射 LPS 与瘤胃微生物组成的改变有关。LPS 的给药触发了厚壁菌门细菌丰度的增加，并线性降低了拟杆菌门、软壁菌门、螺旋体门、绿菌门和黏胶球形菌门细菌的百分比。该研究观察到的主要变化之一是，在属一级水平上，与对照组相比，LPS 处理的奶牛的普雷沃菌属和未分类的拟杆菌目细菌减少，未分类的克里斯滕森菌科细菌增加。

LPS 的静脉给药如何改变瘤胃细菌群落组成的机制尚不清楚。Jing 等（2014）提出，静脉注射 LPS 可能间接改变动物的生理机能。他们认为，LPS 输注对瘤胃细菌群落的影响与瘤胃 pH 值下降有关，这是由于 VFA 积累增加、唾液分泌率下降以及接受输注的奶牛直肠温度下降。另一个原因可能是，LPS 的静脉给药引发的炎症可能影响肠道的屏障功能和宿主-微生物群的相互作用，以及宿主对细菌群落更具攻击性的反应。

实际上，另一项研究表明，静脉输注 LPS 降低了奶牛犊反刍活动和唾液分泌（Borderas 等，2008）。LPS 可能降低奶牛对瘤胃酸性的缓冲能力，从而导致瘤胃中 VFA 和其他酸的积累。这些结果提示，瘤胃酸中毒时 LPS 的易位可能进一步加重疾病，影响微生物组成，并使奶牛的健康状况恶化。

当以高谷物日粮饲喂奶牛时，瘤胃酸中毒或瘤胃炎引起了瘤胃上皮的损伤，导致上皮细胞易受瘤胃病原性细菌的侵袭和定殖（Nagaraja 和 Lechtenberg，2007；Reinhardt 和 Hubbert，2015；Amachawadi 和 Nagaraja，2016）。一旦发生瘤胃组织定殖，侵入的细菌就会渗入瘤胃壁，然后进入门脉循环。来自门脉循环的细菌被困于肝脏的门脉毛细血管系统，导致感染和脓肿的形成。肝脓肿已被证明是一种多微生物感染；然而，最主要的细菌已被证明是坏死梭杆菌和化脓放线菌（Reinhardt 和 Hubbert，2015；Amachawadi 和 Nagaraja，2016）。

尽管由于肥育日粮中含过多的谷物，使肝脓肿被认为是一种更常见于肉牛的疾病，但也有报道称荷斯坦奶牛养殖场的阉公牛也会受到肝脓肿的影响。此外，值得注意的是，肝脓肿和伴有隔膜、内脏器官粘连的肝脓肿在荷斯坦奶牛场阉公牛中的比例要高于其他肉牛品种（Vogel 和 Parrott，1994；Duff 和 McMurphy，2007）。Doré 等（2007）证明，奶牛的肝脓肿与其他疾病有关，如腹膜炎、迷走神经性消化不良、创伤性网膜炎、皱胃移位、肺炎和肠炎。另外，Rezac 等（2014）在屠宰场对奶牛进行了检查，观察到大约32%的荷斯坦奶牛有肝脓肿。

瘤胃酸中毒也与蹄叶炎有关，其严重程度取决于瘤胃酸中毒的严重性和持续时间（Nocek，1997）。在 SARA 期间，内毒素（如 LPS）由于革兰氏阴性细菌细胞的裂解而释放并进入血液，进而在蹄内引起炎症反应（Emmanuel 等，2007，2008）。此外，有报道称，从只喂谷物而不喂干草的奶牛中分离出的耐酸细菌产组胺阿里松氏菌（一种革兰氏阴性菌），能够产生作为组氨酸脱羧的唯一代谢物的组胺（Garner 等，2004）。组胺与奶牛蹄叶炎的发病有关（Mgassa 等，1984；Nocek，1997）。

瘤胃微生物群的紊乱也可能间接影响乳房炎的病理生物学。有人认为，进入全身循环的内毒素可能通过延缓中性粒细胞在初次感染期间向乳腺的迁移而增加乳房炎的发病率（Eckel 和 Ametj，2016）。内毒素与中性粒细胞从骨髓向循环的迁移增加有关（即中性粒细胞增多症），但有证据表明，中性粒细胞向循环外的易位可能会被内毒素引起的一氧化氮所延迟（Wagner 和 Roth，1999）。

脂肪肝是另一种可能与瘤胃内毒素浓度增加有关的疾病。脂肪肝的发展与内毒素相关联的一个可能机制是通过脂蛋白途径。富含甘油三酯的脂蛋白（Lp）结合并中和 LPS，肝细胞通过内吞作用迅速从循环中清除 Lp-LPS 复合物。将大量 Lp 相关 LPS 优先导入肝细胞可能导致甘油三酯大量积累（Ametj 等，2010b；Eckel 和 Ametj，2016）。除此之外，易位的 LPS 还刺激 TNF 产生，而在泌乳后期仅注射 TNF 就触发了奶牛肝脏中甘油三酯的储存（Bradford 等，2009）。

5.4.2 瘤胃中产生的其他细菌化合物的潜在病理学

Ametj 等（2010a）报道了饲喂奶牛的大麦籽粒数量增加与瘤胃液代谢物特征的重大变化有关。在随后的报道中，对相同的瘤胃液体样本进行了更深入的靶向代谢组学分析，揭示了饲喂较少量的大麦籽粒（0% 或 15% 干物质基础）与饲喂较大量的大麦籽粒（30% 和 45% 的干物质基础）的奶牛之间的主要代谢变化（Saleem 等，2012）。在饲喂高谷物日粮期间，一些目标代谢物增加，包括乙醇、乙醇胺、3-羟基丁酸、甲胺、二甲胺、N-亚硝基二甲胺、丙氨酸、尿嘧啶、黄嘌呤、苯乙酰甘氨酸、乙酸苯酯、腐胺、尿素、4-氨基丁酸、蛋氨酸、苯丙氨酸和苏氨酸。此外，高谷物日粮降低了1，3-二羟基丙酮、3-苯基丙酸酯、氢肉桂酸和磷脂酰胆碱的浓度。以下将更详细地讨论上述一些瘤胃液体代谢物的潜在致病作用。

据报道，瘤胃中的几种代谢物（如胺）和其他甲基化胺（如腐胺、尸胺和二甲胺）是由某些类型的瘤胃细菌的氨基酸脱羧作用而产生的（Rice 和 Koehler，1976）。Saleem等（2012）的研究表明，如果甲胺被血液循环吸收，并被对氨基脲敏感的胺氧化酶进一步分解，则可能会使奶牛产生健康问题。包括过氧化氢或甲醛在内的一些中间代谢物是有毒的，并与人类的糖尿病、血管疾病、心力衰竭和阿尔茨海默氏病等疾病有关（Yu等，2006）。目前还没有关于甲胺对奶牛健康有潜在影响的报道。这将是未来奶牛健康科学家研究的一个非常有趣的领域。

在高谷物日粮饲喂期间增强的乙酸苯酯已被确定为由一些链霉菌属菌株产生的抗真菌物质（Hwang等，2001），并且在瘤胃环境中可能也具有类似的作用。据报道，乙酸苯酯抑制一些重要真菌和酵母菌种的生长，如南瓜疫病菌、立枯丝核菌、丁香假单胞菌和酿酒酵母。由于酿酒酵母用作奶牛的直接饲喂微生物（因其对提高瘤胃发酵和奶牛生产性能的积极作用），因此，在高谷物日粮中乙酸苯酯升高可能会降低酿酒酵母的有益作用。

作为二甲胺的中间体之一的N-亚硝基二甲基胺是已知的一种强致癌物（Mitch和Sedlak，2002）。据报道，N-亚硝基二甲基胺的增加与人的肾脏、肝脏和肺的肿瘤有关（Magee和Barnes，1962）。此外，据报道，N-亚硝基二甲胺可诱发大鼠、小鼠、兔、鱼和鸟类等多种动物以及膀胱、肾脏、肝脏、食道和胃等不同器官的肿瘤（Peto等，1984）。人类暴露于这种代谢产物下会增加患胃癌、膀胱癌和结肠癌的风险（Knekt等，1999）。N-亚硝基二甲胺可内源性地产生于胃肠道，也可以外源性地产生于食物消化（Krul等，2004）。虽然没有关于N-亚硝基二甲基胺对奶牛的负面影响的研究报道，但在高谷物日粮饲喂过程中，这种化合物的含量增加（Saleem等，2012），且由于其会引发人类多种癌症而值得进一步研究。

动物体内的腐胺代谢导致醛和过氧化氢的产生（Yamashita等，1993），对真核细胞来说，它们是导致氧化应激的毒性极强的化合物。这也可能导致围产期疾病以及其他代谢疾病（Ronchi等，2000），并且对瘤胃原生动物和瘤胃上皮细胞也可能有剧毒（Willard和Kodras，1967）。因此，高谷物饲喂过程中升高的瘤胃腐胺应成为今后有关围产期奶牛健康研究的重点代谢物。

乙醇胺是源于脱落肠上皮细胞膜磷脂的一种营养物质，其在瘤胃液中的释放可能是由于上皮细胞的周转率变化和瘤胃微生物群的细胞溶解所致（Nagaraja 等，1978）。致病性革兰氏阴性菌（如肠出血性大肠杆菌和肠道沙门氏菌）可利用乙醇胺作为氮源，从而被赋予超过其他共生微生物群的更大生长优势（Bertin 等，2011；Thienneitr 等，2011）。这些研究表明，在高谷物日粮饲喂过程中，这样的代谢物在瘤胃中的释放可能对某些与动物的健康和食品安全相关的致病细菌的繁殖至关重要。类似地，由于一种特定的麦芽糖结合蛋白位于大肠杆菌细胞壁中，麦芽糖也可以为肠道中的致病性大肠杆菌提供竞争优势（Jones 等，2008）。

据报道，饲喂高谷物日粮的奶牛瘤胃液中尿素浓度增加（Saleem 等，2012）。由于在瘤胃中的微生物酶会迅速将尿素水解为 NH_3，因此尿素的存在会引起很大问题（High street 等，2010）。被吸收进入血液循环的 NH_3 是有毒的。血液中高浓度的 NH_3 可引起反刍动物呼吸困难、唾液过多、口有泡沫、共济失调、虚弱、腹痛、剧烈挣扎和吼叫（Blood 和 Henderson，1963）。上述症状均在患急性瘤胃酸中毒的奶牛中很常见。

牛胃肠道中各部位的细菌门如图 5.1 所示。

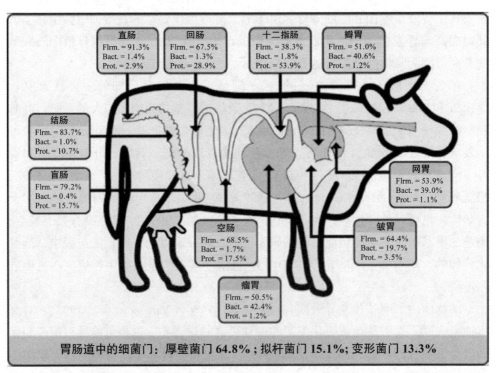

图 5.1　牛胃肠道中的细菌门（Firm. 厚壁菌门；Prot. 变形菌门；Bact. 拟杆菌门）

结 论

瘤胃和肠道的微生物群对奶牛来说非常重要，因为它们在发酵和利用宿主摄入的植物成分，以及产生 VFA 和其他作为营养物质的化合物方面发挥着重要作用。当饲喂高比例的谷物时，尤其是在产犊后和为支持生产牛奶时，在奶牛体内观察到肠道微生物群发生了重大变化。此外，据报道，在高谷物日粮饲养期间，瘤胃液代谢产物和其他化合物也发生了重大变化。饲喂淀粉含量高的日粮可能会支持某些细菌群拮抗其他细菌；然而，这种改变可能会影响奶牛的健康状况。尽管对特定细菌在反刍动物胃肠道发酵过程中释放的特定代谢物的了解不多，但最近一些研究报道了一些可能对健康有潜在影响的化合物。这些代谢物向血液的易位可能与多种疾病的病理生物学有关，包括瘤胃酸中毒和角化不全、蹄叶炎、脂肪肝和肝脓肿。为了更好地了解宿主 - 微生物群在健康和疾病中的相互关系，今后有必要对奶牛进行进一步的研究。

参考文献

Amachawadi RG, Nagaraja TG. 2016. Liver abscesses in cattle: a review of incidence in Holsteins and of bacteriology and vaccine approaches to control in feedlot cattle[J]. J Anim Sci, 94:1620–1632.

Ametaj BN, Zebeli Q, Iqbal S. 2010a. Nutrition, microbiota, and endotoxin-related diseases in dairy cows[J]. Rev Bras Zootec, 39:433–444.

Ametaj BN, Zebeli Q, Saleem F, et al. 2010b. Metabolomics reveals unhealthy alterations in rumen metabolism with increased proportion of cereal grain in the diet of dairy cows[J]. Metabolomics, 6:583–594.

Bertin Y, Girardeau JP, Chaucheyras-Durand F, et al. 2011. Enterohaemorrhagic *Escherichia coli* gains a competitive advantage by using ethanolamine as a nitrogen source in the bovine intestinal content[J]. Environ Microbiol, 13:365–377.

Blanch M, Calsamiglia S, DiLorenzo N, et al. 2009. Physiological changes in rumen fermentation during acidosis induction and its control using a multivalent polyclonal antibody preparation in heifers[J]. J Anim Sci, 87:1722–1730.

Blood DC, Henderson JA. 1963. Veterinary medicine[M]. 2nd edn. London: Baillière, Tyndall & Cassell: 107.

Borderas TF, Passillé AM, Rushen J. 2008. Behavior of dairy calves after a low dose of bacterial endotoxin[J]. J Anim Sci, 86:2920–2927.

Borsanelli AC, Gaetti-Jardim Júnior E, Schweitzer CM, et al. 2015. Presence of *Porphyromonas* and *Prevotella* species in the oral microflora of cattle with periodontitis[J]. Pesqui Vet Bras, 35:829–834.

Bossy-Wetzel E, Lipton SA. 2003. Nitric oxide signaling regulates mitochondrial number and function[J]. Cell Death Differ, 10:757–760.

Bradford BJ, Mamedova LK, Minton JE, et al. 2009. Daily injection of tumor necrosis factor-α increases hepatic triglycerides and alters transcript abundance of metabolic genes in lactating dairy cattle[J]. J Nutr, 139:1451–1456.

Brook I, Frazier EH. 2003. Immune response to *Fusobacterium nucleatum* and *Prevotella intermedia* in the sputum of patients with acute exacerbation of chronic bronchitis[J]. Chest J, 124:832–843.

Brulc JM, Antonopoulos DA, Miller MEB, et al. 2009. Gene-centric metagenomics of the fiberadherent bovine rumen microbiome reveals forage specific glycoside hydrolases[J]. PNAS, 106:1948–1953.

Cheng KJ, Bailey CBM, Hironaka R, et al. 1979. A technique for depletion of bacteria adherent to the epithelium of the bovine rumen[J]. Can J Anim Sci, 59:207–209.

Chin AC, Flynn AN, Fedwick JP, et al. 2006. The role of caspase-3 in lipopolysaccharide-mediated disruption of intestinal epithelial tight junctions[J]. Can J Physiol Pharmacol, 84:1043–1050.

Cooper R, Klopfenstein T. 1996. Effect of Rumensin and feed intake variation on ruminal pH. In: Scientific Update on Rumensin/Tylan/Mycotil for the Professional Feedlot Consultant[M]. Indianapolis: Elanco Animal Health, A1–A14.

Craig WM, Broderick GA, Ricker DB. 1987. Quantitation of microorganisms associated with the particulate phase of ruminal ingesta[J]. J Nutr, 117:56–62.

Doré E, Fecteau G, Hélie P, Francoz D. 2007. Liver abscesses in Holstein dairy cattle: 18 cases (1992–2003)[J]. J Vet Intern Med, 21:853–856.

Dowd SE, Callaway TR, Wolcott RD, et al. 2008. Evaluation of the bacterial diversity in the feces of cattle using 16S rDNA bacterial tag-encoded FLX amplicon pyrosequencing (bTEFAP)[J]. BMC Microbiol, 8:125.

Duff GC, McMurphy CP. 2007. Feeding Holstein steers from start to finish[J]. Vet Clin North Am Food Anim Pract, 23:281–297.

Eckel EF, Ametaj BN. 2016. Invited review: Role of bacterial endotoxins in the etiopathogenesis of periparturient diseases of transition dairy cows[J]. J Dairy Sci, 99:1–24.

Emmanuel DGV, Madsen KL, Churchill TA, et al. 2007. Acidosis and lipopolysaccharide from *Escherichia coli* B:055 cause hyperpermeability of rumen and colon tissues[J]. J Dairy Sci, 90:5552–5557.

Emmanuel DGV, Dunn SM, Ametaj BN. 2008. Feeding high proportions of barley grain stimulates an inflammatory response in dairy cows[J]. J Dairy Sci, 91:606–614.

Enemark JMD. 2008. The monitoring, prevention and treatment of sub-acute ruminal acidosis

(SARA): a review[J]. Vet J, 176:32–43.

Fernando SC, Purvis HT, Najar FZ, et al. 2010. Rumen microbial population dynamics during adaptation to a high grain diet[J]. Appl Environ Microbiol, 76:7482–7490.

Field TR, Sibley CD, Parkins MD, et al. 2010. The genus *Prevotella* in cystic fibrosis airways[J]. Anaerobe 16:337–344.

Frank D, Zhu W, Sartor R, Li E. 2011. Investigating the biological and clinical significance of human dysbioses[J]. Trends Microbiol, 19:427–434.

Garner MR, Gronquist MR, Russell JB. 2004. Nutritional requirements of *Allisonella histaminiformans*, a ruminal bacterium that decarboxylates histidine and produces histamine[J]. Curr Microbiol, 49:295–299.

Han X, Fink MP, Yang R, Delude RL. 2004. Increased iNOS activity is essential for intestinal epithelial tight junction dysfunction in endotoxemic mice[J]. Shock, 21:261–270.

Hayashi H, Shibata K, Sakamoto M, et al. 2007. *Prevotella copri* sp. nov. and *Prevotella stercorea* sp. nov., isolated from human faeces[J]. Int J Syst Evol Microbiol, 57:941–946.

Henderson G, Cox F, Ganesh S, et al. 2015. Rumen microbial community composition varies with diet and host, but a core microbiome is found across a wide geographical range[J]. Sci Rep, 5:145–167.

Highstreet A, Robinson PH, Robison J, et al. 2010. Response of Holstein cows to replacing urea with a slowly rumen released urea in a diet high in soluble crude protein[J]. Livest Sci, 129:179–185.

Hwang BK, Lim SW, Kim BS, et al. 2001. Isolation and in vivo and in vitro antifungal activity of phenylacetic acid and sodium phenylacetate from *Streptomyces humidus*[J]. Appl Environ Microbiol, 67:3739–3745.

Jacobsen S, Andersen PH, Toelboell T, et al. 2004. Dose dependency and individual variability of the lipopolysaccharide-induced bovine acute phase protein response[J]. J Dairy Sci, 87:3330–3339.

Jami E, Mizrahi I. 2012. Composition and similarity of bovine rumen microbiota across individual animals[J]. PLoS One, 7:e33306.

Jing L, Zhang R, Liu Y, et al. 2014. Intravenous lipopolysaccharide challenge alters ruminal bacterial microbiota and disrupts ruminal metabolism in dairy cattle[J]. Br J Nutr, 112:170–182.

Jones SA, Jorgensen M, Chowdhury FZ, et al. 2008. Glycogen and maltose utilization by *Escherichia coli* O157:H7 in the mouse intestine[J]. Infect Immun, 76:2531–2540.

Kaler J, Wani SA, Hussain I, et al. 2012. A clinical trial comparing parental oxytetracycline and enrofloxacin on time to recovery in sheep lame with acute or chronic footrot in Kashmir, India[J]. BMC Vet Res, 8:1–12.

Kennan RM, Han X, Porter CJ, et al. 2011. Pathogenesis of ovine footrot[J]. Vet Microbiol, 153:59–66.

Khafipour E, Li S, Plaizier JC, et al. 2009. Rumen microbiome composition determined using two nutritional models of subacute ruminal acidosis[J]. Appl Environ Microbiol, 75:7115–7124.

Knekt P, Jarvinen R, Dich J, et al. 1999. Risk of colo-rectal and other gastrointestinal cancers after exposure to nitrate, nitrite and N-nitroso compounds: a follow-up study[J]. Int J Cancer, 80:852–856.

Kocherginskaya SA, Aminov RI, White BA. 2001. Analysis of the rumen bacterial diversity under two different diet conditions using denaturing gradient gel electrophoresis, random sequencing, and statistical ecology approaches[J]. Anaerobe, 7:119–134.

Krul CAM, Zeilmaker MJ, Schothorst RC, et al. 2004. Intragastric formation and modulation of N-nitrosodimethylamine in a dynamic in vitro gastrointestinal model under human physiological conditions[J]. Food Chem Toxicol, 42:51–63.

Li M, Penner GB, Hernandez-Sanabria E, et al. 2009. Effects of sampling location and time, and host animal on assessment of bacterial diversity and fermentation parameters in the bovine rumen[J]. J Appl Microbiol, 107:1924–1934.

Li RW, Wu S, Baldwin RLVI, et al. 2012. Perturbation dynamics of the rumen microbiota in response to exogenous butyrate[J]. PLoS One, 7:e29392.

Made N, Okamoto M, Kondo K, et al. 1998. Incidence of *Prevotella intermedia* and *Prevotella nigrescens* in periodontal health and disease[J]. Microbiol Immunol, 42:583–589.

Magee PN, Barnes JM. 1962. Induction of kidney tumors in the rat with dimethylnitrosamine (N-nitrosodimethylamine)[J]. J Pathol Bacteriol, 84:19–31.

Mao S, Zhang M, Liu J, Zhu W. 2015. Characterising the bacterial microbiota across the gastrointestinal tracts of dairy cattle: membership and potential function[J]. Sci Rep, 5:16116.

Mgassa MN, Amaya-Posada G, Hesseholt M. 1984. Pododermitis aseptica diffusa (laminitis) in free-range beef cattle in tropical Africa[J]. Vet Rec, 115:413.

Mitch WA, Sedlak DL. 2002. Formation of N-nitrosodimethylamine (NDMA) from dimethylamine during chlorination[J]. Environ Sci Technol, 36:588–595.

Mohammed R, Stevenson DM, Weimer PJ, et al. 2012. Individual animal variability in ruminal bacterial communities and ruminal acidosis in primiparous Holstein cows during the periparturient period[J]. J Dairy Sci, 95:6716–6730.

Mullins CR, Mamedova LK, Carpenter AJ, et al. 2013. Analysis of rumen microbial populations in lactating dairy cattle fed diets varying in carbohydrate profiles and *Saccharomyces cerevisiae* fermentation product[J]. J Dairy Sci, 96:5872–5881.

Nadkarni MA, Browne GV, Chhour K, et al. 2012. Pattern of distribution of *Prevotella* species/phylotypes associated with healthy gingiva and periodontal disease[J]. Eur J Clin Microbiol Infect Dis, 31:2989–2999.

Nagaraja TG, Lechtenberg KF. 2007. Liver abscesses in feedlot cattle[J]. Vet Clin North Am Food Anim Pract, 23:351–369.

Nagaraja TG, Bartley EE, Fina LR, et al. 1978. Relationship of rumen gram-negative bacteria and free endotoxin to lactic acidosis in cattle[J]. J Anim Sci, 47:1329–1337.

Nocek JE. 1997. Bovine acidosis: implications on laminitis[J]. J Dairy Sci, 80:1005–1028.

Nocek JE, Allman JG, Kautz WP. 2002. Evaluation of an indwelling ruminal probe methodology and effect of grain level on diurnal pH variation in dairy cattle[J]. J Dairy Sci, 85:422–428.

Odongo NE, AlZahal O, Lindinger MI, et al. 2006. Effects of mild heat stress and grain challenge on acid-base balance and rumen tissue histology in lambs[J]. J Anim Sci, 84:447–455.

Peterson G, Allen C, Holling C. 1998. Ecological resilience, biodiversity, and scale[J]. Ecosystems, 1:6–18.

Peto R, Gray R, Brantom P, et al. 1984. Nitrosamine carcinogenesis in 5210 rodents: chronic administration of sixteen different concentrations of NDEA, NDMA, NPYR and NPIP in the water of 4440 inbred rats, with parallel studies on NDEA alone of the effect of age of starting (3,6 or 20 weeks) and on species (rats, mice or hamsters). In: O'Neill IK, Von Borstel RC, Miller CT, et al (eds) N-nitroso compounds: occurrence, biological effects and relevance to human cancer[J]. IARC Sci. Publ, 57:627–665.

Petri RM, Schwaiger T, Penner GB, et al. 2013. Changes in the rumen epimural bacterial diversity of beef cattle as affected by diet and induced ruminal acidosis[J]. Appl Environ Microbiol, 79:3744–3755.

Pflughoeft K, Versalovic J. 2012. Human microbiome in health and disease[J]. Annu Rev. Pathol, 7:99–122.

Pitta DW, Parmar N, Patel AK, et al. 2014. Bacterial diversity dynamics associated with different diets and different primer pairs in the rumen of Kankrej cattle[J]. PLoS One, 9:e111710.

Plaizier JC, Khafipour E, Li S, et al. 2012. Subacute ruminal acidosis (SARA), endotoxins and health consequences[J]. Anim Feed Sci Technol, 172:9–21.

Potoka DA, Nadler EP, Upperman JS, et al. 2002. Role of nitric oxide and peroxynitrite in gut barrier failure[J]. World J Surg, 26:806–811.

Ramirez HAR, Nestor K, Tedeschi LO, et al. 2012. The effect of brown midrib corn silage and dried distillers' grains with soluble on milk production, nitrogen utilization and microbial community structure in dairy cows[J]. Can J Anim Sci, 92:365–380.

Reinhardt CD, Hubbert ME. 2015. Control of liver abscesses in feedlot cattle: A review[J] Prof Anim Sci, 31:101–108.

Rezac DJ, Thomson DU, Siemens MG, et al. 2014. A survey of gross pathologic conditions in cull cows at slaughter in the Great Lakes region of the United States[J]. J Dairy Sci, 97:4227–4235.

Rice SL, Koehler PE. 1976. Tyrosine and histidine decarboxylase activities of *Pediococcus cerevisiae* and *Lactobacillus* specie and the production of tyramine in fermented sausages[J]. J Milk Food Technol, 39:166–169.

Ronchi B, Bernabucci U, Lacetera N, *et al.* 2000. Oxidative and metabolic status of high yielding dairy cows in different nutritional conditions during the transition period. In: Proceedings of 51st Annual Meeting EAAP, Vienna, Austria. Wagningen Pers., Wageningen, The Netherlands, p 125.

Ruan Y, Shen L, Zou Y, *et al.* 2015. Comparative genome analysis of *Prevotella intermedia* strain isolated from infected root canal reveals features related to pathogenicity and adaptation[J]. BMC Genomics, 16:1–22.

Russell JB, Hino T. 1985. Regulation of lactate production in *Streptococcus bovis*: a spiraling effect that contributes to rumen acidosis[J]. J Dairy Sci, 68:1712–1721.

Russell JB, Wilson DB. 1996. Why are ruminal cellulolytic bacteria unable to digest cellulose at low pH?[J]. J Dairy Sci, 79:1503–1509.

Saleem F, Ametaj BN, Bouatra S, *et al.* 2012. A metabolomics approach to uncover the effects of grain diets on rumen health in dairy cows[J]. J Dairy Sci, 95:6606–6623.

Shanks OC, Kelty CA, Archibeque S *et al.* 2011. Community structures of fecal bacteria in cattle from different animal feeding operations[J]. Appl Environ Microbiol, 77:2992–3001.

Sheldon M, Williams EJ, Miller ANA, *et al.* 2008. Uterine diseases in cattle after parturition[J]. Vet J, 176:115–121.

Shoemaker NB, Anderson KL, Smithson SL, *et al.* 1991. Conjugal transfer of a shuttle vector from the human colonic anaerobe *Bacteroides uniformis* to the ruminal anaerobe *Prevotella* (Bacteroides) *ruminicola* B(1)4[J]. Appl Environ Microbiol, 57:2114–2120.

Singh AK, Jiang Y, Gupta S. 2007. Effects of bacterial toxins on endothelial tight junction in vitro: A mechanism-based investigation[J]. Toxicol Mech Methods, 17:331–347.

Steele MA, Croom J, Kahler M, *et al.* 2011. Bovine rumen epithelium undergoes rapid structural adaptations during grain-induced subacute ruminal acidosis[J]. Am J Physiol Regul Integr Comp Physiol, 300:1515–1523.

Steele MA, AlZahal O, Walpole ME, *et al.* 2012. Short communication: Grain-induced subacute ruminal acidosis is associated with the differential expression of insulin-like growth factor-binding proteins in rumen papillae of lactating dairy cattle[J]. J Dairy Sci, 95:6072–6076.

Stewart CS, Flint HJ, Bryant MP. 1997. The rumen bacteria. In: Hobson PN, Stewart CS (eds) The rumen microbial ecosystem[M]. 2nd edn. New York: Springer: 10–72.

Stubbs S, Lewis MAO, Waddington RJ, *et al.* 1996. Hydrolytic and depolymerising enzyme activity of

Prevotella intermedia and *Prevotella nigrescens*[J]. Oral Dis, 2:272-278.

Thiennimitr P, Winter SE, Winter MG, *et al*. 2011. Intestinal inflammation allows *Salmonella* to use ethanolamine to compete with the microbiota[J]. Proc Natl Acad Sci USA, 108:17480-17485.

Thomas C, Versalovic J. 2010. Probiotics-host communication: modulation of signaling pathwaysin the intestine[J]. Gut Microbes, 1:148-163.

Ulrich M, Beer I, Braitmaier P, *et al*. 2010. Relative contribution of *Prevotella intermedia* and *Pseudomonas aeruginosa* to lung pathology in airways of patients with cystic fibrosis[J]. Thorax 65:978-984.

Vogel GJ, Parrott JC. 1994. Mortality survey in feed yards: the incidence of death from digestive, respiratory and other causes in feed yards on the Great Plains[J]. Compend Contin Educ Pract Vet, 16:227-234.

Wagner JG, Roth RA. 1999. Neutrophil migration during endotoxemia[J]. J Leukoc Biol, 66:10-24

Wallace RJ, Cheng KJ, Dinsdale D, Orskov ER. 1979. An independent microbial flora of the epithelium and its role in the ecomicrobiology of the rumen[J]. Nature, 279:424-426.

Weimer PJ, Stevenson DM, Mantovani HC, *et al*. 2010a. Host specificity of the ruminal bacterial community in the dairy cow following near-total exchange of ruminal contents[J]. J Dairy Sci, 93:5902-5912.

Weimer PJ, Stevenson DM, Mertens DR. 2010b. Shifts in bacterial community composition in the rumen of lactating dairy cows under milk fat-depressing conditions[J]. J Dairy Sci, 93:265-278.

Welkie DG, Stevenson DM, Weimer PJ. 2010. ARISA analysis of ruminal bacterial community dynamics in lactating dairy cows during the feeding cycle[J]. Anaerobe, 16:94-100.

Widyastuti Y, Lee SK, Suzuki K, *et al*. 1992. Isolation and characterization of rice-straw degrading *Clostridia* from cattle rumen[J]. J Vet Med Sci, 54:185-188.

Willard FL, Kodras R. 1967. Survey of chemical compounds tested in vitro against rumen protozoa for possible control of bloat[J]. Appl Microbiol, 15:1014-1019.

Yamashita Y, Bowen WH, Burne RA, *et al*. 1993. Role of the *Streptococcus mutans gtf* genes in caries induction in the specific-pathogen-free rat model[J]. Infect Immun, 61:3811-3817.

Yu L, Wan F, Dutta S, *et al*. 2006. Autophagic programmed cell death by selective catalase degradation[J]. Proc Natl Acad Sci USA, 103:4952-4957.

# 6

奶牛低生育力和不育的系统生物学研究

Fabrizio Ceciliani，Domenico Vecchio，Esterina De Carlo，
Alessandra Martucciello，Cristina Lecchi[*]

摘　要

　　组学技术已广泛应用于包括繁殖疾病和不孕不育症在内的兽医学领域，但与人类医学相比，其应用仍显落后。本章介绍了后基因组技术（如转录组学、蛋白质组学和代谢组学）在奶牛低生育力相关领域的最新应用成果，以及这些技术的应用如何促进对基因和蛋白质的理解和它们所涉及的途径。重点将放在雌性和雄性器官上。本章将介绍研究配子的系统生物学方法（包括精子、精液、卵巢、卵泡液，以及配子起源的特定组织，即附睾和卵巢）。此外，组学技术也被应用于输卵管、子宫、胎盘等母体环境的表征，并对结果进行了相应的描述；还重点介绍了组学在生物标记物发现中的应用及其在兽医学低生育力诊断中的潜力。

---

[*] F. Ceciliani, D.V.M., Ph.D. (✉) • C. Lecchi, D.V.M., Ph.D.
Department of Veterinary Medicine, Università degli Studi di Milano, Milano, Italy
e-mail: fabrizio.ceciliani@unimi.it; cristina.lecchi@unimi.it

D. Vecchio, Ph.D. • E. De Carlo, Ph.D. • A. Martucciello, Ph.D.
Istituto Zooprofilattico Sperimentale del Mezzogiorno—Centro di Referenza Nazionale sull'Igiene e le Tecnologie dell'Allevamento e delle Produzioni Bufaline—Sezione di Salerno, Salerno, Italy
e-mail: domenico.vecchio@izsmportici.it; esterina.decarlo@cert.izsmportici.it; alessandra.martucciello@cert.izsmportici.it

缩　写

英文缩写名称	中文名称
2D/MALDI-TOF	双向凝胶电泳／基质辅助激光解吸电离飞行时间
2D/MS	双向凝胶电泳／质谱分析
2-DGE	双向凝胶电泳
2-DIGE	双向荧光差异凝胶电泳
2-DIGE/MS	双向荧光差异凝胶电泳／质谱法
LC-MS/MS	液相色谱－串联质谱法
MALDI-TOF	基质辅助激光解吸电离飞行时间
NGS	下一代测序技术

6.1　引言

自20世纪80年代初以来，奶牛的生育力不断下降，结果导致淘汰增加及动物生产年限缩短。在高产奶牛中，被称为"生育力低下"的生殖障碍疾病表现为生育或受孕延迟和不规律，包括无排卵发情、乏情、囊性卵巢疾病、重复繁殖综合征、子宫内膜炎和排卵延迟等情况。据估计，在美国，仅由低生育力导致的后备小母牛损失每年给乳业造成的经济损失约为1.25亿美元（Galligan，1999；Royal等，2000；Lucy，2001）。

目前对生育能力的评估依赖于卵母细胞、精子和胚胎的形态学特征，也包括它们产生和发育的组织环境，即附睾、卵巢、输卵管、子宫和胎盘。然而这种方法过于狭隘，且带有一定主观性。因此，需要新的诊断和治疗工具。转录组学、蛋白质组学和代谢组学等组学技术正在丰富生殖和生育领域的认识。

下一代测序技术（NGS）和无凝胶高通量蛋白质组学处在目前用于分子发病机制研究和生物标记物搜索的数据采集技术的前沿，并可能取代微阵列（图6.1）和双向凝胶电泳（2-DGE），尽管到目前为止，微阵列和2-DGE仍然是应用在奶牛生殖病理生理学上的主要组学工具。图6.1和图6.2展示了目前在组学水平上用于研究生殖疾病的转录组学和蛋白质组学技术。

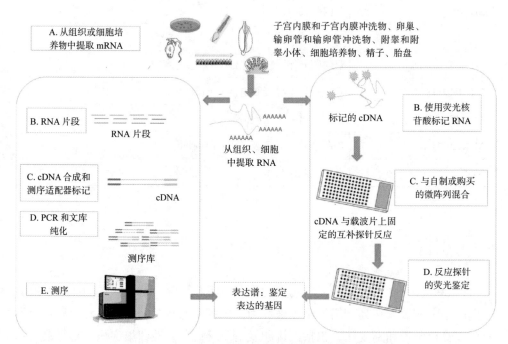

图 6.1 转录组工作流程

RNA-seq 工作流程：该工作流程始于使用 poly-T 珠子纯化 poly-A-mRNA。通过酶反应或化学水解，RNA 被裂解成 100~200 bp 的片段。片段 RNA 转化为双链 cDNA 文库。利用 RNA 连接酶，将 RNA 片段杂交并连接到接头混合物上。接头连接的 RNA 被转化为单链 cDNA 使用逆转录酶和纯化。最后用 PCR 扩增 cDNA 文库，进行纯化。在 PCR 步骤中，也可以引入特定的短 DNA 序列作为条形码来识别不同的样品。最终的产品由 200~300 bp 的 dsDNA 分子组成，包含原始样本中存在的 RNA 副本，周围环绕着接头，并创建最终的 cDNA 文库。微阵列工作流程：工作流程从 RNA 纯化和转录到双链 cDNA 开始。纯化后，cDNA 用不同的荧光染料如 Cy-3（绿色）和 Cy-5（红色）进行荧光标记，并与微阵列上的固定 DNA 探针杂交检测。每个样本序列（目标）与阵列（探针）上的互补链杂交，从而确认目标基因的存在。多个 DNA 探针被定位在薄载体上，如硅片、玻璃或聚合物，每个探针都针对一个 DNA 或 RNA 目标序列。

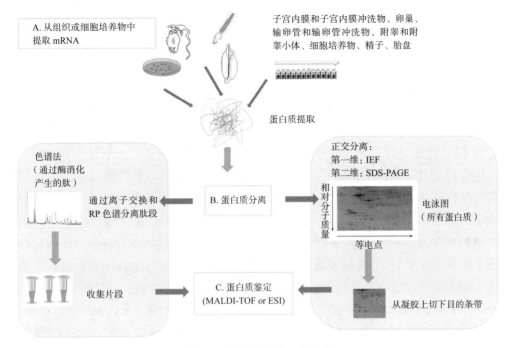

图 6.2 蛋白质组的工作流程

蛋白质组学工作流程始于从细胞或组织中提取蛋白质，或在亚细胞分离（如在精子或细胞培养物中进行的分离）后从细胞或组织中提取蛋白质。蛋白质分离可以用电泳（右图）或色谱法（左图）。电泳分离适用于完整的蛋白质。常规 2DE 涉及通过 IEF 分离蛋白质，此后通过聚丙烯酰胺凝胶基质进行 SDS-PAGE 电泳，从而根据其等电点和分子质量迁移为目的条带可以直接从凝胶上切出所得条带，可以直接从凝胶上切出所得条带，以通过质谱（MS）进行鉴定。色谱分离涉及对整个蛋白质提取物产生的肽进行胰贤白酶消化。所述肽可以通过离子交换法或 / 和反相色谱法进行高效液相色谱（HPLC）的进一步分离。色谱法脱液流入 ESI-MS（LGMS）MS 记录分析物的质量，并分离和片段化肽离子（MS）的或串联 MS 以生成有关结构的信息。

本章旨在向读者介绍组学技术的最新成果，即蛋白质组学、转录组学和代谢组学应用于奶牛低生育力和不孕的研究，以及它们的应用如何促进对基因和蛋白质的相关途径和功能的认识。

6.2 系统生物学技术在提高配子质量及改善其环境中的应用

长期以来，精液质量差一直被认为与不育有关。哺乳动物的精子在睾丸中产生，必须经过附睾才能获得受精能力和活力。精子成熟过程与附睾和精腺逐步分泌的蛋白质有关。在本章中，我们将深入了解组学技术在牛的精子及其环境（包括附睾和性腺分泌物）中的实际应用情况。

6.2.1 精子

精子在附睾的运输过程中在曲细精管中形成。然后，它们经历进一步的成熟，即膜脂质和蛋白质组成的变化和细胞骨架的重排。精子成熟是获得活力、卵母细胞结合和受精能力的基础。成熟后，在通过附睾过程中，精子在（附睾）尾区保持休眠状态，直到射精（Gatti 等，2004）。一项对 HF（高生育力）公牛精子和 LF（低生育力）公牛精子的蛋白质组学分析中发现了 125 个与生育力相关的生物标记物（Peddinti 等，2008）。胰蛋白酶消化后进行蛋白质组分析，然后进行反相液相色谱分离多肽，最后通过电喷雾电离质谱（ESI）离子阱质谱进行鉴定。从 HF 公牛获得的精子在精子发生、细胞活力、能量代谢和细胞通信相关蛋白中都发生过表达。采用 2-DIGE 和质谱法，对正常 ERCR+（估计相对受孕率）和 ERCR- 公牛的精子蛋白进行了分离，并对其生育生物标志物进行了鉴定（Soggiu 等，2013）。该研究发现，与 ERCR+ 相比，ERCR– 组 α- 烯醇化酶表达下调，而异柠檬酸脱氢酶和磷酸丙糖异构酶表达上调。ESI-MS 分析发现，ERCR- 组的其他蛋白包括钙调蛋白、ATP 合成酶、线粒体亚基 α 和 δ、苹果酸脱氢酶，以及精子赤道片段蛋白 1 下调、1 个蛋白上调。在一项平行研究中还发现了烯醇化酶，该研究用 2-DGE 方法比较了 HF 和 LF 公牛精子的蛋白表达谱（Park 等，2012）。除了烯醇酶 1（ENO1），该研究还确定了 ATP 合成酶 H^+ 转运线粒体 F1 复合物 β 亚基、p53 凋亡刺激蛋白 2、α-2-HS- 糖蛋白和磷脂过氧化氢物谷胱甘肽过氧化氢酶在 HF 公牛中过表达，而电压依赖性阴离子通道 2、ropporin-1 和泛醇 - 细胞色素 c 还原酶复合核心蛋白 2（UQCRC2）在 LF 公牛中过表达。ENO1、VDAC2 和 UQCRC2 三种蛋白质与个体生育力显著相关。

亚细胞分级分离技术可以用全细胞方法研究尚未研究过的蛋白质，将重点放在精子中被认为具有战略意义的特定区域和细胞部分，如顶体和质膜。为了研究与公牛生育力有关的蛋白质标志物，对公牛精子膜进行了研究。样本取自具有高、低和正常生育力的 Nelore 公牛。膜蛋白经 2-DGE 分离，并通过 MALDI-TOF 质谱法鉴定。结果突出显示了 3 组之间蛋白质迁移率的一些差异，特别是高生育力组的精子膜蛋白质谱中，aSFP（酸性精液蛋白）含量高 8.5 倍，而低生育力组的 BSP-A3（牛精浆蛋白 A3）则高 2.5 倍（Roncoletta 等，2006）。

最近对精子表面蛋白质组进行了研究。通过氮空化进行的亚细胞分级分离提供了成熟的公牛精子表面蛋白质组，经过 ESI 和 MALDI 质谱分析后可以鉴定 419 种蛋白质（Byrne 等，2012）。据预测，沿着细胞膜分布的蛋白质有 118 种，包括参与细胞黏附、顶体胞吐（即顶体反应）、囊泡转运的蛋白质，并且通常还涉及受精过程以及免疫力，例如几种补体调节蛋白。应该指出的是，这些结果均未使用其他技术（如 Western Blotting）进行验证。

在用 2-DGE 分离精子蛋白提取物并用 LC-MS/MS 鉴定差异表达蛋白后，以 Brahman 公牛精液作为样品，开展了一项旨在探究精子活力与蛋白表达模式的关系的研究（Thepparat 等，2012）。根据 Tektin-4（一种与鞭毛的轴突微管有关的蛋白质）的表达模式可以将结果分为 5 组。研究发现，Tektin-4 在双向凝胶上的迁移遵循不同的电泳图谱，从 A 到 E 命名。Tektin-4 呈 A 型迁移的公牛精子活力最高。这些结果提示，Tektin-4 有作为鉴定精子活力的生物标志物的潜力。

最近的一项研究改进了细胞分级分离技术，该技术将细胞表面生物素标记与差速离心技术结合使用以富集精子表面蛋白。通过 nano-LC MS / MS（纳米液相色谱-质谱联用）鉴定了总共 338 种蛋白质。亚细胞富集可以鉴定尚未在牛精子上描述的细胞表面蛋白，例如血浆谷氨酸羧肽酶 CPQ 和卵黄样羧肽酶类 CPVL，这些蛋白可以在富含 PM 的蛋白质组中鉴定出来（Kasvandik 等，2015）。

尽管精子的主要功能是将父本基因组传递到卵母细胞中，但精子中还有 RNA（Ostermeier 等，2004）和微小 RNA（Govindaraju 等，2012）。转录本在胚胎和胎儿发育中的作用仍然知之甚少。利用微阵列杂交技术对高、低生育力公牛精子的基因表达谱的差异进行了分析，以确定两组公牛间的指纹图谱（Feugang 等，2010）。研究发现，211 个基因转录本在 HF 公牛精子中至少高出 2 倍，而 204 个转录本在 LF 公牛精子中至少高出 2 倍。由于缺乏适当的持家基因（精子中未检测到 GAPDH 和 β-肌动蛋白），单个转录物本的验证受到阻碍。只有 1 个转录本，即 CD36（一种整合膜蛋白、B 类清道夫受体的成员），在 LF 公牛中被发现降低。

Gilbert 等（2007）使用 DNA 芯片研究了精细胞和精子中的 mRNA 群。研究结果首次表明，精子 RNA 群主要由自然截短的 mRNA 组成，并且精细胞的大部分转录本也存在于精子中。对一组低生育能力公牛和一组高生育能力公牛进行了转录组比较分析（Lalancette 等，2008）。研究通过使用一种称为抑制-消减杂交的特殊技术，结果表明线粒体相关类别基因在 HF 公牛精子中表达更多，这表明线粒体表达的基因是识别具有理想生育潜力公牛的潜在标记物。

鉴于它们作为翻译调节因子的影响，以及它们如何成为疾病或功能改变的生物标志物的背景，微小 RNA 也为雄性不育的生物标志物提供了逻辑来源。

据报道，有的微小 RNA 在 HF 和 LF 公牛的精子中的表达有差异（Govindaraju 等，2012）。尽管发现几种微 RNA 在这两组之间有差异表达，但是通过定量 PCR 仅验证了 5 个，即 hsa-aga-8197、hsa-aga-6727、hsa-aga-11,796、hsa-aga-14,189 和 hsa-aga-6125，与 HF 组相比，它们在 LF 中都更加丰富。除了提供区分 LF 与 HF 精液的生物标记物外，这项研究还表明，在 LF 精子中以较高水平表达的微小 RNA 可能在调节受精相关基因的表达中起重要作用。

精子中微小 RNA 的表达可能与生育率有关的假说于 2015 年得到了证实（Fagerlind 等，2015）。该研究未使用组学技术，而是采用常规定量 PCR 技术。尽管如此，靶点的数量非常广泛（178 个 miRNA），作者发现，与中等不育率的公牛相比，高不育率的公牛的 miR-502-5p、miR-1249、miR-320a、miR-34c-3p、miR-19b-3p、miR-27a-5p 和 miR-148b-3p 的表达均下调。

将 NGS 技术应用于牛的精子中，鉴定出 959 个微小 RNA，其中 8 个是新发现的（Du 等，2014），而 miR10 和 let-7 家族成员最为丰富。一项关于精子微小 RNA 组的平行研究发现，在精子中存在 1 582 个独特的小 RNA（Stowe 等，2014）。这两项研究都为研究精子微小 RNA 图谱作为雄性不育指标的未来应用提供了坚实的基础，研究结果均未使用实时荧光定量 PCR 验证。

在另一项研究中，将 2-DIGE 应用于从不同生育指标的公牛，用去污剂提取的精子蛋白，研究了公牛的不育症（D'Amours 等，2010）。通过 LC-MS 鉴定出 8 种蛋白质。特别是，T 复合蛋白 1 亚基 3 和 q（CCT5 和 CCT8）、附睾精子结合蛋白 E12（ELSPBP1）的两个亚型、蛋白酶体亚基 a 型 6 和精子结合蛋白 1（BSP1）在 LF 组比 HF 组高，而腺苷酸激酶同工酶 1（AK1）和磷脂酰乙醇胺结合蛋白 1（PEBP1）在 HF 组比 LF 组高。这些蛋白各自的功能部分解释了精子受精能力的下降。为了研究杂交中雄性不育率高的起源，在荷斯坦-弗里森牛（黄牛品种）、塔帕克牛［据维基百科，Tharpaktar 牛是产自巴基斯坦塔帕克（Tharpaktar）地区的瘤牛品种］和 Karan Fries 杂交牛（荷斯坦-弗里森×Tharpaktarand 杂交品种）之间开展了比较蛋白质组学研究（Muhammad Aslam 等，2015）。通过 2-DIGE 进行比较，用 MALDI-TOF 分析鉴定蛋白质。通过将荷斯坦奶牛与杂交品种进行比较，检测到 17 种差异表达的蛋白质，其中 9 个在荷斯坦牛中高表达，8 个在荷斯坦牛中低表达。塔帕克牛（Tharpaktar）和杂交品种之间的比较表明，有 4 种蛋白质高表达，而 4 种蛋白质低表达，这证实了蛋白质组学可以为理解低生育力的原因提供重要的见解。图 6.3 总结了在具有不同生育力的精子中表达上调和下调的蛋白质和 mRNA 转录物（还包括微小 RNA）列表。

精子形态异常被认为是雄性不育的主要原因之一。在人类和动物中，梨形精子是常见的精子畸形类型，是造成雄性不育的主要原因（Rousso 等，2002）。通过将 2-DGE 与 LC-MS/MS 结合，比较了牛的梨形精子与形态正常精子中蛋白质的表达差异（Shojaei Saadi 等，2013）。结果证实，梨形精子的分子发病机制与氧化应激有关，提示梨形精子中调节抗氧化活性的蛋白，如 CLU、GPX5、PRDX5 等均有所增加。同样地，在梨形精子中活性氧类和泛素化蛋白也较高。

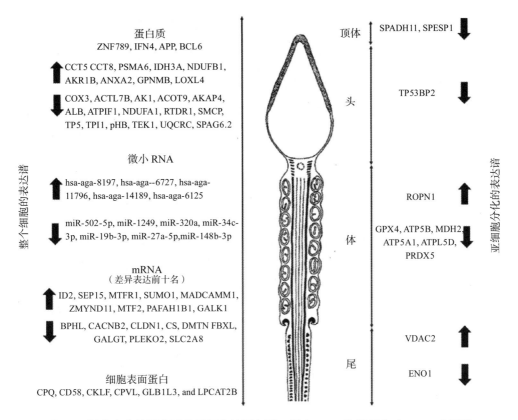

图 6.3　低生育力精子中受差异调节的蛋白质、微小 RNA 和转录物（mRNA）列表

低生育力精子中上调（↑）和下调（↓）的蛋白质，miRNA 和转录本（mRNA）的列表。结果总结来自：（Roncoletta 等，2006；Peddinti 等，2008；D'Amours 等，2010；Park 等，2012；Thepparat 等，2012；Soggiu 等，2013；Kasvandik，2015；Muhammad Aslam 等，2015），转录物（Feugang 等 2010）和 microRNA（来自 Govindaraju 等，2012；Fagerlind 等，2015）。除参考文献的 Brahman（Thepparat 等，2012）和 Taurine × Indicine 杂交（Muhammad Aslam 等，2015）以外，发现大多数蛋白质都在黑白花荷斯坦中表达，只有在荷斯坦品种中差异表达的蛋白质才在图中列出。该图是由 Valor 等（2015）修改后绘制的。

与此相反，梨形精子中涉及精子获能、精卵相互作用和精子细胞骨架结构的蛋白质减少。

性别选择在奶牛养殖中很重要。例如，奶农们渴望更多的雌性奶牛来生产牛奶，因为从奶牛品种获取牛肉通常只会带来很小的经济效益。采用 2-DGE 联合 MALDI-TOF/TOF 和 LC-MS/MS 分析方法可以对 X、Y 精子进行鉴别（Chen 等，2012）。X 和 Y 精子中有 14 个蛋白被鉴定为存在差异表达。这些蛋白质参与能量代谢、抗逆性、细胞骨架、精子/卵母细胞的结合和融合、合子胚胎的发育。

6.2.2 精浆

精子在睾丸中产生后，要经过附睾才能获得受精能力和活力。因此，在附睾管内的细胞与成熟中的精子之间发生着信息交换。Mortarino 等（1998）进行了初步研究，鉴定了 2-DGE 图谱上的 24 种蛋白质。如 PDC-109 和 aSFP 等公牛精浆中被发现的主要蛋白质已经被定位，最重要的是，该研究建立了参考图谱。

细胞外蛋白的转移机制十分复杂，包括从附睾上皮直接分泌蛋白——在其顶端的顶浆分泌（Hermo 和 Jacks，2002）。这些顶泡直径为 50~500 nm，被称为附睾小体。对附睾小体及其与精子相互作用的蛋白质组学分析表明，正是附睾小体的附睾起源影响了哪些蛋白质被转移到精子中（Frenette 等，2006）。这些数据显示，在附睾头部的附睾小体中存在内膜蛋白前体（HSP90B1）、网红蛋白 1/内质网钙结合蛋白 1、核结合蛋白 2 前体、肿瘤相关钙信号转导子 1 和睾丸表达序列 101，而来自附睾尾的附睾小体中存在调钙素。在附睾尾和附睾头的附睾小体中均发现了簇蛋白、HSPA5、含伴侣蛋白 TCP-1 亚基 2、β-肌动蛋白和醛糖还原酶。除了与精子生育力有关的蛋白质外，附睾小体还运输微小 RNA。微小 RNA（miRNA）属于最近发现的一类小的非编码 RNA，可调节转录后蛋白质的表达，还包括干扰 RNA（siRNA）和与 PIWI 相互作用 RNA（Sayed 和 Abdellatif，2011）。最近发现，在许多生物过程中，小 RNA 已成为转录后或翻译水平上基因表达的调节因子，包括宿主-病原体相互作用和精子发生（He 等，2009）。有研究收集了来自附睾头部和尾部两个不同区域的附睾小体，比较了二者的微小 RNA 含量。同时检测了附睾上皮细胞的 miRNA 含量（Belleannée 等，2013）。MiRNA let-7a 和 miR-200 家族以及 miR-26a、miR-103 和 miR-191 是来自这两个区域的附睾小体中的主要代表。附睾头部和尾部分别检测到 118 个 miRNA。其中，miR-654、miR-1224、miR-395 在附睾尾高表达，而 miR-145、miR-143、miR-214、miR-199 在附睾头高表达。此外，附睾小体中包含的微小 RNA 与附睾上皮中的微小 RNA 不同。图 6.4 列出了附睾各部分中表达的蛋白质和微小 RNA 列表。

最近进行了牛和其他反刍动物精浆的比较蛋白质组学研究。蛋白质通过 SDS-PAGE 分离后，使用 LC-MS/MS 进行鉴定。研究结果确定了几种主要的蛋白质在不同物种之间是不同的，这可能解释了繁殖能力的差异（Druart 等，2013）。副性腺液的蛋白质组学分析（Moura 等，2007）鉴定了参与精子保护和获能不同途径的 13 种不同蛋白质以及抗菌肽。采用 2-DGE 法对荷斯坦公牛输精管附睾尾液进行分析。从输精管收集液体，并进行 2-D SDS-PAGE 分离。通过 LC-MS/MS 和 MALDI-ToF/ToF 鉴定了几个蛋白斑点（Moura 等，2010）。这项

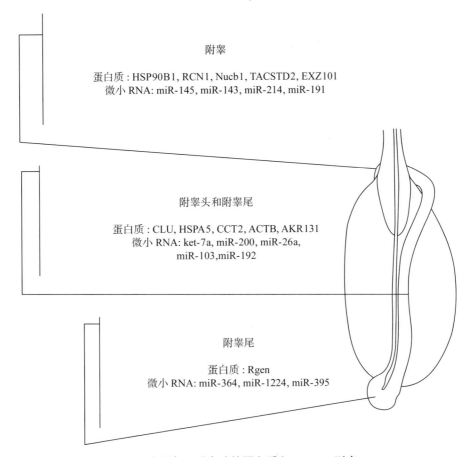

图 6.4　在附睾区域表达的蛋白质和 miRNA 列表

在附睾不同区域采集样品后，先前报告了附睾区域表达的蛋白质，miRNA 和 mRNA 的列表（Frenette 等，2006；Belleanneé 等，2013）。

研究强调了附睾尾中存在两种新蛋白，即酸性精液蛋白（aSFP）和核结合蛋白。以前有报道称 aSFP 是性腺分泌物的一种成分（Moura 等，2007）。据推测，aSFP 在附睾尾中的作用是保护精子免受氧化应激，以及在储存过程中抑制精子的活力。核结合蛋白是一种钙结合蛋白，目前尚不清楚其在激活细胞内事件中的作用。

采用 2-DGE 和 LC-MS／MS 收集并鉴定了来自牛附睾 9 个区域的管腔蛋白和分泌蛋白（Belleannée 等，2011）。管腔蛋白组（The luminome）包括 172 种不同的蛋白质，其中大多数是酶、蛋白酶和蛋白酶抑制剂。其他蛋白质涉及碳水化合物和糖蛋白代谢、结合蛋白以及与应激反应有关的蛋白。由于管腔蛋白的分布依赖于附睾管，因此还确定了附睾管各段之间的差异。另外，确定了附睾分泌蛋白质组，鉴定了几种蛋白质。同样在这种情况下，还发现分泌蛋白是附睾管依赖的。

最后，蛋白质组学分析应用于与精液冷冻程度不同有关的蛋白模式研究，（Magalhães 等，2016）。研究发现，参与受精和精液冷冻保存过程的精子结合蛋白（BSP1）的表达在精液冷冻程度较低的公牛中增加，而在精液冷冻程度较高的公牛中缺乏。2-DGE 还表明，存在不同的 BSP1 亚型，它们可能与受精和冷冻保存过程有关。

6.2.3 卵母细胞和卵巢

数项研究将注意力集中在非病理状态下的牛卵母细胞转录组学和蛋白质组学上。表 6.1 列出的一系列论文介绍了卵母细胞转录组学和蛋白质组学的研究现状。最近发表了一篇有关动物卵母细胞蛋白质组学研究的综述（Virant-Klun 和 Krijgsveld，2014）。

有研究报道了不同发育阶段的牛卵泡液和牛卵巢囊肿液中蛋白质的 2-DGE 图谱（Mortarino 等，1999）。α-1-抗胰蛋白酶、白蛋白、血清转铁蛋白和载脂蛋白 A-I 和 A-IV 位于图谱上，并且蛋白质图谱之间的比较揭示了较小直径的卵泡、较大直径的卵泡和囊肿中某些蛋白斑点的表达存在差异。

有研究通过使用 2-DGE 及 MALDI-TOF 对牛卵巢卵泡液进行研究，并分析鉴定了蛋白质（Maniwa 等，2005）。该研究鉴定了 8 个在正常卵泡液和囊性卵泡液中差异表达的蛋白质，分别是线粒体 f1-ATP 合酶（BMFA）、红细胞系相关因子（EAF）、蛋氨酸合成酶（MeS）、VEGF 受体、3-磷酸甘油醛脱氢酶（GAPDH）、热休克蛋白 70（HSP70）、β-乳球蛋白（BLG）和琥珀酸脱氢酶 Ip 亚基（SD）。这些结果还没有得到证实。

Zachut 等（2016）发表了一篇关于排卵前卵泡液的详尽的蛋白质组学分析，该分析确定了牛的排卵前卵泡液蛋白质组，以及与对照组相比，在低生育力奶牛中排卵前卵泡液蛋白质组是如何变化的。生育力较低的奶牛接受了卵泡穿刺。卵泡液经胰蛋白酶消化后，用液相色谱分离肽段，测定蛋白谱，之后使用 ESI 质谱法对蛋白质进行了鉴定。该研究在排卵前的卵泡液中鉴定出 219 种蛋白质，其中含有血清来源的蛋白质以及其他由颗粒细胞和鞘细胞产生的蛋白质。该研究确定了 LF 奶牛卵泡液中含量增加的 3 种蛋白质，即金属蛋白酶抑制剂 2、间 α-胰蛋白酶抑制剂重链 H1 和补体成分 C8α 链。另外有 7 种蛋白质含量减少，包括 α-1-抗蛋白酶、基底膜特异性硫酸乙酰肝素蛋白聚糖核心蛋白、胶原 α-2（I）链、凝血酶原、αS1-酪蛋白、α-S1-酪蛋白，以及一种未鉴定的蛋白质。如果有抗体可用，则通过蛋白质印迹法验证结果。

表 6.1 非病理细胞、体液和组织的蛋白质组学和转录组学研究

组织 / 细胞 / 代谢过程	技术	参考文献
卵母细胞的蛋白质和磷蛋白谱	2-DGE/MALDI-TOF	Bhojwani 等，2006
滋养层细胞系	2-DGE/MALDI-TOF/LC-MS/MS	Talbot 等，2010
早期胚胎	LC-MS/MS	Deutsch 等，2014
囊胚腔液和囊胚细胞	LC-MS/MS	Jensen 等，2014a
卵黄囊液和卵黄细胞	LC-MS/MS	Jensen 等，2014b
胚胎植入前的组织营养质	LC-MS/MS	Mullen 等，2012
胚胎发育与子宫	2-DGE/MALDI-TOF	Ledgaard 等，2012
胚胎与母体的相互作用	2-DIGE and LC-ESI-MS/MS	Munoz 等，2011
胚泡、卵母细胞和卵丘	2-DGE/LC-MS/MS	Memili 等，2007
胚胎植入前的子宫液	LC-MS/MS	Forde 等，2014
囊胚腔液和囊胚细胞	LC-MS/MS	Jensen 等，2013
桑葚胚和囊胚	LC-MS/MS	Demant 等，2015
卵母细胞成熟和早期胚胎	2-DGE	Massicotte 等，2006
输卵管基因转录组	下一代测序	Gonella-Diaza 等，2015
卵巢中的微小 RNA	质粒 DNA 制备后测序	Munir Hossain 等，2009
胚泡、卵母细胞、胚胎和囊胚	下一代测序	Graf 等，2014
胚胎培养基中的微小 RNA	下一代测序	Kropp 和 Khatib，2015
开始伸长时的孕体细胞	微阵列	Ribeiro 等，2016b
孕体发育	微阵列	Riberiro 等，2016a
妊娠早期的微小 RNA 特征	微阵列	Ioannidis 和 Donade，2016

6.3 母体环境的作用：输卵管、子宫、胎盘

与母体环境的相互作用对于成功受精和胚胎发育至关重要。本节将介绍组学技术对认识包括输卵管、子宫和胎盘在内的母体环境支持方面的贡献。

6.3.1 输卵管

输卵管在妊娠早期的作用是支持受精和胚胎发育（Besenfelder 等，2012），而关于不同家畜输卵管的蛋白质组学和转录组学的概况前文已经进行了综述（Mondejar 等，2012）。

输卵管的各个部分均可产生单独的转录组谱（Maillo 等，2016）。例如在峡

部，主要的上调途径包括氮、脂质、核苷酸、类固醇和胆固醇的合成以及囊泡介导的转运、细胞周期、细胞凋亡、胞吞作用和胞吐作用。相反，在壶腹部，主要的上调途径包括细胞运动、活力与细胞迁移、DNA 修复、钙离子稳态、碳水化合物的生物合成、纤毛运动的调节以及摆动频率。图 6.5 显示了输卵管峡部和壶腹部激活的通路。

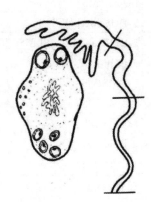

图 6.5　在输卵管不同区域激活的通路

怀孕青年母牛输卵管峡部和壶腹部中被激活的主要通路。这些通路是在转录组测定后确定的（Maillo 等，2016）。

利用 cDNA 杂交阵列技术对处于发情期和发情间期的输卵管上皮细胞的基因表达进行了比较研究（Bauersachs 等，2004）。共有 37 个不同的基因在发情期高表达，而 40 个基因在发情间期上调。结果通过定量 PCR 得到验证，证实发情期 *TRA1*、*ERP70*、*GRP76 / HSPA5*、*AGR2* 和 *OVGP1* 上调，而发情间期 *C3*、*MS4A8B* 和 18S RNA 上调。还研究了牛输卵管和子宫内膜（Bauersachs 等，2004）。基因表达谱可以由牛的早期胚胎调制。最近的一项研究（Schmaltz-Panneau 等，2014）表明，输卵管上皮细胞在与早期胚胎共孵育后可能会差异调节 34 个基因，从而诱导涉及免疫防御的若干基因的上调。一项关于单个或多个胚胎存在对输卵管转录组的影响的研究进一步证实了输卵管与胚胎的相互作用（Maillo 等，2015）。胚胎和输卵管的转录组均通过微阵列杂交进行，证明输卵管黏膜中存在的单个胚胎未能诱导转录组的任何差异。相反，多个胚胎诱导了输卵管上皮细胞中 123 个基因的上调和 155 个基因的下调。这些结果在某种程度上与先前报道的其他文献（Schmaltz-Panneau 等，2014）相矛盾，因为大多数被发现差异调控的基因与免疫功能无关。

6.3.2 子宫及子宫内膜炎的发生发展

Bauersachs 和 Wolf（2015）详细总结了牛、猪和马子宫内膜的转录组研究结果。子宫蛋白质组和转录组的研究集中在两个方面：子宫液和子宫内膜。胚胎植入过程中，营养和生长因子的充分平衡是维持生长发育的前提。子宫液提供了平衡的环境。血浆来源的蛋白和子宫上皮分泌的蛋白均对蛋白质组有贡献。采用 LC-MS 法测定肉用青年母牛人工授精后 7d 子宫冲洗物的蛋白质组。该研究比较了桑葚胚/囊胚期存活胚胎与退化胚胎的子宫冲洗物，后者在 2-16 细胞阶段停止发育（Beltman 等，2014）。研究发现，在存活组中含量更高的蛋白质包括血小板活化因子、乙酰水解酶 1b 催化亚基 3、微管蛋白 b 4A class IVa、微管蛋白 a 1d、细胞色素 c-1 和二氢嘧啶酶样 2。仅一种蛋白——S100 钙结合蛋白 A4 在退化组的组织营养质中显著增加，但未得到验证。

2 项初步研究［一项采用 2-DIGE 技术针对妊娠和非妊娠子宫内膜（Berendt 等，2005），另一项（Ledgard 等，2009）用 2-DGE 技术比较妊娠和未妊娠奶牛子宫腔液中表达的蛋白质］描述了牛子宫蛋白组。随后采用无凝胶方法和胰蛋白酶肽的 iTRAQ 标记进行子宫液和血浆之间的蛋白质组学分析。阳离子交换色谱法用于分离肽段，最后通过 LC-MS/MS 进行鉴定。当有抗体可用时，通过蛋白质印迹法验证结果（Faulkner 等，2012）。与血浆相比，子宫液中有 35 种蛋白质高表达，其中浓度排在前三位的是三磷酸丙糖异构酶、蛋白质 S100-A12 和巨噬细胞迁移抑制因子（MIF），其倍数变化分别为 11.3、11.1 和 8.4。与子宫液相比，血浆中有 18 种蛋白质高表达，其中 3 种浓度最高的蛋白质是 α-2-巨球蛋白、载脂蛋白 AI 和纤维蛋白原 γ-B 链，其倍数变化为 6.1、8.6 和 10.9。除了与胚胎生长发育相关的蛋白质、类固醇、维生素和矿物质转运蛋白以及与抗应激相关的蛋白质外，最显著的发现之一是子宫液中巨噬细胞迁移抑制因子（MIF）的表达。MIF 参与免疫应答的减弱，并可能维持防止母体排斥胚胎所需的免疫耐受水平。

一个非常全面的综述强调了包括奶牛在内的农场动物在植入前阶段激活的转录组途径，确定了与胚胎母体相互作用相关的主要基因家族（Bauersachs 和 Wolf，2012）。该综述主要侧重于生理状态，并提供了有关以下信息：发情周期和早孕特定阶段的基因表达谱（Bauersachs 等，2005；Bauersachs 等，2008；Mitko 等，2008；Salilew-Wondim 等，2010）、子宫接受性和早孕的分子标记物（Bauersachs 等，2006，2012）、植入前子宫阜和子宫阜之间子宫内膜的基因差异（Mansouri-Attia 等，2009）以及雌激素和孕酮对转录组谱的影响（Shimizu 等，2010）。

最近发表了利用 NGS 方法获得的基因表达谱，该研究报道了在妊娠和未妊娠奶牛的子宫中有 216 个差异表达基因（Van Hoeck 等，2015）。通过微阵列杂交基因差异表达比较研究了 HF 母牛和 LF 母牛发情周期黄体中期子宫内膜炎的基因表达（Killeen 等，2014）。这项研究的重点是子宫阜间的子宫内膜组织。在 LF 和 HF 奶牛中差异表达的 419 个基因中，与 HF 奶牛相比，LF 奶牛子宫内膜中有 171 个基因表达上调，248 个基因表达下调。对子宫内膜相关生育力有积极贡献的关键基因包括：参与细胞生长和增殖的 NPPC 和 GJA1；参与血管生成的 MMP19 和 HMGB1；参与脂质代谢的 FASN 和 PPARA；参与细胞和组织的形态和发育的 FST 和 TGFB1；参与代谢交换的 SLC1A3 和 SLC25A24；参与炎症反应 IL-33。

关于滞留胎盘与正常胎盘之间分子差异的研究仍然非常有限。在受子宫内膜炎影响的子宫内膜上进行了子宫内膜炎相关标记蛋白的 2-DGE 分析和 MALDI-TOF 鉴定（Choe 等，2010）。已发现几种蛋白在牛子宫内膜炎时上调，例如肌间线蛋白（又称结蛋白）、α-肌动蛋白 -2、热休克蛋白（HSP）27、过氧化物酶 -6、黄体生成素受体亚型 1、胶原凝集素 -43 前体、脱氧核糖核酸酶 -I（DNase-I）和 MHC I 类重链（MHC-Ih）。相反，与正常子宫内膜相比，发现转铁蛋白、白介素 -2 前体、血红蛋白 β 亚基和钾离子通道四聚体结构域蛋白 Ⅱ（KCTD11）下调。肌间线蛋白和 α-肌动蛋白 -2 在子宫内膜炎中均起着重要作用，尽管它们是否可能用作子宫内膜炎生物标志物尚有争议，因为这两个蛋白在哺乳动物细胞中广泛传播，而且它们的表达经常与细胞活化事件和癌症有关（2016 年 6 月，Medline 快速搜索中使用关键词 desmin 和 biomarker 进行搜索时，获得 2 223 次引用）。

奶牛的生育力下降通常是由子宫疾病引起的，其中最常见的是子宫内膜炎（Knutti 等，2000）。在患有亚临床子宫内膜炎的奶牛和健康的奶牛之间检测到子宫内膜基因表达的变化（Hoelker 等，2012）。从健康和亚临床子宫内膜炎感染的动物中收集两个样品组：T0 组和 T7 组（按时间取样）。采用微阵列杂交技术评估子宫内膜转录水平，发现总共有 3 185 个基因在 4 组中差异表达。有 10 个基因在亚临床子宫内膜炎和健康奶牛之间有差异表达。蛋白激酶抑制剂 b、钙激活的氯通道 2、溶菌酶、S100 钙结合蛋白和转录基因座在亚临床子宫内膜炎感染的奶牛中上调，而含 PDZ 结构域 1（PDZ1，即盘状同源区域 1）、过氧化物酶同系物、含 DDHD 结构域 2、糖基磷脂酰肌醇特异性磷脂酶 D1 和磺基转移酶家族 1B 被下调。在 T7 组，11 种转录物在临床子宫内膜炎中有差异表达，其中脯氨酸 - 丝氨酸 - 苏氨酸磷酸酶相互作用蛋白 2、转录的基因座和假设的 LOC509393 在亚临床子宫内膜炎中表达上调，锌指蛋白 Helios、N-乙酰氨基葡萄糖 -1- 磷酸酶转移酶γ亚基、主要组织相容性复合体 II 类 DQ a 5、染色质域解旋酶 DNA 结合蛋白 2、血管细胞黏附分子 1 和 rho / rac 鸟嘌呤核苷酸交换因子 GEF 2 表达下调。

Salilew-Wondim 等（2016）研究了健康荷斯坦奶牛产后 40~60d 子宫内膜的转录组谱和微小 RNA 转录组谱，并与亚临床和临床型子宫炎动物进行了比较。转录组谱表明，与健康动物相比，临床子宫内膜炎动物中有 92 个基因上调，111 个基因下调。与健康动物相比，亚临床子宫内膜炎引起 28 个基因的显著失调，其中 26 个在临床子宫内膜炎过程中也上调。失调基因的功能分类指向免疫系统途径的改变，包括趋化性、细胞黏附和 G 蛋白偶联受体信号传导通路。值得注意的是，受亚临床子宫内膜炎影响的奶牛中，大多数参与免疫途径的差异表达基因也下调。通过定量 PCR 对 13 个差异表达的基因进行了验证。此外还用包括子宫内膜间质和上皮细胞在内的体外模型研究了脂多糖（LPS）对基因表达谱的影响。用不同浓度的 LPS 孵育细胞培养物，以模拟亚临床和临床子宫内膜炎。在与 LPS 共孵育的子宫内膜和间质细胞中，3 个基因，即 *MLLIT11*、*INHBA* 和 *PTHLH* 均上调。LPS 刺激的细胞培养物中另外 3 个基因，即 *JUN*、*PTGDS* 和 *EMID2* 表达下调。这些结果与转录组分析中报道的结果一致。

在临床和亚临床子宫内膜炎感染的动物中也进行了微小 RNA 表达谱分析，并将结果与健康动物进行了比较。与健康动物相比，仅在患子宫内膜炎动物中检测到 miR-608、miR-625*、miR-218-1*、miR-888*、miR-1184 和 miR-1264 等 10 种微小 RNA，而在健康动物中仅检测到 5 种微小 RNA，即 miR-938、miR-519c-3p、miR-1265、miR-498 和 miR-488。与健康动物相比，临床子宫内膜炎动物中 7 种微小 RNA 的表达水平显著增加，而 28 种微小 RNA 的表达则明显下调。两种微小 RNA，即 has-miR-608 和 hsa-miR-526b，分别上调了 1 978.7 倍和 1 238.7 倍。相反，在临床上受影响的动物中，与健康动物相比，has-miR196b 和 has-miR1265 分别下调了 107.2 倍和 3 147.5 倍。

此外，还研究了亚临床子宫炎期间微小 RNA 的表达（Hailemariam 等，2014）。该研究从收集自患有或没有患亚临床子宫内膜炎的动物的细胞冲洗物样品开始。提取总 RNA，相应的 cDNA 与由 352 个探针组成的微小 RNA PCR 阵列杂交。研究发现，具有亚临床子宫炎的动物中有 23 种微小 RNA 差异表达，其中 15 种上调，而 8 个下调。值得注意的是，miR-423-3p 上调了 1 341 倍。在从亚临床子宫炎离体样品中得到差异调节的 23 种微小 RNA 中，有 11 种在 LPS 攻击的子宫内膜细胞的体外实验中也被发现是差异调节的，LPS 攻击实验被用于确认和验证表达微阵列结果。差异表达的微小 RNA 调控的途径和生物学功能包括细胞生长和增殖、细胞死亡和细胞活力，而在亚临床子宫炎中差异表达的最重要的基因网络包括在免疫和炎症反应中起重要作用的 NF-κB 通路。

6.3.3 受孕与胎盘

胚胎液是充满胚胎膜、羊膜和尿囊的液体。胚胎液中的蛋白为胎儿的诊断和生存预后提供了重要的生物标志物来源。在牛中，胎儿的大量流产发生在妊娠早期，在自然受孕的牛中占 2% 到 4%（Forar 等，1995），在人工授精的牛中占 7.7%（Lopez-Gatius 等，2004），在使用辅助生殖技术受孕的牛中占比从 52.5% 提高到 63.2%（Taverne 等，2002）。采用蛋白质组学方法对妊娠早期的牛胚胎液进行蛋白质组学分析，用 2-DGE 分离的蛋白质，经胰酶消化后用 MALDI-TOF 或 LC-MS 鉴定。共鉴定 139 种蛋白质。正如所料，许多蛋白质的作用与运输、代谢和发育有关，但许多其他的蛋白质，如丝氨酸/半胱氨酸蛋白酶抑制剂，与防御/免疫功能有关（Riding 等，2008a）。用 2-DIGE 方法测定了自然受孕、体外受精和体细胞核移植之间的蛋白表达差异（Riding 等，2008b）。在体外受精获得的孕体中鉴定出属于抗菌肽家族的抗菌蛋白。

胎盘的形成在怀孕期间起着至关重要的作用。此外，胎衣不下，即未能在产犊后 24h 内排出胎盘，会对奶牛的整体健康和随后的繁育性能产生负面影响（Attuparam 等，2016）。在一项旨在评估体细胞核移植后胎盘功能障碍是否会导致流产的蛋白质组学研究中，探究了利用体细胞核移植受胎而在出生后死亡的韩国本地犊牛病例中收集到的胎盘的差异蛋白模式（Kim 等，2005）。进行 2-DGE 后，用质谱法鉴定蛋白质。将结果与正常胎盘标本进行比较发现体细胞核移植胎盘共有 33 个蛋白表达上调，27 个蛋白表达下调。蛋白免疫印迹验证结果表明，TIMP-2 蛋白是体细胞核移植中上调的蛋白之一，该蛋白在妊娠期细胞外基质重构中发挥重要作用。

有研究发表了牛的胎盘在妊娠晚期的 2-DGE 参考图谱，其可以鉴定 273 个蛋白质，这为研究妊娠晚期胎盘疾病的分子机制提供了背景（Kim 等，2010）。

对正常排出胎盘和滞留胎盘中分别提取的蛋白质也进行了蛋白质组学比较（Kankofer 等，2014）。从子宫阜和胎儿绒毛中收集样品，并通过单向和双向电泳分离蛋白质，但未鉴定到差异表达的蛋白质。通过计算机辅助分析评估了两组之间蛋白质表达谱的改变，并提供了蛋白质谱定性和定量改变的证据。进一步的研究更深入地揭示了正常胎盘和分娩后滞留超过 12h 的胎盘之间蛋白模式的差异（Kankofer 等，2015）。通过 2-DIGE 确定蛋白质谱，并通过 MALDI-TOF 逐一鉴定差异表达的蛋白质。手动分离母体和胎儿部分的蛋白质，并鉴定出在健康胎儿胎膜/滞留胎儿胎膜与健康母体胎盘/滞留母体胎盘之间胎儿蛋白表达的差异。尽管鉴定出的蛋白质数量有限（5 种蛋白质），并且只是初步结果，但结果突显了几个差异。Ras 相关蛋白 Rab-7b 仅在健康的母体胎盘中高表达。在滞留和未滞留胎盘的母体中，短暂瞬时性受体电位通道 5 均高表达，而在这两种胎盘的胎儿中，Rab GDP 解离抑制剂 β 均过表达。最后，转化生长因子 2 在滞留胎盘的母体和胎儿中均高表达。

牛出生后胎膜脱落的分子机制仍不清楚。通过微阵列杂交进行了围产期胎盘及其附属物的基因表达谱分析（Streyl 等，2012）。该研究仅针对健康的动物，旨在确定与胎膜释放有关的分子途径。在分娩前（Ante partum，AP）和分娩过程中（IP，Intrapartum）收集胎盘样品。样品中胎儿胎盘未与母体分开，目的是深入了解整个胎盘的转录组。使用 Affimetrix GeneChip 牛基因组阵列，通过微阵列杂交技术进行转录组分析，然后通过定量 PCR 进行验证。发现 IP 胎盘及附属物中有 514 个基因上调，而 AP 胎盘及附属物中有 59 个基因上调。此外，免疫组织化学检测证实了大部分表达蛋白在胎盘蛋白组中的定位。这项研究表明了从 AP 到 IP 的基因表达变化。分娩前具有较高表达率的基因主要与有丝分裂和组织分化有关。在分娩过程中，胎盘相关途径的基因发生了转变，即与细胞外基质的降解（例如金属蛋白酶）有关的先天免疫应答和细胞凋亡。

6.4 未来展望：代谢组学研究和 piRNA

据调查，鲜有针对牛的代谢组学研究。代谢组学工作流程如图 6.6 所示。代谢组定义为细胞、组织或生物体液中代谢物的完整集合。代谢组学提供了一种强大的方法，因为代谢物及其浓度直接反映了细胞和组织潜在的生化活动以及状态。与其他方法不同，代谢组学检测到的代谢物不是预先定义的，从而可

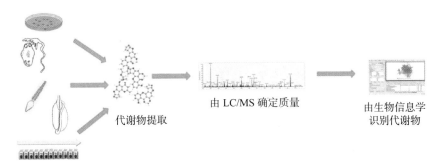

图 6.6 元代谢学工作流程

代谢物首先从生物样本中分离出来，其质量由 LC/MS 确定。原始数据通过生物信息学处理，以执行非线性保留时间对齐和识别峰值。将感兴趣峰的 *m/z* 值与代谢物数据库中的值进行比较，以获得假定的标识，然后将串联质谱（MS/MS）数据与标准化合物的数据进行比较进行验证

以分析先前未描述的生物标记物。因此，代谢组学最能反映相应生理和病理情况下的分子表型。代谢组学技术在人类不孕不育症中的应用日益广泛（Xia 等，2014；Krisher 等，2015；Cordeiro 等，2015；RoyChoudhury 等，2016；Zhang 等，2015；Jafarzadeh 等，2015；Hu 等，2016；Minai-Tehrani 等，2015；Zhou 等，2016）。在牛中，通过气相色谱代谢组学对卵泡液代谢物组成进行了开创性研究，以揭示青年母牛和泌乳母牛之间的生育力差异（Bender 等，2010）。研究目的是确定奶牛和青年母牛在不同卵泡发育期的卵泡液代谢组，包括新选择的优势卵泡、发情前的排卵前卵泡和 LH（黄体生成素）峰后的卵泡。研究发现，在奶牛和青年母牛中的 24 种脂肪酸和 9 种水溶性代谢产物之间存在显著差异，奶牛的卵泡液中的棕榈酸和硬脂酸等饱和脂肪酸增加。值得注意的是，青年母牛的卵泡液中的多不饱和脂肪酸（PUFA，如二十二碳六烯酸）的含量增加。最近一项关于卵泡液代谢组的研究证实了多不饱和脂肪酸的重要性，该研究探究了具有不同生育指数的奶牛中卵泡液和血清代谢产物谱的差异（Moore 等，2015）。气相色谱代谢组学结果表明，在其他多种 PUFA 中，有 9 种脂肪酸受基因型影响。

对不排卵的荷斯坦奶牛、发情周期规律的荷斯坦奶牛和发情周期规律的泽西/荷尔坦因杂种奶牛进行同步排卵和人工授精（AI），15d 后收集子宫液进行代谢组测定，发现 3 组之间至少有 28 个不同的特征（Ribeiro 等，2016）。

piRNA 是一类生殖细胞特异的小 RNA，与 Argonaute 蛋白（即所谓的 Piwi 蛋白）相互作用，它们对于生殖细胞的发育和功能都是必不可少的（Ketting，2011；Luteijn 和 Ketting，2013）。Piwi 蛋白和 piRNA 在牛卵母细胞中表达（Rosenkranz 等，2015；Roovers 等，2015；Russell 等，2016）。这些开创性的研究有望为理清卵母细胞、精子和子宫环境之间的复杂关系提供新的思路。

在转录组学和蛋白质组学技术发展的背景下，代谢组学和 Piwi 研究表明，我们正处于对全新途径的描述的边缘，这可能会提供新的信息，以解决该领域中仍然存在的许多问题，还可能为牛的低生育力生物标志物提供新的途径。

6.5 结论：系统生物学方法贡献的新知识、新见解使我们更好地理解奶牛的低生育力和生育力

后基因组学在兽医学中的应用，包括转录组学、蛋白质组学和代谢组学，正呈指数级增长。如果与在人类中进行的研究相比，在牛繁育中进行的组学研究的数量相形见绌，而且要了解奶牛低生育力问题的真正系统生物学方法还远未实现。直到"OMICS（组学）"革命之前，对奶牛低生育力的生理学基础的了解都是通过对单个转录物、蛋白质和代谢产物的独立分析来进行的。系统生物学方法

提供了单个元素的集成网络，这些元素的知识提供的信息比单个部分的总和提供的信息更多。转录组学和蛋白质组学使人类对基础生殖生物学的理解实现了明显的飞跃。通过蛋白质组学技术鉴定出的 X 和 Y 精子之间的差异可以选择雌性进行乳品生产。对生育力较差的奶牛在排卵前卵泡的最新定义，也为理解低生育力的分子基础提供了一些线索。

通过 OMICS（组学）收集的大量信息已经提供了大量潜在的生物标记物。它们中的任何一个都不容易实现：对于蛋白质来说，酶分析法或抗体的可用性是检测和定量生物体液的前提。对于 mRNA，主要问题是 mRNA 不稳定，以至于很难在生物体液中检测到。微小 RNA 可能代表了最有前途的生物标志物。它们的测量成本很低，可通过实时 PCR 检测到，并且在环境中具有很强的抵抗力，可以在唾液、子宫液等生物液体以及头发中识别出来。值得注意的是，已发现它们表达的改变与子宫内膜炎有关，也可以用于评估雄性生育力——其在高繁殖力和低繁殖力公牛的表达是不同的。

关于代谢组学，系统生物学获得的最有趣的知识是青年母牛（富含 PUFA）到奶牛（含有更多饱和脂肪酸）的脂肪酸含量的转换及其与生育指数的关系。在脂肪酸含量可以通过日粮改变的情况下，这一知识很容易应用于该领域。但仍有几个问题有待解决，即大多数驱动奶牛低生育力的分子途径和复杂的基因表达模式仍未被揭示。

OMICS（组学）技术仍然非常昂贵，尤其是蛋白质组学。然而，随着技术的飞速发展，组学应用的成本也在不断下降。1 000 美元基因组的目标已基本实现，预计组学实验成本的进一步下降将使转录组学和蛋白质组学研究呈指数增长，这很可能会扩展到其他组学学科，例如兽医学的糖组学和代谢组学。

参考文献

Attupuram NM, Kumaresan A, Narayanan K, et al. 2016. Cellular and molecular mechanisms involved in placental separation in the bovine: A review[J]. Mol Reprod Dev, 83(4):287–97.

Bauersachs S, Wolf E. 2012. Transcriptome analyses of bovine, porcine and equine endometrium during the pre-implantation phase[J]. Anim Reprod Sci, 134(1–2):84–94.

Bauersachs S, Wolf E. 2015. Uterine responses to the preattachment embryo in domestic ungulates: recognition of pregnancy and preparation for implantation[J]. Annu Rev Anim Biosci, 3:489–511.

Bauersachs S, Rehfeld S, Ulbrich SE, et al. 2004. Monitoring gene expression changes in bovine oviduct epithelial cells during the oestrous cycle[J]. J Mol Endocrinol, 32(2):449–466.

Bauersachs S, Ulbrich SE, Gross K, et al. 2005. Gene expression profiling of bovine endometrium during the oestrous cycle: detection of molecular pathways involved in functional changes[J]. J Mol Endocrinol, 34(3):889-908.

Bauersachs S, Ulbrich SE, Gross K, et al. 2006. Embryo-induced transcriptome changes in bovine endometrium reveal species-specific and common molecular markers of uterine receptivity[J]. Reproduction, 132(2):319-331.

Bauersachs S, Mitko K, Ulbrich SE, et al. 2008. Transcriptome studies of bovine endometrium reveal molecular profiles characteristic for specific stages of estrous cycle and early pregnancy[J]. Exp Clin Endocrinol Diabetes, 116(7):371-384.

Bauersachs S, Ulbrich SE, Reichenbach HD, et al. 2012. Comparison of the effects of early pregnancy with human interferon, alpha 2 (IFNA2), on gene expression in bovine endometrium[J]. Biol Reprod, 86(2):46.

Belleannée C, Labas V, Teixeira-Gomes AP, et al. 2011. Identification of luminal and secreted proteins in bull epididymis[J]. J Proteome, 74(1):59-78.

Belleannée C, Calvo É, Caballero J, et al. 2013. Epididymosomes convey different repertoires of microRNAs throughout the bovine epididymis[J]. Biol Reprod, 89(2):30.

Beltman ME, Mullen MP, Elia G, et al. Global proteomic characterization of uterine histotroph recovered from beef heifers yielding good quality and degenerate day 7 embryos[J]. Domest Anim Endocrinol, 46:49-57.

Bender K, Walsh S, Evans AC, et al. 2010. Metabolite concentrations in follicular fluid may explain differences in fertility between heifers and lactating cows[J]. Reproduction, 139(6):1047-1055.

Berendt FJ, Fröhlich T, Schmidt SE, et al. 2005. Holistic differential analysis of embryo-induced alterations in the proteome of bovine endometrium in the preattachment period[J]. Proteomics, 5(10):2551-2560.

Besenfelder U, Havlicek V, Brem G. 2012. Role of the oviduct in early embryo development[J]. Reprod Domest Anim, 47(Suppl 4):156-163.

Bhojwani M, Rudolph E, Kanitz W, et al. 2006. Molecular analysis of maturation processes by protein and phosphoprotein profiling during in vitro maturation of bovine oocytes: a proteomic approach[J]. Cloning Stem Cells, 8(4):259-274.

Byrne K, Leahy T, McCulloch R, et al. 2012. Comprehensive mapping of the bull sperm surface proteome[J]. Proteomics, 12(23-24):3559-3579.

Chen X, Zhu H, Wu C, et al. 2012. Identification of differentially expressed proteins between bull X and Y spermatozoa[J]. J Proteome, 77:59-67.

Choe C, Park JW, Kim ES, et al. 2010. Proteomic analysis of differentially expressed proteins in bovine endometrium with endometritis[J]. Korean J Physiol Pharmacol, 14(4):205–212.

Cordeiro FB, Cataldi TR, Perkel KJ, et al. 2015. Lipidomics analysis of follicular fluid by ESI-MS reveals potential biomarkers for ovarian endometriosis[J]. J Assist Reprod Genet, 32(12):1817–1825.

D'Amours O, Frenette G, Fortier M, et al. 2010. Proteomic comparison of detergent-extracted sperm proteins from bulls with different fertility indexes[J] Reproduction, 139(3):545–556.

Demant M, Deutsch DR, Fröhlich T, et al. 2015. Proteome analysis of early lineage specification in bovine embryos[J]. Proteomics, 15(4):688–701.

Deutsch DR, Fröhlich T, Otte KA, et al. 2014. Stage-specific proteome signatures in early bovine embryo development[J]. J Proteome Res, 13(10):4363–4376.

Druart X, Rickard JP, Mactier S, et al. 2013. Proteomic characterization and cross species comparison of mammalian seminal plasma[J]. J Proteome, 91:13–22.

Du Y, Wang X, Wang B, et al. 2014. Deep sequencing analysis of microRNAs in bovine sperm[J]. Mol Reprod Dev, 81(11):1042–1052.

Fagerlind M, Stålhammar H, Olsson B, et al. 2015. Expression of miRNAs in bull spermatozoa correlates with fertility rates[J]. Reprod Domest Anim, 50(4): 587–594.

Faulkner S, Elia G, Mullen MP, et al. 2012. A comparison of the bovine uterine and plasma proteome using iTRAQ proteomics[J]. Proteomics, 12(12):2014–2023.

Feugang JM, Rodriguez-Osorio N, Kaya A, et al. 2010. Transcriptome analysis of bull spermatozoa: implications for male fertility[J]. Reprod Biomed Online, 21(3):312–324.

Forar AL, Gay JM, Hancock DD. 1995. The frequency of endemic fetal loss in dairy cattle: a review[J]. Theriogenology, 43(6):989–1000.

Forde N, McGettigan PA, Mehta JP, et al. 2014. Proteomic analysis of uterine fluid during the pre-implantation period of pregnancy in cattle[J]. Reproduction, 147(5):575–587.

Frenette G, Girouard J, Sullivan R. 2006. Comparison between epididymosomes collected in the intraluminal compartment of the bovine caput and cauda epididymidis[J]. Biol Reprod, 75(6):885–890.

Galligan DT. 1999. The economics of optimal health and productivity in the commercial dairy[J]. Rev Sci Tech, 18(2):512–519.

Gatti JL, Castella S, Dacheux F, et al. 2004. Posttesticular sperm environment and fertility[J]. Anim Reprod Sci, 82–83:321–339.

Gilbert I, Bissonnette N, Boissonneault G, et al. 2007) A molecular analysis of the population of mRNA in bovine spermatozoa[J]. Reproduction, 133(6.:1073–1086.

Gonella-Diaza AM, Andrade SC, Sponchiado M, et al. 2015. Size of the ovulatory follicle dictates spatial differences in the oviductal transcriptome in cattle[J]. PLoS One, 10(12):e0145321.

Govindaraju A, Uzun A, Robertson L, et al. 2012. Dynamics of microRNAs in bull spermatozoa[J]. Reprod Biol Endocrinol, 10:82.

Graf A, Krebs S, Zakhartchenko V, et al. 2014. Fine mapping of genome activation in bovine embryos by RNA sequencing[J]. Proc Natl Acad Sci USA, 111(11): 4139–4144.

Hailemariam D, Ibrahim S, Hoelker M, et al. 2014. MicroRNA-regulated molecular mechanism underlying bovine subclinical endometritis[J]. Reprod Fertil Dev, 26(6):898–913.

He Z, Kokkinaki M, Pant D, et al. 2009. Small RNA molecules in the regulation of spermatogenesis[J]. Reproduction, 137(6):901–911.

Hermo L, Jacks D. 2002. Nature's ingenuity: bypassing the classical secretory route via apocrine secretion[J]. Mol Reprod Dev, 63(3):394–410.

Hoelker M, Salilew-Wondim D, Drillich M, et al. 2012. Transcriptional response of the bovine endometrium and embryo to endometrial polymorphonuclear neutrophil infiltration as an indicator of subclinical inflammation of the uterine environment[J]. Reprod Fertil Dev, 24(6):778–793.

Hossain MM, Ghanem N, Hoelker M, et al. 2009. Identification and characterization of miRNAs expressed in the bovine ovary[J]. BMC Genomics, 10:443.

Hu W, Chen M, Wu W, et al. 2016. Gene-gene and gene-environment interactions on risk of male infertility: focus on the metabolites[J]. Environ Int, 91:188–195.

Ioannidis J, Donadeu FX. 2016. Circulating miRNA signatures of early pregnancy in cattle[J]. BMC Genomics, 17(1):184.

7 胎衣不下的系统兽医学研究

Elda Dervishi，Burim N. Ametaj*

摘 要

胎衣不下（RP）或胎衣滞留（RFM）在牛群中发病率较高，最典型的症状是在分娩 24h 后胎衣仍未脱落。因治疗成本、泌乳量下降、停乳、劳动力成本以及兽医服务问题的存在，胎衣不下对奶业有重大的经济影响。即便胎衣不下已经是奶业中长期存在的问题之一，但胎膜排出失败的真正原因及其致病机理仍不清楚。大量研究表明，胎衣不下是一个多因素健康问题，涉及免疫细胞、基因表达、蛋白质及代谢物变化等细胞方面的问题。近期利用组学技术的开拓性研究获得了一些值得进行深入讨论的新发现。利用系统生物学方法研究该病的病理学及致病因素，有望为 RP 的发病机理提供新的思路。

7.1 引言

胎盘滞留（RP）或胎膜滞留（RFM）是奶牛常见的健康问题，发病率高，通常被定义为产奶 24h 内不能排出胎膜。奶牛胎衣不下的平均发病率为 4%~16%；然而，在某些问题牛群中时常可见更高的发病率（Eiler，1997）。

最初，胎衣不下被认为与缺乏硒、维生素 E 或钙有关；然而，多项研究表

---

* E. Dervishi, Ph.D. (✉) • B.N. Ametaj, D.V.M., Ph.D., Ph.D.
Department of Agricultural, Food and Nutritional Science, University of Alberta, Edmonton, AL, Canada, T6G 2P5
e-mail: dervishi@ualberta.ca ; burim.ametaj@ualberta.ca

明，补充上述营养物质对胎衣不下的发病率影响甚小。目前，有学者开始认为胎衣不下更多地与免疫系统功能障碍有关，这种功能障碍可导致连接母体与胎盘组织的胎盘附属物无法分解（LeBlanc，2008）。

胎衣不下导致的治疗成本增加、泌乳量下降、停乳及其他围产期疾病风险增加等问题给奶业造成很大经济损失。早年的两项研究估测每例胎衣不下造成的经济损失约合 285 美元或 239 英镑（Laven 和 Peters，1996；Guard，1999）。患有胎衣不下的奶牛更易罹患尿道感染、真胃变位和乳腺感染等疾病，进一步加大了其对奶业造成的经济损失。高达 6% 患有胎衣不下的奶牛因其极低的产奶量和兽医诊断结果而被淘汰（Laven 和 Peters，1996；Guard，1999）。

由于胎衣不下的高发病率和重要的经济意义，了解其发病机理、病因和诱发因素有很大意义。

7.2 分娩生理学和胎膜的排出

胎盘提供胎儿所需的营养和氧气，清除胎儿生长中产生的代谢废物，并保护胎儿，在母胎交流中起主要作用。在形态学上，反刍动物的胎盘被归类为子叶型胎盘（由大量的血管和结缔组织构成）（Lemley 等，2015）。奶牛胎儿未直接接触母体血液，这种类型的胎盘被称为非侵入性或联索胎盘（在母体胎盘和胎儿胎盘之间均具有一层完整的上皮细胞层）。在非侵入性胎盘中，营养物质主要通过胎盘突的结构从母体运送到生长中的胎儿。胎盘的胎儿侧被称为子叶，由绒毛膜发展而来，而母体侧则被称为子宫阜（Placentome），起源于子宫肉阜区，而子宫阜即为二者之间的交界点。Bjorkman 和 Sollen（1961）提出组织的膨胀与压力是维持子宫阜和子叶接触的原因之一。奶牛胎盘突的总数可达 70~120 个，它们分布在整个胎盘上（Senger，2003）。胎盘突内含有高度血管化的绒毛，这些绒毛来源于滋养层细胞及与绒毛相适应的子宫内膜隐窝。营养物质在血液循环中经母体子宫内膜和胎儿滋养层绒毛膜之间的 6 层细胞，从母体输送至胎儿。胎盘突的半径在妊娠过程增大，分娩前增加到 2.5~3cm（Senger，2003）。

分娩开始于胎儿下丘脑-垂体-肾上腺（HPA）轴的激活（图 7.1）。但激活胎儿 HPA 轴的物质尚未明确。胎儿 HPA 轴的激活与脑垂体中促肾上腺皮质激素（ACTH）的释放、胎儿皮质醇以及胎盘雌激素的产生有关（Flint 等，1979）。胎儿产生的皮质醇会触发胎盘孕酮转化为雌激素，并通过雌激素依赖性和非依赖性通路诱导子宫内膜前列腺素的合成（Whittle 等，2000）。实际上，雌激素对子宫肌层的一个主要作用就是刺激催产素受体上调和前列腺素 F2α（PGF2α）的分泌（Fuchs 等，1999）。前列腺素 F2α 可触发黄体（CL）溶解、产生松弛素以及子宫平滑肌收缩，以将胎儿推向子宫颈（Janszen 等，1993）。黄体是孕酮合成的重要来源，其溶解将降低血液中的孕酮含量。在妊娠过程中孕酮对胶原酶活性有抑制作用，然而，在分娩结束时，雌激素浓度会升高，从而刺激胶原酶的活性。黄体的溶解也伴随着松弛素的释放。松弛素可刺激胶原酶的产生，后者可分解胶原，并引起子宫颈扩张、骨盆松弛和耻骨韧带分离。此外，雌激素的升高常伴随多种蛋白水平的上升，如连接蛋白，由间隙连接产生，并可促进离子和电脉冲的运动，有助于协调子宫肌层收缩。

血清素是另一种与产犊相关的化合物，其已被证明在胎膜附着的调节中具有重要作用（Fecteau 和 Eiler，2001）。多项研究表明，妊娠期间胎儿和母体膜中高浓度的 5-羟色胺通过刺激胎盘细胞的增殖和抑制基质金属蛋白酶的活性来帮助维持胎盘附着（Eiler 和 Hopkins，1993；Fecteau 和 Eiler，2001）。在另一方面，临近分娩时胎儿单胺氧化酶的释放会导致血清素降解，促使胎盘剥离和分娩（Lee 等，1989）。

子宫阜 – 子叶的连接脱离是胎衣从子宫剥离的必要因素。该过程通过松弛素促进胎儿胎盘子叶 – 母体子宫阜接触面胶原分解（Musah 等，1987）实现。此

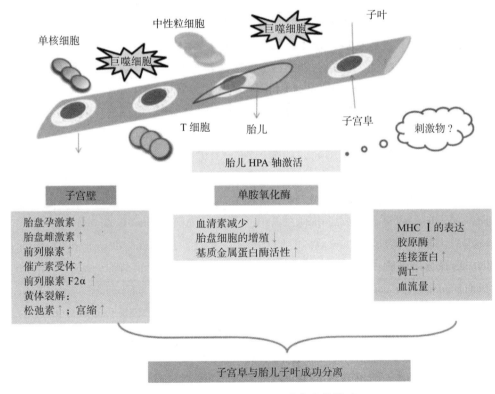

图 7.1 胎盘排出的生理和激素变化综述

外，在分娩中，子宫肌层的收缩导致子叶绒毛的压力变化，从而导致母体胎盘-胎儿胎盘物理上的分离。Eiler 和 Hopkins（1992）的一项研究表明，胶原酶参与了子宫阜－胎盘子叶附着的分解，从而为后续分娩进程中胎盘的脱落提供条件。基质分解酶，如基质金属蛋白酶 2、基质金属蛋白酶 3 和基质金属蛋白酶 9 也在胎儿胎盘、胎膜排出中起作用（Walter 和 Boos，2001；Takagi 等，2007；Streyl 等，2012）。母体隐窝上皮、间质及胎盘绒毛膜中凋亡细胞的增多表明细胞凋亡在胎膜排出中具有重要作用（Boos 等，2003），这些结果得到了 Streyl 等 (2012) 的支持。研究表明，与凋亡相关的基因表达上调，并暗示它们参与了胎盘的排出。此外，分娩一旦启动，子宫阜和子叶中的血流量均会减少，从而导致血管收缩、毛细血管血压降低，并有利于膜的分离（Manspeaker，2010）。

7.3 妊娠的保护机制

虽然胎儿包含部分来自父本的外源蛋白，但母体免疫系统通过与胎儿免疫系统相互作用允许胎儿着床，并以此方式保证胎儿能够在母体子宫内膜中存活。母体的妊娠识别（MRP）出现在受精 16~17d 后（Spencer 等，2004）。随着胚胎经历分裂期，母体子宫也作出了相应的变化。黄体开始分泌孕酮，从而降低子宫肌群活性，刺激子宫上皮细胞分化和胎盘子叶的生长。孕酮增加了子宫腺的血液供应，使其生长和盘绕，并使白细胞浸润增多。配种后 23d，胎儿绒毛膜已经通过在胎儿周边形成 2~4 个子叶的方式和母体产生了不稳定的连接。

主要组织相容复合体（MHC Ⅰ）是一种促使母体产生免疫耐受的重要细胞表面分子。MHC Ⅰ 的首要功能是与来自病原体或外来生物的肽段结合，并将其呈递至细胞表面以供特定类型的白细胞识别。MHC Ⅰ 分为典型和非典型两种。典型 MHC Ⅰ 可呈递包括外源性抗原和多态性抗原在内的多种抗原（Tilburgs 等，2010）。若宿主细胞表达了外源性的抗原，将遭到细胞毒性 T 淋巴细胞（CTL）的攻击（Baker 等，1999）。非典型 MHC Ⅰ 则呈递另一种不具有多态性的"零"抗原。"零"抗原被固定于 MHC Ⅰ 的槽状结构内，尽管其并非内源性抗原，但仍会被母体白细胞识别为"自体"抗原。表达"零"抗原的细胞会被宿主免疫细胞保护，而不表达该抗原的细胞会被自然杀伤细胞杀死（Lash 等，2010；Lash and Bulmer，2011）。

需要指出的是，妊娠期间含有父源抗原的典型 MHC Ⅰ 和含有"零"抗原的非典型 MHC Ⅰ 均有表达（O'Gorman 等，2010）。父源抗原在被称为双核细胞的特定细胞上表达，并在妊娠的支持中发挥重要作用。双核细胞来源于胚胎滋养层，但其确切来源仍未确定。双核细胞能够从滋养层迁移至子宫内膜，并能够与子宫内膜细胞融合成为三核细胞。三核细胞不具有父源抗原且不表达 MHC Ⅰ（Davies 等，2000；Bainbridge 等，2001）。三核细胞可分泌被称为催乳激素的化合物，该成分可通过刺激卵巢和胎盘产生甾体激素维持妊娠，并通过影响母体代谢来支持胎儿生长发育（Patel 等，1996）。

7.3.1 妊娠与胎膜的排出

奶牛相关研究表明母体与胎儿的免疫系统在启动分娩的过程中共同发挥作用。尽管二者之间相互作用的某些细节未完全探明，但研究表明母体免疫系统在胎膜中识别到父本抗原成分时即启动胎膜排出（Davies 等，2004）。

有趣的是，有报道称带有父源抗原的典型 MHC Ⅰ 在母牛分娩过程中表达（Newman 和 Hines，1979；Hines 和 Newman，1981）。MHC Ⅰ 的表达对胎盘的成熟至关重要。胎盘突中的滋养层细胞的绒毛是和母体接触的区域，在分娩前 1 个月，子宫内膜上皮有一个变薄的过程，最终该层完全消失。这种组织学变化导致了母胎接触区域的松动，从而滋养层（即胎儿）上皮与子宫内膜结缔组织建立直接接触（Grünert，1986）。

最终，当父源抗原被典型 MHC Ⅰ 蛋白呈递至绒毛膜细胞表面并被 T 淋巴细胞（$CD8^+$ 细胞）识别时（Adams 等，2007），即导致 T 细胞向胎盘表面移行。一旦对滋养层典型 MHC Ⅰ 进行了免疫识别，胎盘突的解构（物理层面上的一个生理过程）和分娩就会开始。从而导致母体与胎儿连接的断开和胎盘的排出。

7.4 诱发因素

多种因素已经被认为和胎衣不下的发病相关，包括难产、双胞胎、死产、低血钙、高温、年龄、早产、胎盘炎症、各种营养因素，以及应激源、特定的疾病、细菌内毒素和嗜中性粒细胞失活（Maas，2008；McNaughton 和 Murray，2009a，2009b；Ametaj 等，2010）。我们将在下文讨论一些与胎衣不下相关的重要因素。胎衣不下的各种诱发因素和后果的概括由图 7.2 所示。

- 炎症
- 中性粒细胞和巨噬细胞功能障碍
- 分娩相关功能障碍
- 营养不足
- 细菌内毒素
- 遗传因素

- 子宫感染
- 不孕
- 泌乳量降低
- 兽医治疗
- 经济损失

图 7.2　奶牛胎衣不下的危险因素及后果

7.4.1　炎症

如上文所述，胎盘突由胎儿子叶和母体子宫阜组成。随着妊娠进行，子叶中出现绒毛膜绒毛，并与子宫阜结合，开始侵入子宫阜隐窝。这一侵入现象使得胎儿子叶和子宫阜连接更加紧密，进而形成钥匙 - 锁样结构。由细菌引起的炎症导致绒毛膜绒毛肿胀或水肿，加强母体胎盘与胎儿胎盘之间的压力，进而导致胎衣不下（McNaughton 和 Murray，2009a，b）。在正常情况下，途经子宫阜和胎儿子叶的血流量均会下降，以利于胎盘剥离（Manspeaker，2010）。然而，在子宫阜和胎儿子叶出现炎症的状态下，子宫内膜分泌活动和子宫肌层收缩活动均受到了损害。

7.4.2　营养不足

据报道，某些营养物质缺乏会使胎衣剥离受阻。如维生素 E 和硒的缺乏已被证明会损害嗜中性粒细胞功能，是胎衣不下发生的风险因子。同样，在日粮中补充维生素 E 和硒可降低氧化应激水平以及胎衣不下和乳房炎的发病率（Goff，2006）。围产期低血钙或乳热症是胎衣不下的另一代谢性风险因素，因为钙含量低下会减弱子宫收缩能力（即宫缩乏力）（McNaughton 和 Murray，2009a，b）。

7.4.3　分娩相关功能障碍

异常分娩，包括双胞胎、难产、流产、早产及引产均会增加胎衣不下的发病率（Maas，2008；Manspeaker，2010）。妊娠后期（妊娠 120d 后）的流产会使胎衣不下几率显著提升至将近 60%。在妊娠 120~150d 后进行的药物引产也会极大增加发病率，即便胎盘常在引产后 8~10d 自发排出。在预产期 30d 内利用地塞米松和前列腺素进行引产，可使胎衣不下的发病率提高至 85%（McNaughton 和 Murray，2009a，b）。然而，值得注意的是，尽管异常分娩是导致胎衣不下的一个重要因素，但仅有 1/3 的病例与之相关，而在正常妊娠和分娩时，胎衣不下的发病率仍有 4.1%（Davies 等，2004）。

7.4.4 中性粒细胞和巨噬细胞功能障碍

宿主的免疫功能对胎衣的正常脱落必不可少（Davies 等，2004）。早期研究证实在奶牛产犊前就可见嗜中性粒细胞趋化作用障碍，继而发展为胎衣不下。例如，Gunnink（1984）发现，患有胎衣不下的奶牛嗜中性粒细胞的迁移能力降低。此外，Kimura 等（2002）发现，患胎衣不下的奶牛其中性粒细胞的迁移、吞噬与氧化活性降低。在产犊前，中性粒细胞也降低了髓过氧化物酶含量，表明其杀伤能力降低。同时，患胎衣不下的奶牛血浆中 IL-8 浓度较低，IL-8 是一种趋化因子，能够吸引中性粒细胞至胎儿子叶，并增加胶原酶的分泌，有助于母体与胎儿组织分离（Kimura 等，2002）。在另一项研究中，LeBlanc（2008）还报道产前 2 周血浆 IL-8 水平降低的奶牛，其体内中性粒细胞的迁移和氧化爆发能力均下降，随后发展为胎衣不下。产后免疫系统随即负责胎盘突的分解和胎膜与母体组织的分离。因此，免疫功能受损是导致 RP 的主要因素（LeBlanc，2008）。

据报道，许多因素会对中性粒细胞的活性产生负面影响。其中一些因素包括如皮质醇、孕酮、雌激素和胰高血糖素等激素（Watson 等，1987；Preisler 等，2000；Burton 等，2005；Galvão 等，2010；Chaveiro 和 Moreira da Silva，2010）。另外，围产期能量负平衡、胰岛素抵抗、血液中葡萄糖和糖原浓度降低，以及 NEFA 和 BHBA 浓度的增加已被证明会改变中性粒细胞的移行、吞噬和氧化爆发能力（Zerbe 等，2000；Hammon 等，2006；Kim 等，2005；Vazquez-Añon 等，1994）。

有趣的是，Miyoshi 等（2002）发现，与健康奶牛相比，胎衣不下奶牛胎盘中巨噬细胞和 T 细胞的分布有所不同，并且二者之间胎盘结构的物理形态也有所不同。此外，其还报道子宫阜间质中的巨噬细胞占该组织总细胞数的 1/3~1/2；T 细胞通常在此区域分布较少，并且也不存在于子宫阜固有层深处；此区域也未发现中性粒细胞和嗜酸性粒细胞存在。该研究的另一重要发现是胎衣不下奶牛子宫阜中表现酸性磷酸酶活性的巨噬细胞的强度和数量减少，而酸性磷酸酶的活性降低表明巨噬细胞的吞噬活性降低（Miyoshi 等，2002）。他们认为奶牛产后巨噬细胞可能在子宫阜组织中扮演"清道夫"的角色，并通过衰减组织和胎膜脱落控制妊娠正常终止。

7.4.5 细菌内毒素的作用

据报道患胎衣不下奶牛所排出的恶露含有高浓度的脂多糖（LPS，译注：即主要的内毒素）。胎盘滞留于子宫会延缓恶露排出，从而成为细菌生长的绝佳基质，导致子宫复旧障碍并引起子宫感染（Dohmen 等，2000；Sheldon 等，2009）。本实验室的一项研究（Zebeli 等，2011）表明，与对照组相比，分娩前后连续3周不断增加胃肠道外 LPS 给药剂量的奶牛发生 RP 的概率更高，提示 LPS 可能在 RP 的病理学中发挥作用。当 LPS 存在的情况下，牛体内一整套分子级联通路被激活以清除细菌感染。牛子宫内膜细胞表达 TLR4，可与来源于大肠杆菌和其他革兰氏阴性菌的 LPS 结合。然而，尽管包括一氧化氮、肿瘤坏死因子α、白介素 6 和白介素 8 在内的多种不同化合物的释放能吸引中性粒细胞与巨噬细胞进入感染处，但是 LPS 依然降低了 L-选择素的表达，阻碍了中性粒细胞向受感染组织的迁移（Diez-Fraile 等，2003；Takeda 和 Akira，2004）。

7.4.6 遗传因素

有报道称胎衣不下是牛的一种遗传特性（Joosten 等，1991）。胎衣不下的遗传性在奶牛品种内和品种间存在差异。报道显示其遗传力值在 0.004~0.22 波动（Lin 等，1989；Lyons 等，1991；Wassmuth 等，2000；Heringstad 等，2005，2009；Heringstad，2010；Benedictus 等，2013）。例如，Van Dorp 等（1998）发现胎衣不下在荷斯坦奶牛头胎的遗传力值为 0.01。同时，在西门塔尔牛中有更高（0.14）的头胎遗传力值（Schnitzenlehner 等，1998）。这些研究发现，胎衣不下在头胎和第二胎之间的遗传学相关性为 0.79。通过公畜-外祖父模型评估胎衣不下在默兹-莱茵-伊塞尔牛中的遗传力值为 0.22（SEM=0.07）。上述学者认为，胎衣不下的遗传力值可能在肉奶两用牛种中更高（Benedictus 等，2013）。

此外，由于难产、胎衣不下、子宫炎和乳房炎之间具有中等的正向遗传相关性，患有胎衣不下的奶牛患其他疾病的风险更大（Lin 等，1989）。Heringstad 等（2005）报道，胎衣不下有由低到中的遗传相关性。目前，奶牛的育种目标主要集中在提高产奶量上，而在筛选对围产期疾病有抵抗力的奶牛方面所作的努力却少之又少。胎衣不下潜在遗传性的存在表明，我们有希望通过选育抗病母牛来提高牛群的抵抗能力。

7.5 胎衣不下的后果

7.5.1 子宫感染

胎衣不下增加子宫感染的风险（图7.2）。由于胎膜悬吊于外阴处，细菌或其他感染源可以更容易地进入外阴和子宫。胎盘通过外阴与阴道的外部开口前后运动，增加生殖道与传染源的接触，并干扰了恶露的及时排出（Maas，2008）。恶露排出的延迟为生殖道内子宫致病菌（如大肠杆菌和化脓杆菌）的生长创造了条件（Azawi，2008）。

7.5.2 不孕

胎衣不下和子宫感染之间有很强的相关性。据报道胎衣不下-子宫炎复合症通过增加产犊到首次配种的间隔、减少初次配种受孕率、增加受精所需配种次数和延长产犊间隔来降低母牛的生育力（Sandals等，1979）。Halpern等（1985）的试验涵盖了1 111头后备母牛和2 493头奶牛，该试验表明胎衣不下与受孕率低下有关，当胎衣不下持续5d或7d时，受孕时间会分别推迟18d或57d。此外Fourichon等（2000）预估胎衣不下母牛的妊娠率相对未患病母牛会降低约15%。

7.5.3 产奶量降低

胎衣不下导致的牛奶销售量下降的原因包括产奶量降低和强制性停乳（Guard，1999）。胎衣不下被认为对产犊后数周的泌乳量有显著的负面影响，整个305d泌乳周期总产乳量减少约7%（Rajala和Gröhn，1998）。值得注意的是，尽管胎衣不下未必导致泌乳量下降，但患胎衣不下奶牛仍会因为所产牛奶不适合人类食用而被淘汰（Guard，1999；Laven和Peters，1996）。此外，本实验室近期一项研究表明，与健康奶牛相比，患胎衣不下奶牛泌乳量有所下降，每天少产9.79L牛奶，这意味着在不考虑药物和兽医服务成本的情况下，每头奶牛每天损失2.74美元（Dervishi等，2016）。

7.6 胎衣不下的系统生物学研究方法

尽管组学技术不断进步，胎衣不下的病因病理学和潜在的病理生理学机制仍未明晰。系统兽医学方法提供了一个全新的方法论以整合基因组学、转录组学、蛋白组学和代谢组学等多个学科提供的信息，从而更深入的认知胎衣不下和其他奶牛代谢疾病的病理生理学机制。新的组学方法为探索和胎衣不下病因病理学相关的数量性状基因座（QTL）、基因、转录、蛋白和代谢物提供了新的可能性。

全基因组关联研究（GWAS）利用了遗传标记或整个基因组的单核苷酸多态性（SNP）的信息来确定与目标性状的关联（Goddard 和 Hayes，2009）。全基因组关联研究对识别与特定疾病相关的单核苷酸多态性标记和基因方面非常有用。该技术的应用已经确定某个基因组区域（如在牛 5 号和 9 号染色体上的 QTL）与奶牛的胎衣不下和生育治疗相关（Schulman 等，2004；Olsen 等，2011）。这些研究表明，将免疫反应性状纳入基因组选择指标中，可能减少奶牛疾病的发生并改善动物健康（Thompson-Crispi 等，2014）。

此外，转录组学已被用于研究产犊后胎膜脱落的潜在机制，该研究表明分娩前 12~15d，与有丝分裂细胞周期及组织分化、微管细胞骨架、跨膜转运蛋白和信号转导调控相关的基因过度表达（Streyl 等，2012）。同时，在分娩后（胎儿排出期结束后），mRNA 水平上调的基因几乎都与 3 种不同的生理学过程有关：先天免疫反应（20 个基因）、细胞凋亡（15 个基因）和细胞外基质分解（11 个基因），这些过程在胎盘脱落中起到重要作用。在上述免疫反应基因中，*CD14*、*CD36*、趋化因子 C-X-X 基序配体（*CXCL2*）、*CXCL14*、趋化因子 C-C 基序受体 4（*CCR4*）、巨噬细胞表达基因 1（*MPEG1*）和巨噬细胞清道夫受体 1（MSR1）基因出现上调。*MPEG1* 和 *MSR1* 的上调表示单核细胞和 / 或巨噬细胞数量增加（Streyl 等，2012）。胎膜脱落需要免疫反应的激活，研究发现炎症细胞如巨噬细胞和中性粒细胞在此过程中起到了重要作用（Streyl 等，2012）。但应注意的是，长期的免疫反应对宿主会产生不利影响。有研究表明，保留胎膜的奶牛在分娩前 8 周即激活先天免疫反应并维持至分娩后 8 周（Dervishi 等，2016）。

蛋白组学技术也被用于探究奶牛胎衣不下的病理生理学机制并筛选其早期临床诊断指标（Kankofer 等，2014，2015；Fu 等，2016）。Kankofer 等（2015）使用了一维和二维凝胶蛋白组学方法对牛子宫阜（母体侧）与正常脱离或胎衣不下胎儿胎盘绒毛的蛋白进行了对比，并发现了二者在母体侧脱离和滞留的组织之间以及各自的胎膜之间组分数量和染色强度的差异。此外，还使用荧光差异双向电泳（2D-DIGE）来评估正常脱落胎盘和胎衣不下胎盘的蛋白指纹之间的差异（Kankofer 等，2015），并在 1 174 个条带之中选择了 5 个进行确证。具体结果为瞬时受体电位通道 5（TrpC5）在正常胎盘和胎衣不下胎盘的母体侧高表达，Rab GDP 解离抑制因子 β 在正常胎盘和胎衣不下胎盘胎儿侧高表达。此外转化生长因子 β2（TGF-β2）在胎衣不下胎盘的母体及胎儿两侧均高表达，而 Ras 相关蛋白 Rab-7b 仅在健康奶牛母体侧表达上升。脯氨酸脱氢酶 2（PRODH2）在受检样本中的表达相似。研究结果表明，这些蛋白可能与胎膜的正常排出或滞留有关（Kankofer 等，2014）。另外，Fu 等（2016）发现牛血清白蛋白（BSA）、α烯醇酶（ENO1）、载脂蛋白 A-1（APOA1）、膜联蛋白 A8 样蛋白 1（ANXA8L1）、丝氨酸蛋白酶抑制剂、谷胱甘肽转移酶和转酮醇酶在胎衣不下奶牛中的表达有差异，并推论胎衣不下的潜在诱因和影响过程可能与纤维蛋白溶解、丙酮酸代谢、炎症反应和氧化应激有关。

胎衣不下的代谢组学研究尚未见报道，多数已发表研究集中于某些特定血液指标或代谢物，如游离脂肪酸（NEFA）、β-羟丁酸（BHBA）、胆固醇、乳酸和葡萄糖及少数先天免疫相关蛋白如白介素、触珠蛋白和血清淀粉样蛋白 A（SAA）（Seifi 等，2007；Quiroz-Rocha 等，2009；Ospina 等，2010）。从这些研究中获得了有价值的发现并确证了一些代谢物和胎衣不下相关。如血清先天免疫指标白介素 1、白介素 6、肿瘤坏死因子、SAA 及乳酸浓度的升高可在发病 8 周前反映导致胎衣不下的病理生理事件（Dervishi 等，2016）。这些血清先天性免疫因子和乳酸浓度的增加反映了发病前的病理生理学变化。在另一研究中，Pohl 等（2015）认为，胎衣不下和分娩 5d 后的经产奶牛乳内触珠蛋白浓度高有关。

Fadden 和 Bobe（2016）报道血清内脂素可作为慢性疾病的指示物，并有助于对患胎衣不下和其他疾病风险升高的奶牛进行早期辅助检查。但是，至今的研究仅报道了少数血液指标或代谢物。代谢组学已经成功应用于奶牛酮病、乳热症、亚临床乳房炎的研究，也被用于筛选奶牛疾病状态的生物标志物（Zhang 等，2013；Sun 等，2014；Hailemariam 等，2014a，2014b；Dervishi 等，2016）。在其中一项开创性研究中，血浆代谢物水平的变化在过渡期疾病的临床指标出现前即开始（Hailemariam 等，2014b；Dervishi 等，2016）。代谢组学在动物科学与兽医学中仍然是相对新颖的技术，并和其他组学科学共同构成系统兽医学的基石。将代谢组学用于奶牛胎衣不下的预测尚未见报道，因此，此类研究在筛选胎衣不下生物标志物和深入理解其病因及病因病理学中将有重大意义。这些生物标志物如果能够在更容易患胎衣不下的动物发病前对其进行预测，将对乳业作出巨大贡献。

结 论

胎衣不下发生在奶牛分娩后，因其引起停乳、产奶量减少及治疗成本增加而造成经济损失。导致胎衣不下的一个重要原因是由免疫功能障碍引起的母体-胎儿膜分离障碍。另外，尽管异常分娩是造成胎衣不下的重要因素，但这只占总发病率的 1/3（总发病率约为 4.1%）（Davies 等，2004）。

目前，对胎衣不下的预防措施主要集中于防止营养缺乏，然而却少有方法能够预防胎衣不下发生的关键因素——免疫功能障碍。这项涉及内毒素在胎衣不下病因学中作用的新研究，在发展预防性干预措施和避免经济损失方面大有可为。

组学科学包括基因组学、转录组学、蛋白组学和代谢组学，这些技术尚未完全成熟，但已经分别得到应用。图 7.3 总结了迄今为止来自组学科学的信息和贡献。我们有望利用这些技术建立一个多角度研究方法。这些技术有为胎衣不下提供分子基础的潜力，并有助于识别相关的基因、蛋白质、代谢物和代谢通路，这些技术能够帮助人们更加深入地了解疾病的病因病理学，识别致病原，并能作为筛查或诊断生物标记物，在疾病发生前识别出有患胎衣不下风险的奶牛。如果能在不久的将来利用这些生物标记物制定预防策略，将有可能极大地惠及乳制品行业。

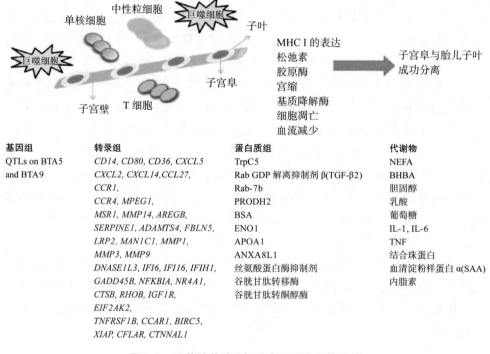

图 7.3　组学科学对理解胎衣不下病因的贡献

参考文献

Adams AP, Oriol JG, Campbell RE, *et al*. 2007. The effect of skin allografting on the equine endometrial cup reaction[J]. Theriogenology, 68:237–247.

Ametaj BN, Zebeli Q, Iqbal S. 2010. Nutrition, microbiota, and endotoxin-related diseases in dairy cows[J]. Rev Bras Zootec, 39:433–444.

Azawi OI. 2008. Postpartum uterine infection in cattle[J]. Anim Reprod Sci, 105:187–208.

Baker JM, Bamford AI, Antczak DF. 1999. Modulation of allospecific CTL responses during pregnancy in equids: an immunological barrier to interspecies matings?[J]. J Immunol, 162:4496–4501.

Bainbridge D, Sargent I, Ellis S. 2001. Increased expression of major histocompatibility complex (MHC) class I transplantation antigens in bovine trophoblast cells before fusion with maternal cells[J]. Reproduction, 122:907–913.

Benedictus L, Koetsa AP, Kuijperse FHJ, et al. 2013. Heritable and non-heritable genetic effects on retained placenta in Meuse-Rhine-Yssel cattle[J]. Anim Reprod Sci, 137:1–7.

Bjorkman NH, Sollen P (1961) A morphological study on retention secundinarum in cattle[J]. Acta Vet Scand, 2:347–362.

Boos A, Janssen V, Mulling C, et al. 2003. Proliferation and apoptosis in bovine placentomes during pregnancy and around induced and spontaneous parturition as well as in cows retaining the fetal membranes[J]. Reproduction, 126:469–480.

Burton JL, Madsen SA, Ling-Chu CH, et al. 2005. Gene expression signatures in neutrophils exposed to glucocorticoids: a new paradigm to help explain "neutrophil dysfunction" in parturient dairy cows[J]. Vet Immunol Immunopathol, 105:197–219.

Chaveiro A, Moreira da Silva F. 2010. Invitro effect of the reproductive hormones on the oxidative burst activity of polymorphonuclear leucocytes from cows: a flow cytometric study[J]. Reprod Domest Anim, 45:40–45.

Davies CJ, Fisher PJ, Schlafer DH. 2000. Temporal and regional regulation of major histocompatibility complex class I expression at the bovine uterine/placental interface[J]. Placenta, 21:194–202.

Davies CJ, Hill JR, Edwards JL, et al. 2004. Major histocompatibility antigen expression on the bovine placenta: its relationship to abnormal pregnancies and retained placenta[J]. Anim Reprod Sci, 82:267–280.

Dervishi E, Zhang G, Hailemariam D, et al. 2016. Occurrence of retained placenta is preceded by an inflammatory state and alterations of energy metabolism in transition dairy cows[J]. J Anim Sci Biotechnol, 7:26.

Diez-Fraile A, Meyer E, Duchateau L, et al. 2003. L-selectin and β2-integrin expression on circulating bovine polymorphonuclear leukocytes during endotoxin mastitis[J]. J Dairy Sci, 86:2334–2342.

Dohmen MJW, Joop K, Sturk A, et al. 2000. Relationship between intra-uterine bacterial contamination, endotoxin levels and the development of endometritis in postpartum cows with dystocia or retained placenta[J]. Theriogenology, 54:1019–1032.

Eiler H, Hopkins FM. 1992. Bovine retained placenta: effects of collagenase and hyaluronidase on detachment of placenta[J]. Biol Reprod, 46:580–585.

Eiler H, Hopkins FM. 1993. Successful treatment of retained placenta with umbilical cord injections of collagenase in cows[J]. J Am Vet Med Assoc, 203:436–443.

Eiler H. 1997. Retained placenta. In: Youngquist RS (ed) Current therapy in large animal. Theriogenology. W.B. Saunders Company, Philadelphia, pp 340–348.

Fadden AN, Bobe G. 2016. Serum visfatin is a predictive indicator of retained placenta and other diseases in dairy cows[J]. J Vet Sci Med Diagn, 5:1.

Fecteau KA, Eiler H. 2001. Placenta detachment: unexpected high concentrations of 5-hydroxytryptamine (serotonin) in fetal blood and its mitogenic effect on placental cells in the bovine[J]. Placenta, 22:103–110.

Flint APF, Ricketts AP, Craig VA. 1979. The control of placental steroid synthesis at parturition in domestic animals[J]. Anim Reprod Sci, 2:239–251.

Fourichon C, Seegers H, Malher X. 2000. Effect of disease on reproduction in the dairy cow: a meta-analysis[J]. Theriogenology, 53:1729–1759.

Fu S, Liu Y, Nie T, et al. 2016. Comparative proteomic analysis of cow placentas with retained foetal membranes[J]. Thai J Vet Med, 46:261–270.

Fuchs AR, Rust W, Fields MJ. 1999. Accumulation of cyclooxygenase-2 gene transcripts in uterine tissues of pregnant and parturient cows: stimulation by oxytocin[J]. Biol Reprod, 60:341–348.

Galvao KN, Flaminio MJBF, Brittin SB. 2010. Association between uterine disease and indicators of neutrophil and systemic energy status in lactating Holstein cows[J]. J Dairy Sci, 93:2926–2937.

Goff JP. 2006. Major advances in our understanding of nutritional influences on bovine health[J]. J Dairy Sci, 89:1292–1301.

Goddard ME, Hayes BJ. 2009. Mapping genes for complex traits in domestic animals and their use in breeding programmes[J]. Nat Rev Genet, 10:381–391.

Grünert E. 1986. Current therapy in theriogenology: etiology and pathogenesis of retained bovine placenta[M]. Saunders, Philadelphia.

Guard C. 1999. Set up fresh and milking cows for successful A[J]. I Hoard's Dairyman: 8–9.

Gunnink JW. 1984. Prepartum leukocytic activity and retained placenta[J]. Vet Q, 6:52–54.

Halpern E, Erb H, Smith RD. 1985. Duration of retained fetal membranes and subsequent fertility in dairy cows[J]. Theriogenology, 23:5807–5813.

Hailemariam D, Mandal R, Saleem F, et al. 2014a. Identification of predictive biomarkers of disease state in transition dairy cows[J]. J Dairy Sci, 97:2680–2693.

Hailemariam D, Mandal R, Saleem F, et al. 2014b. Metabolomics approach reveals altered plasma amino acid and sphingolipid profiles associated with pathological states in transition dairy cows[J]. Curr Metab, 3:184–195.

Hammon DS, Evjen IM, Dhiman TR, et al. 2006. Neutrophil function and energy status in Holstein cows with uterine health disorders[J]. Vet Immunol Immunopathol, 113:21–29.

Heringstad B, Chang YM, Gianola D, et al. 2005. Genetic analysis of clinical mastitis, milk fever, ketosis, and retained placenta in three lactations of Norwegian red cows[J]. J Dairy Sci, 88(2005):3273–3281.

Heringstad B, Wu XL, Gianola D. 2009. Inferring relationships between health and fertility in Norwegian red cows using recursive models[J]. J Dairy Sci, 92:1778–1784.

Heringstad B. 2010. Genetic analysis of fertility-related diseases and disorders in Norwegian red cows[J]. J Dairy Sci, 93:2751–2756.

Hines HC, Newman MJ. 1981. Production of foetally stimulated lymphocytotoxic antibodies by multiparous cows[J]. Anim Blood Groups Biochem Genet, 12:201–206.

Janszen BMP, Bevers MM, Ravenshorst MM, et al. 1993. Relationship between prostaglandininduced luteolysis and temporary inhibition of myometrial activity in late pregnant cows with ear implants containing progestagen[J]. Reproduction, 97:457–461.

Joosten I, Van Eldik P, Elving L, et al. 1991. Factors affecting occurrence of retained placenta in cattle. Effect of sire on incidence[J]. Anim Reprod Sci, 25:11–22.

Kankofer M, Wawrzykowski J, Hoedemake M. 2014. Profile of bovine proteins in retained and normally expelled placenta in dairy cows[J]. Reprod Domest Anim, 49:270–274.

Kankofer M, Wawrzykowski J, Miller I, et al. 2015. Usefulness of DIGE for the detection of protein profile in retained and released bovine placental tissues[J]. Placenta, 36:246–249.

Kim IH, Na KJ, Yang MP. 2005. Immune responses during the peripartum period in dairy cows with postpartum endometritis[J]. J Reprod Dev, 51:757–764.

King GJ. 1993. Reproduction in domesticated animals[M]. Elsevier, Amsterdam 7 Retained Placenta: A Systems Veterinary Approach: 136.

Kimura K, Goff JP, Kehrli ME, et al. 2002. Decreased neutrophil function as a cause of retained placenta in dairy cattle[J]. J Dairy Sci, 85:544–550.

Lash GE, Robson SC, Bulmer JN. 2010. Review: functional role of uterine natural killer (uNK) cells in human early pregnancy decidua[J]. Placenta, 31:S87–S92.

Lash GE, Bulmer JN. 2011. Do uterine natural killer (uNK) cells contribute to female reproductive disorders?[J] J Reprod Immunol, 88:156–164.

Laven RA, Peters AR. 1996. Bovine retained placenta: aetiology, pathogenesis and economic loss[J].

Vet Rec, 139:465-471.

LeBlanc SJ. 2008. Postpartum uterine disease and dairy herd reproductive performance[J]. A review. Vet J, 176:102-114.

Lee SL, Dunn J, FS Y, et al. 1989. Serotonin uptake and configurational change of bovine pulmonary artery smooth muscle cells in culture[J]. J Cell Physiol, 138:145-153.

Lemley CO, Camacho LE, Vonnahme KA. 2015. In Bovine Reproduction: Maternal Recognition and Physiology of Pregnancy[M]. Ames: John Wiley & Sons.

Lin HK, Oltenacu PA, Dale van Vleck L, et al. 1989. Heritabilities of and genetic correlations among six health problems in Holstein cows.[J] J Dairy Sci, 72:180-186.

Lyons DT, Freeman AE, Kuck AL. 1991. Genetics of health traits I Holstein cattle[J]. J Dairy Sci, 74:1092-1100.

McNaughton AP, Murray RD. 2009a. Structure and function of the bovine fetomaternal unit inrelation to the causes of retained fetal membranes[J]. Vet Rec, 165:615-622.

Maas J. 2008. Treating and preventing retained placenta in beef cattle[J]. UCD Vet Views California Cattlemen's Magazine.

Manspeaker JE. 2010. Retained placentas. IRM-21. Dairy integrated reproductive management[D]. University of Maryland.

McNaughton AP, Murray RD. 2009b. Structure and function of the bovine fetomaternal unit in relation to the causes of retained fetal membranes[J]. Vet Rec, 165:615-622.

Miyoshi M, Sawamukai Y, Iwanaga T. 2002. Reduced phagocytotic activity of macrophages in the bovine retain placenta[J]. Reprod Domest Anim, 37:53-56.

Musah AI, Schwabe C, Willham RL, et al. 1987. Induction of parturition, progesterone secretion, and delivery of placenta in beef heifers given relaxin with cloprostenol or dexamethasone1[J]. Biol Reprod, 37:797-803.

Newman MJ, Hines HC. 1979. Production of foetally stimulated lymphocytotoxic antibodies by primiparous cows[J]. Anim Blood Groups Biochem Genet, 10:87-92.

O'Gorman GM, Al Naib A, Ellis SA, et al. 2010. Regulation of a bovine nonclassical major histocompatibility complex class I gene promoter[J]. Biol Reprod, 83:296-306.

Olsen HG, Hayes BJ, Kent MP. 2011. Genome-wide association mapping in Norwegian Red cattle identifies quantitative trait loci for fertility and milk production on BTA12[J]. Anim Genet, 42:466-474.

Ospina PA, Nydam DV, Stokol T. 2010. Evaluation of nonesterified fatty acids and β-hydroxybutyrate in transition dairy cattle in the northeastern United States: Critical thresholds for prediction of clinical diseases[J]. J Dairy Sci, 93:546-554.

Patel OV, Hirako M, Takahashi T, et al. 1996. Plasma bovine placental lactogen concentration throughout pregnancy in the cow; relationship to stage of pregnancy, fetal mass, number and postpartum milk yield[J]. Domest Anim Endocrinol, 13:351-359.

Pohl A, Burfeind O, Heuwieser W. 2015. The associations between postpartum serum haptoglobin concentration and metabolic status, calving difficulties, retained fetal membranes, and metritis[J]. J Dairy Sci, 98(7):4544-4551.

Preisler MT, Weber PSD, Tempelman RJ, et al. 2000. Glucocorticoid receptor expression profiles in mononuclear leukocytes of periparturient Holstein cows[J]. J Dairy Sci, 83:38-47.

Quiroz-Rocha GF, LeBlanc S, Duffield T, et al. 2009. Evaluation of prepartum serum cholesterol and fatty acids concentrations as predictors of postpartum retention of the placenta in dairy cows[J]. J Am Vet Med Assoc, 234:790-793.

Rajala PJ, Gröhn YT. 1998. Effects of dystocia, retained placenta, and metritis on milk yield in dairy cows[J]. J Dairy Sci, 81:3172-3181.

Sandals WCD, Curtis RA, Cote JF, et al. 1979. The effect of retained placenta and metritis complex on reproductive performance in dairy cattle—a case study[J]. Can Vet J, 20:131-135.

Senger PL. 2003. Pathways to pregnancy and parturition[M]. 2nd edn. Current Conceptions, Inc., Pullman.

Schnitzenlehner S, Essl A, Sölkner J. 1998. Retained placenta: estimation of nongenetic effects, heritability and correlations to important traits in cattle[J]. J Anim Breed Genet, 115:467-478.

Schulman NF, Viitala SM, de Koning DJ. 2004. Quantitative trait loci for health traits in finnish ayrshire cattle[J]. J Dairy Sci, 87:443-449.

Seifi HA, Dalir-Naghadeh B, Farzaneh N. 2007. Metabolic changes in cows with or without retained fetal membranes in transition period[J]. J Vet Med, 54:92-97.

Sheldon IM, Cronin J, Goetze L, et al. 2009. Defining postpartum uterine disease and the mechanisms of infection and immunity in the female reproductive tract in cattle[J]. Biol Reprod, 81:1025-1032.

Spencer TE, Burghardt RC, Johnson GA, et al. 2004. Conceptus signals for establishment and maintenance of pregnancy[J]. Anim Reprod Sci, 82-83:537-550.

Streyl D, Kenngott R, Herbach N, et al. 2012. Gene expression profiling of bovine peripartal placentomes: detection of molecular pathways potentially involved in the release of foetal membranes[J]. Reproduction, 143:85-105.

Sun Y, Xu C, Li C, et al. 2014. Characterization of the serum metabolic profile of dairy cows with milk fever using H-NMR spectroscopy[J]. Vet Q, 34(3):159-163.

Takeda K, Akira S. 2004. TLR signaling pathways[J]. Semin Immunol, 16:3-9.

Takagi M, Yamamoto D, Ohtani M, et al. 2007. Quantitative analysis of messenger RNA expression of matrix metalloproteinases (MMP-2 and MMP-9), tissue inhibitor-2 of matrix metalloproteinases (TIMP-2), and steroidogenic enzymes in bovine placentomes during gestation and postpartum[J]. Mol Reprod Dev, 74:801–807.

Thompson-Crispi KA, Sargolzaei M, Ventura R, et al. 2014. A genome-wide association study of immune response traits in Canadian Holstein cattle[J]. BMC Genomics, 15:559.

Tilburgs T, Scherjon SA, Claas FHJ. 2010. Major histocompatibility complex (MHC)-mediated immune regulation of decidual leukocytes at the fetal-maternal interface[J]. J Reprod Immunol, 85:58–62.

Van Dorp TE, Dekkers JC, Martin SW, et al. 1998. Genetic parameters of health disorders, and relationships with 305-day milk yield and conformation traits of registered Holstein cows[J]. J Dairy Sci, 81:2264–2270.

Vazquez-Añon M, Bertics S, Luck M, et al. 1994. Peripartum liver triglyceride and plasma metabolites in dairy cows[J]. J Dairy Sci, 77:1521–1528.

Walter I, Boos A. 2001. Matrix metalloproteinases (MMP-2 and MMP-9) and tissue inhibitor-2 of matrix metalloproteinases (TIMP-2) in the placenta and interplacental uterine wall in normal cows and in cattle with retention of fetal membranes[J]. Placenta, 22:473–483.

Wassmuth R, Boelling D, Madsen P, et al. 2000. Genetic parameters of disease incidence, fertility and milk yield of first parity cows and the relation to feed intake of growing bulls[J]. Acta Agric Scand Sect A Anim Sci, 50:93–102.

Watson ED, Stokes CR, Bourne FJ. 1987. Influence of administration of ovarian steroids on the function of neutrophils isolated from the blood and uterus of ovariectomized mares[J]. J Endocrinol, 112:443–448.

Whittle WL, Holloway AC, Lye SJ, et al. 2000. Prostaglandin production at the onset of ovine parturition is regulated by both estrogen-independent and estrogen-dependent pathways[J]. Endocrinology, 141:3783–3791.

Zebeli Q, Sivaraman S, Dunn SM. 2011. Intermittent parenteral administration of endotoxin triggers metabolic and immunological alterations typically associated with displaced abomasum and retained placenta in periparturient dairy cows[J]. J Dairy Sci, 94:4968–4983.

Zerbe H, Schnider N, Leibold W, et al. 2000. Altered functional and immunophenotypical properties of neutrophilic granulocytes in postpartum cows associated with fatty liver[J]. Theriogenology, 54:771–786.

Zhang H, Wu L, Xu C, et al. 2013. Plasma metabolomic profiling of dairy cows affected with ketosis using gas chromatography/mass spectrometry[J]. BMC Vet Res, 9(1):186.

8

基于组学技术的奶牛乳房炎研究

Manikhandan Mudaliar, Funmilola Clara Thomas, Peter David Eckersall[*]

摘 要

乳房炎（Mastitis）由乳腺感染引起，是农场主面临的最重要疾病之一。虽然为了提高对该病的诊疗水平，几十年来一直都在研究，但也只是因为最近一系列先进生物技术方法的应用，才将系统生物学引入乳房炎研究中。利用免疫试验分析乳汁中特定分子如急性期蛋白——结合珠蛋白和乳腺相关血清淀粉样蛋白A3 的研究，使得预警宿主炎症反应成为可能。尤其是随着基因组学用于乳房炎致病性病原鉴定，生物学组学的革新已促进了乳房微生物群落的解析。相反，蛋白质组学、多肽组学和代谢组学作为生物学研究的先进工具，虽然在研究奶牛健康问题方面的应用潜力已被清楚认识，但在乳房炎诊断和病理生理学研究中的应

---

[*] M. Mudaliar, BVSc & AH, MSc (✉)
Glasgow Molecular Pathology Node, College of Medical, Veterinary and Life Science,
University of Glasgow, Glasgow G61 1QH, UK e-mail: Manikhandan.Mudaliar@glasgow.ac.uk

F.C. Thomas, D. V. M., Ph. D.
Biochemistry Unit, Department of Veterinary Physiology and Pharmacology, College of Veterinary Medicine,
Federal University of Agriculture, Abeokuta, Nigeria
e-mail: funmithomas2007@gmail.com

P.D. Eckersall, BSc, PhD, MRCPath, MAE
Institute of Biodiversity Animal Health and Comparative Medicine, College of Medical,
Veterinary and Life Science, University of Glasgow, Glasgow, G61 1QH, UK e-mail: david.
eckersall@glasgow.ac.uk

用还处于初级阶段。

8.1 引言

乳房炎是乳房或乳腺的炎症，通常由微生物侵入所引起，但其他物理或化学的原因（如外伤或有害毒素/化学物质刺激）也可导致乳房炎发生。乳房炎普遍发生于围产期，主要表现形式有临床型（Clinical mastitis，CM）和亚临床型（Subclinical mastitis，SCM）。长期以来，牛乳房炎一直是奶牛业花费最高和发生最普遍的疾病（Hillerton 和 Berry，2005；Halasa 等，2007；Hettinga 等，2008b；Akers 和 Nickerson，2011）。乳房炎造成的损失主要包括其所引起的泌乳停止或奶产量减少［占总损失的 2/3（Akers 和 Nickerson，2011）］、治疗费用、淘汰、额外付出的劳动、浪费的时间、废弃牛奶以及兽医费用，因为需要考虑的因素众多，所以要估算乳房炎发生的总支出很困难（Heikkila 等，2012）。此外，因治疗而造成的牛奶药物残留将在人们消费这些牛奶和奶制品时，增加耐受抗生素病原体发生的风险，进而危害人类安全和健康。

8.1.1 病因学

包括细菌、真菌、藻类和病毒在内的微生物，都是多种能够侵入乳腺引起乳房炎的病原体（Nicholas，2011；Tomasinsig 等，2012；Wellenberg 等，2002；Green 和 Bradley，2013；Pachauri 等，2013；Reyher 等，2012a，b；Schukken 等，2012；Zadoks 和 Fitzpatrick，2009），据报道，超过 200 种以上的病原体可引起牛乳房炎（Zadoks 等，2011），但细菌是引起乳房炎最普遍的病因。从流行病学的角度看，引起乳房炎的病原体通常分为环境性致病菌和传染性致病菌。在前者中，大肠杆菌常常引起严重的临床型乳房炎，机体呈现炎症和免疫关联的指标大幅度上升，病症可能很快消除，也可能发展为全身性疾病而引起死亡（Baeker 等，2002；Pyorala 等，2011）。环境性病原体存在于奶牛的周围环境如牛床，并通过直接接触的方式污染乳头。另一方面，引起乳房炎的接触传染性病原体包括金黄色葡萄球菌（*Staphylococcus aureus*）、停乳链球菌（*Streptococcus dysgalactiae*）、无乳链球菌（*Streptococcus agalactiae*）和乳房链球菌（*Streptococcus uberis*）的一些菌株，还有其他一些菌属或菌种，通常被认为是有宿主适应性的，它们从 1 头牛、1 个乳区传递到同群的其他牛或其他乳区；亚临床型或慢性型的乳房炎通常与传染性病原体相关，因为这些微生物适应乳腺并长期存在，感染很难消除，使得牛乳中体细胞数量时常升高（Bradley，2002）。除了流行病学分类，引起牛乳房炎的病原还根据其毒力、对奶产量的影响、对乳腺损害的严重性，分为主要病原体（major pathogens）和次要病原体（表8.1），主要病原体毒力强，通常引起临床型乳房炎（尽管其中一些如链球菌和金黄色葡萄球菌，主要引起亚临床型乳房炎），而次要病原体对乳腺损害小，通常引起亚临床型乳房炎。

表8.1 引起奶牛乳房炎的病原微生物

主要病原菌	次要病原菌	非常见病原微生物
革兰氏阳性细菌	• 凝固酶阴性葡萄球菌属	细菌
• 链球菌属	猪葡萄球菌	• 志贺氏菌属
无乳链球菌	产色葡萄球菌	• 变形杆菌属
停乳链球菌	木糖葡萄球菌	• 枸橼酸杆菌属
乳房链球菌等	松鼠葡萄球菌	• 耶尔森氏菌属
	沃氏葡萄球菌	• 拉乌尔菌属
• 金黄色葡萄球菌	模仿葡萄球菌	• 钩端螺旋体属
	表皮葡萄球菌	• 分枝杆菌属
革兰氏阴性细菌	中间型葡萄球菌	
• 大肠杆菌	• 沙雷氏菌属	真菌（Pachauri 等，2013）
• 克雷伯氏菌属	黏质沙雷氏菌	• 曲霉菌属
肺炎克雷伯菌	液化沙雷氏菌	• 沟巢曲霉
产酸克雷伯氏菌	• 牛棒状杆菌	• 毛孢子菌属
	• 化脓隐秘杆菌	• 毕赤酵母属
• 肠杆菌属		• 念珠菌属
• 铜绿假单胞菌		• 酵母菌属
		• 隐球菌属
• 支原体属		
牛支原体		• 球拟酵母属
	• 诺卡氏菌属	藻类
		• 原壁菌属（Costa 等，1996；Janosi 等，2001；Tomasinsig 等，2012）
加利福尼亚支原体等		病毒（Wellenberg 等，2002）
		• 牛疱疹病毒（BHV1 和 BHV4）
		• 副流感病毒

8.1.2 发病机理

不管病原来源于环境还是某个接触性传染源，乳腺感染通常通过病原侵入乳头管而引起。一旦病原体传递到乳头外口/皮肤，经过乳汁侵入乳池，与乳腺上皮黏附，以避免因中性粒细胞或乳汁流动而被清除，进而快速繁殖。根据病原体特性和活力，它们还可能进一步侵入乳腺组织。一旦微生物穿过乳头管的物理屏障，宿主先天免疫系借助模式识别受体（Pattern-recognition receptors, PRRs），尤其通过 Toll 样受体（Toll-like receptors, TLRs），即可发现侵入的微生物（Ezzat Alnakip 等，2014）。微生物或其组分与 TLRs 结合激活 TLRs 信号通路，介导胞内多个信号转导级联，触发促炎细胞因子的产生和炎症发生，最终通过白细胞清除侵入的微生物（Akira 等，2006）。免疫细胞特别是中性粒细胞的迁移，以及乳腺上皮细胞脱落，伴随着泌乳量减少，会导致每单位体积乳汁中体细胞数量（Somatic cell count, SCC）数倍或数十倍的增加。在炎症过程中，牛中性粒细胞通过白细胞渗出迁移至乳腺上皮，占乳腺中白细胞总数的 90% 以上。在感染病灶处，中性粒细胞吞噬、破坏侵入的微生物，借助氧依赖性呼吸爆发系统（Oxygen-dependent respiratory burst system）产生的羟自由基和氧自由基，以及利用非氧依赖性系统（Oxygen-independent system）如过氧化物酶、溶菌酶、水解酶和乳铁蛋白，消灭入侵的微生物（Ezzat Alnakip 等，2014）。然而，这种机制并不是对所有病原都能有效发挥作用，其在大肠杆菌感染的病例中能很好地发挥作用，但金黄色葡萄球菌却能在吞噬溶酶体中存活，而乳房链球菌可使中性粒细胞失活，以至于白细胞不能吞食这些细菌。如果这些侵入的微生物被快速清除，可使炎症刺激得以消除，中性粒细胞募集停止，SCC 恢复至正常水平。然而，如果微生物在宿主即时防御应答（Immediate host defence response）中存活下来，感染和炎症反应则会持续向邻近乳腺组织扩散。

病原体侵入并定殖于乳腺后，两种主要类型乳房炎的其中一种就可能发生，即是 CM 或 SCM。临床型乳房炎（CM）发生时表现炎症症状，即乳腺或乳区肿胀、发红、疼痛和发热（或全身性发热），而乳汁出现物理、化学变化如片状、凝块或血液，乳汁中酪蛋白水解增加，钠离子和氯离子增加，乳糖减少，胞内酶释放到牛奶中。亚临床型乳房炎（SCM）发生时则没有可察觉到的炎症表现，但因患病乳区血液中白细胞迁移到乳汁中，通常乳汁中体细胞数量（SCC）呈现增加的变化。两种类型乳房炎中任何一种均可以最急性、急性或慢性感染的形式发生。临床型乳房炎病程通常呈最急性或急性，而亚临床乳房炎则通常是慢性。慢性乳房炎发生时，通常呈现 SCC 高、产奶量降低，而且持续时间长的特征。金黄色葡萄球菌是引起慢性乳房炎最常见原因之一。所有类型乳房炎均会对患病动物乳质量和产奶量产生不利影响，然而，人们还是认为亚临床型乳房炎所带来的损失超过临床型乳房炎（Zhao 和 Lacasse，2008）。

8.2 乳房炎：分子和诊断研究

临床型乳房炎的临床表现为乳房疼痛、肿胀、发热、充血，在某些病例呈现全身性发热，而牛乳中见到血凝块、悬浮物，以及血样或血清样的颜色外观变化，均提示乳房炎的存在。乳房炎的确诊通常需要联合体细胞计数技术对乳汁中致病性微生物进行分离培养。

8.2.1 乳房炎检测与监测

细菌学培养被普遍认为是检测乳腺内感染最可靠的方法手段（Dohoo 等，2011），但是耗时、昂贵，而且不适合在牛旁或现场使用，是实践中难以应用的主要限制。近年来，聚合酶链反应单链构象多态性（Polymerase chain reaction single strand conformation polymorphism，PCR-SSCP）开始用于确定乳房炎致病性病因，Gurjar 等（2012）利用基于 DNA 检测的分子技术诊断乳腺感染，并提供了有关金黄色葡萄球菌、牛支原体、乳房链球菌以及肠杆菌属某些细菌引起乳腺感染的一些病例诊断报告，而基于 PCR 的乳房炎诊断商用试剂盒也已上市（Spittel 和 Hoedemaker，2012）。然而，即使是临床型乳房炎（CM），也有报道显示利用 PCR 技术在乳汁样品中没有检测出病原（Kalmus 等，2013）。

乳房炎发生时，血液中白细胞快速迁移到乳房，以帮助对抗侵入的病原体，但也会损伤乳腺上皮细胞（Leitner 等，2000）。在乳腺感染期间，白细胞和损伤脱落的乳腺上皮细胞是乳汁中可检测到的 SCC 组成部分，急性乳房炎病例中的中性粒细胞是乳汁中可见到的主要白细胞，而巨噬细胞相对要少一些。SCC 是牛奶中体细胞的估计数量，被用作亚临床乳房炎（SCM）病例确诊的金标准（Pyorala，2003），也用于评估牛奶质量（Larsen 等，2010b）。SCC 测定方法包括显微镜直接计数（也称 Breed 法）和 Fossomatic 仪器计数，Fossomatic 计数仪是在细胞于电场中移动时基于荧光染色细胞的光学特性和库尔特牛奶计数器计数细胞。在乳腺感染/炎症消退很长时间后，乳汁 SCC 水平仍可维持较高水平（Pyorala，2003），进而降低了其在乳房炎诊断中的特异性；此外，SCC 水平与牛乳蛋白质量之间的相关性也受到质疑（Åkerstedt 等，2008）。

加利福尼亚乳房炎试验（California mastitis test, CMT）是一种间接估算乳汁 SCC 水平的方法，由 Schalm 和 Noorlander 于 1957 年建立（Sargeant 等，2001），该方法的依据是：由于细胞释放的 DNA 与洗涤剂相互作用，致使牛乳与洗涤剂混合后的凝胶状沉淀物形成。CMT 费用低廉、快速，而且易于牛旁实验。尽管有报道表明，采用 CMT 检测异常牛乳的结果存在一些差异（Kawai 等，2013），但还是发现 CMT 检测针对泌乳中期至泌乳后期的乳汁样品具有足够的敏感性，而针对泌乳早期的则呈现特异性（Sargeant 等，2001）。研究发现，CMT 结果和评价乳房炎症的其他指标间具有较好的相关性，如 SCC 和电导率（Electrical conductivity, EC）（Kaşikçi 等，2012；Kamal 等，2014），而且 CMT 评分与不同品种奶牛乳头的超声测量值之间具有显著的相关性（Seker 等，2009）。

还有其他方法用于乳房炎的检测和预警。已有研究根据乳房炎发生时胞外离子（如 Na^+ 和 Cl^-）渗漏到乳汁，和随后主要出现乳糖和 K^+ 的丢失（Pyorala, 2003），显示测定牛乳样品电导值（EC）可揭示 SCM 和 CM（Milner 等，1996）。Kaşikçi（2012）等研究发现在检测 SCM 方面，采用电导率检测法与采用 SCC 和 CMT 方法具有相似的灵敏度。红外热成像（Infra-red thermography, IRT）是一种非侵入性的热成像方法，利用红外线辐射的热量产生影像，可用于揭示炎症（Metzner 等，2014），然而，Hovinen 等（2008）和 Pezeshki 等（2011）在 SCM 和早期乳房炎诊断中发现 IRT 不可靠，后者观察到乳房皮肤温度（Udder skin temperature, UST）在炎症局部的症状出现数小时后才发生变化。

在乳腺感染（IMI）时，牛乳中一些特定的酶类水平升高，这些酶来源于吞噬细胞、破溃的上皮细胞和血清，最终引起乳房炎期间的牛乳出现可见的物理或化学性变化。N-乙酰基-β-d-氨基葡萄糖苷酶（NAGase）、β-葡萄糖醛酸酶（Nagahata 等，1987；Larsen 和 Aulrich, 2012）和过氧化氢酶（Kitchen, 1976）为溶酶体酶，它们由中性粒细胞释放，以促成针对病原体的吞噬过程，牛乳中的酶活力也相应增加，而这些酶活力的测定是乳房炎诊断的一项重要实验（Polat 等，2010）。NAGase 也存在于乳腺上皮细胞溶酶体中，细胞裂解后其被释放到牛乳中（Zhao 和 Lacasse, 2008）。三磷腺苷（Adenosine triphosphate, ATP）为活细胞的能量代谢产物，可由 SCC 释放到牛乳中，已显示乳中 ATP 浓度与 SCC 水平相关（Olsson 等，1986），ATP 水平已被成功用于判定奶牛健康状况并对牛乳样品进行分组，并发现与急性期蛋白（Acute phase protein, APP）水平相关（Gronlund 等，2005）。乳糖是牛乳中糖的主要成分，由乳腺分泌细胞（高尔基体）合成，乳房炎发生时乳腺细胞受损，乳糖合成能力亦受影响，由此可知牛乳中乳糖浓度相应下降（Pyorala, 2003），已有一些研究显示乳糖浓度降低与乳房炎或 SCC 水平相关（Sharma 和 Misra, 1966；Malek dos Reis 等，2013）。然而，Berning 和 Shook（1992）却发现牛乳中乳糖浓度与 SCC 水平的相关性并不高，也不能很好地揭示 IMI。

因此，为提高乳房炎诊断水平，探索了许多可供选择的方法，但很明显，没有一种在诊断价值上能超越已建立起来的 CMT、SCC 和细菌学方法。在审视组学技术对这方面所能发挥的影响潜力之前，也应评估另一相对较新的技术，即将牛乳中急性期蛋白作为乳房炎诊断的生物标志物。

8.2.2 急性期蛋白作为乳房炎的生物标志物

21 世纪初，人们确认牛血清或血浆中 APPs 是机体感染和炎症的生物标志物（Ceciliani 等，2012），乳房炎患病期间牛乳中的 APPs 也急剧升高（Eckersall 等，2001），从此以后，为了研究 APPs 作为其他乳房炎生物标志物的潜力，其在该病诊断评估中的潜力被广泛检验。

病原体侵入后，乳腺中巨噬细胞很快释放细胞因子和炎性介质，主要是白介素 -1（Interleukin-1，IL-1）、白介素 -6（Interleukin-6，IL-6）和肿瘤坏死因子 -α（Tumour necrosis factor alpha，TNF-α）（Tassi 等，2013），进而激活一些局部的和全身的先天性免疫反应。这包括急性期反应（Acute phase response，APR），即 APPs 从肝脏释放进入血液（Jensen 和 Whitehead，1998），并从乳腺进入牛乳（Ceciliani 等，2012）（图 8.1）。APPs 是一组主要由肝脏生成的蛋白质，在炎症、感染和应激过程中它们的变化幅度（数量增加或减少）达到 25% 以上，并被释放到血液中（Lomborg 等，2008；McDonald 等，2001；Ceron 等，2005）。APPs 不仅出现于血清中，也存在于其他体液中，如牛乳、初乳、鼻分泌物、唾涎和滑液中（Eckersall 等，2001；McDonald 等，2001；Molenaar 等，2009）。

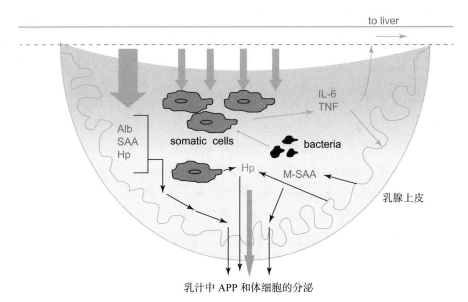

图 8.1　乳房炎期间乳腺中急性期蛋白生成及其分泌机制

致病菌的侵入引起体细胞（中性粒细胞）进入乳腺，刺激其产生促炎细胞因子，进而诱导乳腺上皮生成 M-SAA3 和结合珠蛋白（Hp）。血清蛋白（如白蛋白、血清 Hp 和 SAA）透过血乳屏障进入乳汁的同时，乳中体细胞也分泌 Hp。

自首次报道源自乳腺的乳汁中主要 APPs 乳腺相关血清淀粉蛋白 A3（Mammary-associated serum amyloid A3, M-SAA3）和结合珠蛋白（Haptoglobin, Hp）与乳房炎相关以后（Eckersall 等，2001），类似的发现也相继被报道，即乳中 APPs 含量与 SCC 水平（Nielsen 等，2004；O'Mahony 等，2006；Åkerstedt 等，2008；Viguier 等，2009；Pyorala 等，2011；Thomas 等，2016b）、牛乳成分和蛋白质质量（Åkerstedt 等，2008），以及 IMI 的严重性相关联（Pyorala 等，2011）。在健康奶牛连续 42 次挤奶的牛乳样品中，观察到 APPs 含量仅有些小的变化，说明 APPs 是稳定的，根据其变化区分健康和炎症组织是可靠的（Åkerstedt 等，2008）。现已确定，牛 APPs（Hp 和 M-SAA3）主要在乳腺中合成（Hiss 等，2004；Eckersall 等，2006；Larson 等，2006；Thielen 等，2007；Lai 等，2009；Molenaar 等，2009）；然而，已有证据显示炎症期间迁移到乳腺的中性粒细胞也合成 Hp（Cooray 等，2007）。

8.2.2.1 乳腺相关血清淀粉样蛋白 A3（M-SAA3）

牛乳中 M-SAA3 异构体在迄今研究的所有哺乳动物中均表达，其表达高度保守，表明 M-SAA3 在哺乳动物中发挥了重要的作用，具有完整的功能。M-SAA3 同时也在正常的肝外组织（如肺、子宫和胃肠道），以及乳腺中合成，支持该 APP 在机体对抗病原体侵袭的先天性防御中发挥作用的假设（Berg 等，2011）。M-SAA3 异构体约由 113 个氨基酸组成，分子量为 12~14 kDa（Yamada，1999；Takahashi 等，2009），人 SAA（异构体 1）含有 104 个氨基酸，分子量约为 12 kDa（Uhlar and Whitehead, 1999）。同时，已确定不同种类血清 A-SAA 和乳腺特异 SAA 异构体具有不同的等电点（Isoelectric point, pI），与其他异构体相比，M-SAA3 的等电点呈碱性（pI=9.6）（McDonald 等，2001；Jacobsen 等，2005）。

健康动物初乳中含有 M-SAA3，表明 APPs 在先天性免疫转移给新生儿的过程中发挥作用（McDonald 等，2001），同时也推断其在哺乳期乳腺组织的维护和重塑中发挥作用（Molenaar 等，2009；Watson 和 Kreuzaler, 2011），同时，APPs 可能与牛分娩期间应激诱导的急性期反应有关，其仅在产后几天维持较高水平，随后降低。在分娩后 10 d，牛初乳和牛乳均含有 M-SAA3 和 Hp，且显示 M-SAA3 和 Hp 浓度在健康奶牛产后 4 d 内恢复正常，而在患乳房炎动物中却保持高水平（Thomas 等，2016d）。

有各种团队研究 M-SAA3 在牛（Suojala 等，2008；Gerardi 等，2009；Pyorala 等，2011；Kovacevic-Filipovic 等，2012；Szczubial 等，2012；Thomas 等，2016b）和其他动物如绵羊（Winter 等，2006；Miglio 等，2013）乳房炎尤其是 SCM 诊断和预后中的价值已采用试验模型（Eckersall 等，2001；Nielsen 等，2004；Gronlund

等，2005；Jacobsen 等，2005；Eckersall 等，2006）和农场采集的样品（Pyorala 等，2011；Kovacevic-Filipovic 等，2012；Kalmus 等，2013），检 验（Examined）M-SAA3 在乳房炎检测、感染严重程度和病例预后评估中的应用潜力。牛乳中 M-SAA3 浓度与其他确定的乳房炎症指标相关（Jacobsen 等，2005；O'Mahony 等，2006；Gerardi 等，2009；ovacevic-Filipovic 等，2012），并发现 M-SAA3 比其血清对应物对乳房炎症的变化更敏感（Eckersall 等，2001；Jacobsen 等，2005；O'Mahony 等，2006）。

8.2.2.2 结合珠蛋白

最初认为仅仅是因为乳腺感染期间血乳屏障通透性升高，而致 IMI 时牛乳 Hp 升高（Eckersall 等，2001）；然而，许多研究显示 Hp 不仅在乳腺上皮细胞中合成，也由乳中体细胞主要是中性粒细胞合成（Hiss 等，2004；Thielen 等，2007；Lai 等，2009），在健康牛颗粒细胞的胞内颗粒中存在多种 Hp 异构体（Cooray 等，2007），可能由于翻译后的修饰导致不同异构体均有表达，已明确的 Hp 等电点（pI）为 8.0~9.5，包括分子量 40 kDa 的 β 亚单位，和 6~8 个分子量 20 kDa 的 α 亚单位。

已证明与血清 Hp 相比，乳汁 Hp 测定是揭示乳房炎更为敏感的指标之一，在 IMI 期间乳中 Hp 比血清增长数倍（Eckersall 等，2001；Gronlund 等，2005），而且比血清中增长出现的时间要早，例如，对乳腺内给予脂多糖（LPS）3 h 后乳中 Hp 浓度即上升，与之对应的血清中 Hp 浓度却要 9 h 后才升高（Hiss 等，2004；Eckersall 等，2006）。尽管研究结果未发现 Hp 分析在临床型乳房炎和亚临床型乳房炎诊断和治疗评估（Wenz 等，2010）以及其他条件（如泌乳早期代谢状况）中的用途（Hiss 等，2009），但有些研究仍对乳汁 Hp 作为亚临床乳房炎诊断标志物的应用潜力进行了评估（Gultiken 等，2012）。已有研究发现，牛乳中 Hp 在分娩前早期就升高（Crawford 等，2005；Hiss 等，2009）。Kalmus 等研究认为，乳中 Hp 作为揭示 IMI 的标志物比 M-SAA3 更好，因为后者不能准确鉴定化脓隐秘杆菌（Arcanobacterium pyogenes）所引起的炎症，而化脓隐秘杆菌感染恰好是急性化脓性乳房炎的病因（Kalmus 等，2013）。

8.2.2.3 乳中 APPs 的检测

在早期的乳房炎鉴定中使用免疫扩散试验（Eckersall 等，2001），而现在测定乳中 Hp 和 M-SAA3 均用免疫分析法，例如酶联免疫吸附试验（ELISAs）。Pedersen 等使用三明治夹心 ELISA 测定牛乳中 Hp（Pedersen 等，2003），而 Hiss 等采用纯化牛 Hp 和针对牛 Hp 的多克隆抗体建立了 ELISA 检测方法（Hiss 等，2004）。同样类型的免疫方法也已经用于检测乳中 M-SAA3（Eckersall 等，2001，2006），但结果显示检测乳中 Hp 比检测 M-SAA3 更稳定（Thomas 等，

2016c）。常规 ELISA 存在一些限制，如耗时、需要实验设备，以及在某种快速在线生物传感系统上的可用性，但在乳房炎控制中应当有重要的价值。Akerstedt 等（2008）报道了一种测定乳中 Hp 浓度的生物传感器方法，该方法以 Hp 与血红蛋白高度亲和为基础，属于一种竞争性的（间接）方法。虽然该生物传感器没有像 ELISA 一样敏感，但还是在一定程度上取得了成功。然而，这种检测法需要昂贵的设备，以及训练有素的人来应用。因此为任何一种或两种 APPs 建立一项快速、经济的田间试验，对乳房炎评估都可能具有重要价值。

8.3 乳房炎的组学研究

过去几十年，组学技术的主要进步均应用于牛乳房炎研究，极大地促进了人们对牛乳房炎的深入了解。基因组学、蛋白质组学为增强人们对系统生物学方法的利用，对在分子水平上的宿主与病原体的互作机制的认识提供了保障，而代谢组学和微生物组学所起的作用相对小一些。

8.3.1 乳房炎的基因组研究

牛基因组序列首版草图（www.genome.gov/12512874；http://may2009.archive.ensembl.org/ Bos_taurus/Info/Index 2009）在 2004 年 10 月完成，极大地促进了乳房炎基因组学的研究。Zimin 等（2009），发布了新的牛基因组汇编（UMD2）（Zimin 等，2009），由来自 25 个国家的 300 多名科学家组成了"牛基因组测序及分析联盟（Bovine Genome Sequencing and Analysis Consortium，BGSAC）"和"牛类基因组单倍型图（Bovine HapMap Consortium）"，发表了《牛类基因组完整的装配（Btau 4.0）和注释》（improved assembly（Btau 4.0）and annotations of the *Bos taurus* genome）的报告（Tellam 等，2009；Liu 等，2009；Zimin 等，2009；Reese 等，2010）。目前，已有两个牛基因组装配图（Assemblies of *Bos taurus* genome）可以使用：① 牛基因组（*Bos taurus* genome）"参考（reference）"装配图（UMD3.1.1）——马里兰大学装配机构发布；② 牛基因组"替代（alternate）"装配版本 Btau_5.0.1——贝勒医学院人类医学基因组测序中心发布。此外，瘤牛（*Bos indicus*）[源自巴西的内洛尔牛（Nellore bull）]基因组序列也可用（Canavez 等，2012）。参考序列共享，测序技术改进，测序费用降低，所有这些都加快了基因组学在乳房炎研究中应用的进程。

然而，甚至在基因组高通量技术获得重大进展前，Rupp 和 Boichard（2003）认为虽然宿主乳房炎抗性的遗传变异性能低，且存在其他如感染之类的干扰因素，但宿主遗传变异（Host genetic variability）仍是引起乳房炎抵抗一个重要因素。随后，有关乳房炎免疫应答的遗传特性及其在抗病方面的作用成为众多论述的焦点（Rainard 和 Riollet, 2006；Thompson-Crispi 等，2014）。尤其令人感兴趣的是，趋化因子 CXCR1 基因多态性 CXCR1 +735（以前报道的是 CXCR2 +777，后面为完善基因注释修订为 CXCR1 +735）与荷斯坦奶牛亚临床型乳房炎的关联（Youngerman 等，2004；Galvao 等，2011）。CXCR1 基因编码白介素-8 受体（Interleukin-8 receptor），白介素-8 受体存在于中性粒细胞表面，介导中性粒细胞迁移到炎症病灶，因此被认为是机体调控乳房炎敏感性的一个候选标志。白介素-8 受体含有数十个单核苷酸多态性（Single nucleotide polymorphisms, SNP）（Pighetti 等，2012；Zhou 等，2013），且有报道称位点 CXCR1c.-1768T>A（rs41255711）处于该基因的转录结合处，因此与乳房炎抗性相关（Leyva-Baca 等，2008），然而，在 CXCR1 基因多态性与乳房炎敏感性的后续关联研究（Subsequent association studies）中却出现一些互相矛盾的报道，例如虽然在德国荷斯坦-弗里西亚牛中发现该位点引起（Caused）了很大差异，但在两种 CXCR1 基因多态性与体细胞评分间未发现统计学上的显著意义（Goertz 等，2009）；相反，最近在波兰荷斯坦奶牛中的一项研究发现，CXCR1+472 SNP 与测试日 SCC 之间具有统计学上的显著意义 SCC（Pawlik 等，2015），尽管该研究结果不足以确定该基因 SNP 与金黄色葡萄球菌性所致的乳房炎之间的关系。

Toll 样受体（Toll-like receptors, TLR）在检测（Detecting）病原体侵入和诱导机体防御反应中均发挥重要作用（Takeda and Akira, 2005；Mogensen, 2009）。在基因转录和蛋白质水平上，已有大量研究显示乳房炎发生时乳腺中 TLR2 和 TLR4 表达升高（Goldammer 等，2004；Reinhardt 和 Lippolis, 2006）。虽然既往研究没有检测 TLR2 和 TLR4 基因多态性与临床型乳房炎之间的显著相关性（Opsal 等，2008），但 Russel 及其团队采用单基因 PCR 扩增与测序方法在英格兰荷斯坦-弗里西亚牛上确定 TLR1 基因 SNP 与临床型乳房炎发生间具有相关性（Russell 等，2012）。

随着牛基因组装配图和基因组学技术的发展完善，已有可能开展奶牛乳房炎敏感性全基因组关联分析（Genome-wide association study, GWAS）的研究，且出现了许多关于 SNP 与乳房炎或乳汁体细胞评分（Somatic cell score, SCS）相关性分析的研究报道（Wang 等，2015；Sharma 等，2015；Abdel-Shafy 等，2014；Waldmann 等，2013；Meredith 等，2013；Tiezzi 等，2015；Sahana 等，2014；Ibeagha-Awemu 等，2016）。目前，利用来自出版协会的整理数据和牛数量性状位点建立了牛数量性状位点数据库（Quantitative Trait Locus Database, QTLdb），该库拥有 81 652 个 QTLs，反映 519 个不同的遗传性状，其中 163 个 QTLs 与临床型乳房炎有关，1 070 个 QTLs 与 SCS 有关，77 个 QTLs 与体细胞数相关（Hu

等，2016；http://www.animalgenome.org 2016）。Meredith 及其团队在爱尔兰的两个荷斯坦 - 弗里赛奶牛群体中对 SCC 在内的许多生产性状进行了 GWAS 研究，采用 SNP 单一回归统计方法检测到父本中 9 个 SNPs 与体细胞评分具有显著相关性（Meredith 等，2012）。

同理，Wijga 及其团队利用首次产奶的荷斯坦奶牛（数量为 1 484）的表型和基因型数据进行了 GWAS 研究，并确定了两个 SNPs 位点即 ARS-BFGL-NGS-101491 和 BTB-02087354 与测试日乳汁 SCC 的标准差具有相关性（Wijga 等，2012），这些牛来自欧洲的 4 个研究牛群（来自爱尔兰、荷兰、苏格兰和瑞典不同的国家）。最近，Ibeagha-Awemu 及其团队在 Illumina 平台上通过测序进行基因型分型，对 1 246 头加拿大荷斯坦奶牛的 SNPs 进行鉴定，并就泌乳性状进行 GWAS 分析（Ibeagha-Awemu 等，2016），该研究确定了 48 个基因基因组区域内的 52 个 SNPs 与 SCC 的相关性，这些基因大多数具有免疫或炎症功能。

以宿主为中心的有关乳房炎基因组学研究取得进展的同时，涉及宿主 - 病原体互作的病原学研究也取得了许多进展。在英国，乳房链球菌是一种引起临床型乳房炎和亚临床型乳房炎的最主要环境性细菌，在临床型乳房炎病例中其培养阳性率为 23.5%（Bradley 等，2007；Zadoks 和 Fitzpatrick，2009）。虽然从很多奶牛中可分离出多株乳房链球菌，因该菌是一种环境性细菌，所以只有极少数有毒力的菌株可引起乳房炎。基于基因组的许多方法均已用于乳房链球菌毒力传递机制的研究。随着乳房链球菌随机突变诱导技术的发展（Ward 等，2001），突变诱导随机产生的大量乳房链球菌菌株的表型和基因型特征能得到研究（Leigh 等，2004），随后，在乳房链球菌中鉴定到一个编码被称为"黏附分子"的蛋白的基因序列（*sua* 基因），推测该基因是乳房链球菌致病的毒力因子（Luther 等，2008）。有报道显示，12 株乳房链球菌内的 *sua* 基因是保守的（Luther 等，2008）。后来，测序和装配乳房链球菌（0140J 株）的全基因组以及详细比较基因组分析报告后显示：基因组中的生态位适应性（Niche adaptation）源于代谢选择（Metabolic options）的多样性，这能保证营养弹性（Nutritional flexibility）的利用，并能赋予该病原体在胁迫和变化的环境条件下存活的能力（Ward 等，2009）。随着参考基因组序列的公开，以及二代测序技术的突破，从绵羊和牛分离的多株乳房链球菌等位基因图谱相继建立（Davies 等，2016；Gilchrist 等，2013）。通过比较宿主特异基因簇（Host-specific populations）的等位基因谱（Allelic profiles），确定了包括毒力基因等位基因谱在内的宿主特异性等位基因谱（Gilchrist 等，2013）。同理，这些研究团体通过比较 494 乳房链球菌分离株等位基因谱，揭示了序列分型中引起大多数感染的一小部分亚型（Davies 等，2016）。

Tassi 及其团队最近对比检查两类乳房链球菌的致病性，受试菌株包括宿主适应型 FSL Z1-048 和非适应型 FSL Z1-124，均分离自相同时间段的同一群患乳房炎牛，发现非适应性 FSL Z1-124 菌株是无毒的，而宿主适应性菌株可引起人工感染的牛发生临床型乳房炎（Tassi 等，2013）。在认可这一结果的同时，最近一项研究比较 4 株乳房链球菌株，也显示了类似菌株在致病性上的特异性差异（Notcovich 等，2016）。在毒力方面，有关菌株依赖型差异的体外研究表明，毒力菌株不仅对乳腺上皮细胞的黏附性强，而且逃避巨噬细胞杀伤的能力也相应提高（Tassi 等，2015）。正如研究乳房链球菌一样，研究其他可引起牛乳房炎的菌种如大肠杆菌、金黄色葡萄球菌和表皮葡萄球菌时，也将基因组学方法用于亚型分型、菌株特异性致病性研究，以及新型毒力基因鉴定中（Blum 等，2015；Boss 等，2016；Kempf 等，2016；Le Marechal 等，2011；Lindsay，2014；Savijoki 等，2014；Goldstone 等，2016）。

8.3.2　隐性乳房炎的转录组研究

许多生物的、物理的、环境时空的变化，都会引起生物转录组发生动态的敏感的变化，而了解转录组变化可为深入理解生物学过程的分子机制提供大量有价值的信息。虽然，定量反转录聚合酶链反应（Quantitative reverse transcription polymerase chain reactionq, RT-qPCR）技术已广泛用于乳房炎研究中，以研究其候选基因的表达，但微阵列（Microarrays）和 RNA 测序仍是目前用于全球转录组谱研究的两种主要技术。通过使用这些技术，可研究人工感染期间乳腺上皮细胞和乳汁 SCC 的基因表达变化，揭示差异表达的基因（Moyes 等，2009，2016；Younis 等，2016；Lawless 等，2013；Wang 等，2016；Swanson 等，2009）。在乳房炎发生过程中，病原体入侵激发的免疫反应是一个复杂的生物学过程，这个过程涉及驻留和募集而来的免疫细胞、乳腺上皮和内皮细胞。无论是急性还是慢性乳房炎，患牛乳汁 SCC 数量都会数倍或数十倍的增加，而其组成的细胞类型也会发生变化。健康奶牛乳汁中所含的主要细胞类型为巨噬细胞（占比66%~88%），而乳腺感染期间（Intramammary infection, IMI），这个比例发生变化，中性粒细胞成为主要优势细胞，在乳房炎乳汁总 SCC 所占的比例可高达90%（Pyorala, 2003），相应地 IMI 中，乳中 SCC 的转录组谱也发生变化。

在人工感染的金黄色葡萄球菌乳房炎中（Eckersall 等，2006），结合 8.2.1 所提到的乳中 APPs 免疫分析，可以显而易见地看到乳腺组织不仅过表达 APPs 基因（如 Hp 和 SAA3），而且也过表达 TLRs、抗菌肽（Antimicrobial peptides）和细胞因子的基因（Whelehan 等，2011），感染后 48 h，Hp 和 M-SAA3 基因的表达大幅度上调，这与在乳房炎患牛乳汁中所测定的浓度是一致的。在金黄色葡萄球菌或大肠杆菌的乳腺内感染中，感染后开初 3 h 检测宿主乳池或乳腺实质的应答基因表达（Petzl 等，2016），感染后 1h 在乳池出现早期应答，随后在乳腺实质，而在大肠杆菌感染中，编码趋化因子、细胞因子和抗菌肽分子的转录本表达比金黄色葡萄球菌感染高 25 倍以上，许多免疫介质也仅在大肠杆菌的感染应答中表达；同样来说，之前一项研究比较大肠杆菌或金黄色葡萄球菌 IMI 期间引起的乳汁 SCC 的转录表达，结果显示 2 种细菌感染均引起促炎细胞因子 IL-6、IL-8、IL-12、CSF-2 和 TNF-α 基因表达升高，但大肠杆菌感染引起的基因表达量还是高一些（Lee 等，2006）。最近一项 Meta 分析研究（Younis 等，2016）也支持大肠杆菌和金黄色葡萄球菌感染所引起的基因表达模式之间存在差异，研究结果指出，金黄色葡萄球菌感染通过 TLRs 和 NOD-like 受体（NOD-like receptors, NLRs）诱导乳腺上皮先天性免疫，同时通过抑制细胞运动和抗原递呈来抑制获得性免疫反应。更重要的是，牛乳生产所需的基因包括脂质合成的编码基因 - 法呢酰二磷酸酯法呢酰基转移酶 1（Farnesyl-Diphosphate Farnesyltransferase, FDFT1）和 1- 酰基甘油 -3- 磷酸 O - 酰基转移酶（1-acylglycerol-3-phosphate O-acyltransferase，AGPAT6）在大肠杆菌引起的乳腺感染（IMI）期间下调，也注意到编码脂质合成和代谢的基因如法尼酰基二磷酸合成酶（Farnesyl diphosphate synthase, FDPS）和 3- 羟基 -3- 甲基戊二酰辅酶 A 合成酶 1（3-Hydroxy-3- methylglutaryl-coenzyme A synthase 1, HMGCS1）在人工感染乳房链球菌的乳腺腺泡组织中下调（Swanson 等，2009），在该研究中每头牛的一个前乳区或后乳区被乳房链球菌感染，而非感染乳区作为对照。同样的研究显示，与急性期反应（Acute phase response）信号［（如 SAA3、Hp 和脂多糖结合蛋白（LPS-binding protein, LBP）、氧化应激（Oxidative stress）（如超氧化物歧化酶（Superoxide dismutase 2, SOD2）、硒蛋白 P（SEPP1）］和免疫应答［补体成分 3（Complement component 3, C3）、IL-6、IL-8、IL-10、TLR-2 和 TNF-α］等相关的基因上调。

　　大量研究通过比较感染和非感染乳腺组织样品的基因表达谱，进一步证实乳房链球菌感染能抑制脂质合成、激活急性期信号传导和免疫应答的相关基因表达（Moyes 等，2009），该研究显示，差异表达基因富集到 20 条经典通路（Canonical pathway），其中有 APR 信号转导、肝 X 受体（Liver X receptor, LXR）/类胡萝卜素 X 受体（Retinoid X receptor, RXR）活化、过氧化物酶体增殖活化受体（Peroxisome proliferator-activated receptor, PPAR）活化、IL-10 信号通路和 IL-6 信号通路。凝固酶阴性或阳性的葡萄球菌感染时，乳腺实质抗微生物肽基因的表达模式存在差异；面对细菌感染的应答，β- 防御素（Beta-defensins）上调，而健康组织中存在的抗菌肽并不受感染的影响（Kosciuczuk 等，2014）。这些研究进一步确认了早期的报道，即乳房炎发生时中性粒细胞（乳腺体细胞）

抗菌肽表达上调，但在乳腺上皮细胞中的表达没变化（Tomasinsig 等，2010）。miRNAs（MicroRNAs）是基因表达转录的调控因子，利用下一代测序技术（Next-Generation Sequencing, NGS）建立牛原代牛乳腺上皮细胞的 miRNA 表达谱，当牛乳腺上皮细胞暴露于乳房链球菌 0140J 时，结果显示存在 21 个差异 miRNA，提示 miRNAs 在乳腺感染（IMI）中发挥作用（Lawless 等，2013）。金黄色葡萄球菌感染时，类似 NGS 建立的乳汁外泌体 miRNA 表达谱显示 bta-miR-142-5p 和 bta-miR-223 有望作为金黄色葡萄球菌感染早期的生物标志物（Sun 等，2015）。

8.3.3 乳房炎蛋白组学研究

乳汁的主要功能之一是为新生儿提供营养蛋白，了解乳房炎发生时乳汁中主要组成的变化，是检查机体针对乳房炎反应的基础。近年来，蛋白质组学应用于畜牧科学（Almeida 等，2015）的进展使人们对发病期间蛋白质和肽变化的研究空前深入。牛肽链数据库（Bovine PeptideAtlas）即牛不同组织包括乳汁在内的蛋白质组数据库，由肽链数据库框架机构（PeptideAtlas framework）最近创建（Bislev 等，2012），用于奶牛蛋白质组学研究。有研究者已对蛋白质组学在牛乳相关研究中的应用进行了综述（Roncada 等，2012；Bendixen 等，2011）。最近，Eckersall 及其团队特别强调蛋白质组学在畜牧科学研究中的重要作用（Eckersall 等，2012）。为了鉴定、验证和筛选牛乳房炎的候选生物标志物，蛋白质组学方法近年来被用于发掘牛乳房炎生物标志物（Viguier 等，2009；Boehmer 等，2010a；Lippolis 和 Reinhardt，2010；Bendixen 等，2011；Eckersall 等，2012；Bassols 等，2014；Mudaliar 等，2016）。这些研究通过使用来自不同病原感染所致乳房炎的反映不同临床阶段的临床病例和试验模型来验证结果，促使其在诊断上应用。利用基质辅助的激光解吸电离-质谱法（Matrix-assisted Laser Desorption Ionisation–Mass Spectrometry, MALDI-MS）鉴定乳房炎致病菌，是蛋白质组学在牛奶保健监测中应用的一种已建立的变化（Barreiro 等，2012）。该法以预先汇集于专用 MALDI 生物类型参考库的细菌核糖体蛋白作为指纹识别标志鉴定特定微生物。然而，其鉴定准确性需要高细菌量支持，因此乳中只有少数种类的细菌能用该方法进行评价。

牛奶蛋白由两大类主要的高丰度蛋白质组成，即水不溶性酪蛋白和可溶性乳清蛋白。酪蛋白分为几种类型，包括 α-酪蛋白（α-CN）、β-酪蛋白（β-CN）和 κ-酪蛋白（κ-CN），所有这些约占到牛奶总蛋白的 80%；剩下的 20% 是乳清蛋白，乳清蛋白包括 β-乳球蛋白、α-乳白蛋白、免疫球蛋白、牛血清白蛋白、牛乳铁蛋白、乳过氧化物酶，以及细胞因子和其他一些免疫蛋白（Pepe 等，

2013); 另外, 还有一些通过蛋白质组学技术在最近才鉴定的低丰度蛋白, 它们具有各种各样的功能, 被发现可能作为乳腺病况的生物标志物。

为了克服牛奶中高丰度蛋白质的影响, 通常需对样品进行分馏处理, 如离心、酸化、过滤, 以及使用肽配体库和各种沉淀方法以去除样品中的高丰度蛋白质 (D'Amato 等, 2009; Nissen 等, 2013)。分馏技术的进步促成了高丰度蛋白质中的一些限制的解决 (Boehmer 等, 2010a)。因此, 已检查了乳汁蛋白质的不同组分, 尤其是乳清和乳脂球膜 (Milk fat globule membrane, MFGM), 已鉴定了一些之前未曾了解的新蛋白质 (Reinhardt 和 Lippolis, 2006; Reinhardt 等, 2013)。

质量排除滤过器 (Mass exclusion filters)、一维电泳技术和商业化清除试剂盒已被用于在蛋白质组学分析前分离牛乳蛋白 (Boehmer, 2011)。Nissen 等 (2013) 的研究发现, 与其他乳蛋白分离技术 (如酸化或过滤) 相比, 在蛋白质组实验前对样品进行超速离心, 是获得乳蛋白质组的最可复制和稳健的方法。组合肽链配体文库的用处已被开发, 并已成功地用于分离乳中肽链以及鉴定新的乳蛋白 (D'Amato 等, 2009), 例如, 使用半胱氨酸标记富集, 有效增强了对乳中包含半胱氨酸的低丰度酪蛋白的鉴定, 但不增强对高丰度酪蛋白 α-s1 CN 和 β-CN 的鉴定 (Holland 等, 2006)。

21 世纪初, 因为缺乏牛的参考基因组/蛋白质组数据, 阻碍了牛乳蛋白质组的研究。为了鉴定正常和乳房炎条件下乳中存在的差异表达蛋白, 人们付出了许多努力。在早期的一项研究中, 因为使用硫酸铵盐沉淀法, 导致牛乳中酪蛋白被清除, 所以只能比较健康牛和乳房炎患牛乳清中的蛋白表达差异 (Hogarth 等, 2004), 该研究采用二维凝胶电泳 (Two-dimensional gel electrophoresis, 2-DE) 分离和定量乳清蛋白, 并用 MALDI-MS 鉴定蛋白。虽然 2-DE 是一种半定量的方法, 以及该研究受限于蛋白质参考序列有限的可用性, 但是在临床型乳房炎乳汁中发现牛血清白蛋白 (Bovine serum albumin, BSA) 和血清转铁蛋白表达增加, 而酪蛋白、β-乳球蛋白 (β-lactoglobulin) 和 α-乳白蛋白 (α-lactalbumin) 表达减少 (Hogarth 等, 2004)。伴随 2004 年牛基因组测序完成, 蛋白质数据库快速增长, 色谱和质谱技术完善, 使得对乳中较低丰度蛋白进行鉴定和定量成为可能。在牛乳房炎研究中, 采用半定量 2-DE 方法连同部分质谱技术的多种组合变换来鉴定蛋白 (Turk 等, 2012; Bian 等, 2014; Pongthaisong 等, 2016)。液相色谱串联质谱 (LC-MS/MS)、2-DE 和 MALDI-MS 的联合使用, 在初乳和泌乳高峰, 以及乳房链球菌所致乳房炎的牛乳中鉴定出 95 种蛋白 (基因产物), 其中包括 15 种宿主防御相关蛋白如抗菌肽、SAA 和乳铁蛋白 (Smolenski 等, 2007), 表明乳蛋白质组的复杂性, 以及乳蛋白在 IMI 防御中发挥的作用。同样情况, 利用超速离心先清除乳中酪蛋白, 再联合使用 2-DE 和 MALDI-MS, 研究大肠杆菌感染前和感染后 18h 乳清蛋白的表达差异（Boehmer 等，2008），该研究显示大肠杆菌感染后 18h，乳中酪蛋白含量降低，而血清白蛋白、α-1-酸性糖蛋白、甲状腺素转运蛋白、血清转铁蛋白、补体 C3 和 C4、抗菌肽和载脂蛋白等含量则升高（Boehmer 等，2008）。酪蛋白减少归咎于牛乳内源性蛋白酶——纤维蛋白酶、弹性蛋白酶、组织蛋白酶 D 引起的蛋白质水解，这一推论恰好被一项 LPS 诱导的乳房炎研究所证实（Hinz 等，2012）。正如乳汁蛋白质组分析一样，2-DE 方法已用于乳房炎期间患牛乳腺组织和血清的分析研究（Yang 等，2009；Alonso-Fauste 等，2012）。特别是利用牛血清或乳清比较健康和乳房炎之间的差异蛋白表达，结果显示乳清中蛋白质组变化比血清的变化明显（Alonso-Fauste 等，2012），表明乳汁比血液更适合用于寻找乳房炎生物标志物的体液样品。

近些年，已发展的定量蛋白质组学方法，被用于牛乳房炎研究，以探究乳房炎病理生理学和鉴定生物标志物。利用四重 iTRAQ（Isobaric tag for relative and absolute quantitation）比较 LPS 注射前和 LPS 注射后 4h 或 7h 乳清蛋白的差异表达（Danielsen 等，2010）。在针对 LPS 刺激的反答中，LPS 刺激后 7h，肽聚糖识别蛋白（Peptidoglycan recognition protein）、抗菌肽、SAA、膜联蛋白 A1（Annexin A1）升高 3 倍以上，而结合珠蛋白、血浆铜蓝蛋白（Ceruloplasmin）、血清转铁蛋白、纤维蛋白原、纤溶酶原、载脂蛋白 A-1、载脂蛋白 A-2、载脂蛋白 A-4、补体 C3 和补体 C4 升高 2 倍以上（Danielsen 等，2010）。同样，在健康牛和金黄色葡萄球菌感染所致乳房炎患牛的研究中，iTRAQ 蛋白组学方法也被用于比较乳汁来源乳清、乳脂球膜（MFGM）和外泌体的蛋白表达，结果共鉴定 2 971 种蛋白质，其中 94 个蛋白在健康和感染牛牛乳中差异显著（Reinhardt 等，2013）。因为借助二维色谱［即线下一维（Offline first dimension）和线上二维（Online second dimension）］，将乳汁分为乳清、乳脂球膜（MFGM）和外泌体，所以是迄今为止从乳中定量最多的蛋白质。同样地，使用 iTRAQ 方法将耐甲氧苄胺西林金黄色葡萄球菌引起的 IMI 患牛乳腺组织蛋白质组与健康牛进行比较，以确定乳腺组织损伤的相关机制，结果发现胶原蛋白和纤维蛋白原表达上调，而酪蛋白和载脂蛋白 A-4 表达下调（Huang 等，2014），乳房炎患病期间乳腺组织中酪蛋白表达下调可能意味着乳腺组织酪蛋白的表达量降低，或如本章其他地方指出的酪蛋白水解所致。有趣的是，利用八重 iTRAQ 比较引起慢性乳房炎和急性乳房炎的大肠杆菌菌株之间的蛋白质组差异，显示与细菌运动力相关蛋白表达增加的大肠杆菌菌株引起长期感染（Lippolis 等，2014）。

采用无标记定量蛋白质组学方法分析大肠杆菌乳房炎乳清蛋白质组在不同时间的变化（Boehmer 等，2008，2010a, b；Boehmer，2011）。Ibeagha-Awemu 及其团队分析自然发生的大肠杆菌和金黄色葡萄球菌感染所致乳房炎乳汁蛋白质组，再利用 LC-MS/MS 方法与正常乳汁进行比较（Ibeagha-Awemu 等，2010），他们用灭活的大肠杆菌（菌株 P4）或金黄色葡萄球菌（菌株 Smith CP）与乳腺腺泡细胞（MAC-T 细胞）（一株永生化乳腺上皮细胞系）进行体外激发试验，再与蛋白质组学结果进行比较，他们的研究结论是蛋白质组的差异可能是感染的病原体所致而不是宿主，并确定差异表达蛋白显著富集于急性期反应信号、凝血系统和补体系统通路。Kim 及其团队利用 3 株不同的金黄色葡萄球菌感染健康牛，分别是引起慢性亚临床乳房炎的 SCV Heba 3231 株，以及引起急性临床型乳房炎的 3231 亲本株和 Newbould 305 株，通过检测细胞因子和采用 LC-MS/MS 分析乳汁蛋白质组差异，比较感染后直到 21 d 宿主的免疫反应，发现随时间变化细胞因子存在显著性差异（Kim 等，2011）。从表 8.2 可了解关于增加敏感性的蛋白质组学方法（Proteomic methods）的进展，还可看见乳房炎期间通过乳汁或乳腺研究鉴定的蛋白质。在大多数乳房炎研究中确认乳中高丰度蛋白（如白蛋白和乳铁蛋白）是增加的，而更近期研究的低丰度蛋白质（如结合珠蛋白或抗菌肽）被确定是减少的。

表 8.2 乳房炎患病期间通过蛋白质组学研究鉴定增加或降低的蛋白质

序号	乳蛋白	报道增加的参考文献	报道减少的参考文献
1	α-S2- 酪蛋白前体	14	
2	β- 酪蛋白 B	14	
3	β- 酪蛋白	14	
4	κ- 酪蛋白前体	14	
5	14-3-3 蛋白 ζ 链, epsilon	2, 10, 15	
6	15 kDa 硒蛋白		13
7	6- 磷酸葡糖酸脱氢酶，脱羧基（EC 1.1.1.44）	15	
8	富含酸性亮氨酸核磷蛋白 32	15	
9	酸性核糖体蛋白 60S P2	15	
10	胞浆肌动蛋白 -1	2, 3, 7, 13, 15	
11	肌动蛋白相关蛋白，ARP3	9	
12	腺苷高半胱氨酸酶（AdoHcyase）（EC 3.3.1.1）	15	

（续表）

序号	乳蛋白	报道增加的参考文献	报道减少的参考文献
13	腺苷酸环化酶结合蛋白 1	7, 15	
14	腺苷酸激酶 2	15	
15	脂肪分化相关蛋白	5	
16	白蛋白	1, 2, 3, 4, 5, 6, 7, 10, 11	
17	醛脱氢酶（NAD）2 前体蛋白	2	
18	碱性磷酸酶	15	
19	α-1- 酸性糖蛋白	3, 7, 10, 12, 15	
20	α-1- 抗胰蛋白酶	3, 5, 6, 7	
21	α-1-B 糖蛋白	6, 15	
22	α-2- 抗纤维蛋白溶酶（Alpha-2-AP）	15	
23	α-2- 糖蛋白 1，锌 - 结合	10	6, 9, 13, 15
24	α-2- 巨球蛋白	5, 6, 7, 10, 15	
25	α- 辅肌动蛋白 -1	6, 15	
26	α- 辅肌动蛋白 -4	6, 15	
27	α- 甲胎蛋白	7	
28	α- 乳白蛋白		1, 3, 4, 6, 11, 13, 15
29	锚蛋白 3，朗飞氏结	2	
30	膜联蛋白 A1	2, 5, 10, 15	
31	膜联蛋白 A11	10	
32	膜联蛋白 A2	12	
33	膜联蛋白 A3，A6 和 A7	10	
34	抗睾酮抗体	5	
35	抗凝血酶 -III	5, 7	
36	载脂蛋白 A-1	9	
37	载脂蛋白 E（Apo-E）	13	15
38	载脂蛋白	2, 3, 4, 5, 6, 7, 10, 15	
39	凋亡相关斑点样蛋白	15	

(续表)

序号	乳蛋白	报道增加的参考文献	报道减少的参考文献
40	ARP3（肌动蛋白相关蛋白3，酵母）同源物	2	
41	胞浆天冬氨酸氨基转移酶	15	
42	牛抗菌肽5（抗菌肽-2）	3, 5, 7, 9, 10, 12, 13, 15	3
43	牛抗菌肽7（抗菌肽-3）	3, 5	3
44	β-1,4 半乳糖基转移酶-1	7, 13	
45	β-2-糖蛋白-1	7	
46	β-2-微球蛋白	7	2, 3
47	β-肌动蛋白	9	
48	β-酪蛋白前体	8	
49	β-防御素	10	
50	β-乳球蛋白		1, 3, 4, 5, 6, 8, 11, 13, 14, 15
51	包含BPI折叠的家族B成员1	15	
52	脑酸性可溶性蛋白1	15	
53	Butyrophilin subfamily 1 member A1		6, 13, 15
54	钙单向转运通道组分	12	
55	钙结合蛋白45 kDa（Cab45）		15
56	钙粒蛋白B（蛋白S100-A9）	2, 5, 7, 9, 15	
57	钙调蛋白（CaM）	15	
58	钙蛋白酶-1催化亚基（EC 3.4.22.52）	15	
59	网腔钙结合蛋白	15	
60	加帽蛋白（肌动蛋白纤维）肌肉Z-线 α1	2, 10	
61	CapZ作用蛋白（蛋白激酶底物，CapZIP）	15	
62	酪蛋白		1, 3, 11, 12
63	抗菌肽（通用）	3, 5, 6, 9, 12, 10	3, 6
64	抗菌肽-4	9, 12, 13	
65	抗菌肽-5	10, 15	
66	抗菌肽-6	10	
67	抗菌肽-7	9, 10, 15	

(续表)

序号	乳蛋白	报道增加的参考文献	报道减少的参考文献
68	组织蛋白酶 B（EC 3.4.22.1）（BCSB）	15	
69	组织蛋白酶 S（EC 3.4.22.27）	15	
70	CCR4-NOT 转录复合体亚基 10	15	
71	CD9 抗原	5	13
72	血浆铜蓝蛋白	5, 6	
73	几丁质酶 -3 样蛋白 -1	7, 6, 9, 15	
74	聚集蛋白	5, 7, 13	
75	毛状蛋白样蛋白	15	
76	凝血因子 XIII A 链	15	
77	丝切蛋白 1（非肌肉）	6, 7, 15	12
78	VI 型胶原 α3- 类异构体 1，2，3，4	12	
79	补体 C1s 亚成分	15	
80	补体 C2	10, 15	
81	补体 C3	3, 5, 7, 9, 10, 13	14
82	补体 C4	3, 5, 7, 15	
83	补体 C5a 过敏毒素	15	
84	补体成分 3	5, 6, 9, 10	
85	补体成分 C7		13
86	补体因子 B	6, 7, 10, 15	
87	补体因子 H	6, 10, 15	
88	铜胺氧化酶	5	
89	冠蛋白，肌动蛋白结合蛋白 1A	2, 6, 10, 15	
90	促肾上腺皮质素释放素	7	
91	环十二肽（抗菌肽 -1）	2, 3, 4, 5, 7, 9, 10, 12, 13, 14, 15	
92	半胱氨酸蛋白酶抑制剂，简称为"胱抑素"（Stefin-B）	15	
93	半胱氨酸蛋白酶抑制剂，简称为"胱抑素"-C（初乳硫醇蛋白酶抑制剂）（半胱氨酸蛋白酶抑制剂 -3）		15

(续表)

序号	乳蛋白	报道增加的参考文献	报道减少的参考文献
94	富含半胱氨酸的 PDZ 结合蛋白（富含半胱氨酸的 PDZ3 作用蛋白）		15
95	细胞色素 b-245 重链	10	
96	甘油二酯激酶（DAG 激酶）（EC 2.7.1.107）	15	
97	二肽酰肽酶 1（EC 3.4.14.1）（组织蛋白酶 C）	15	
98	包含解聚素和金属蛋白酶结构域的蛋白 10	15	
99	DnaJ 同源蛋白亚家族 B 成员 12	15	
100	肌营养不良蛋白聚糖（肌营养不良相关糖蛋白 1）		15
101	ECM1 蛋白	15	
102	包含 EF- 手型结构域的蛋白 D2（Swiprosin-1）	15	
103	ELAV 样蛋白	15	
104	延伸因子 1-α1（EF-1-α-1）（延伸因子 Tu）	15	
105	延伸因子 2（EF-2）	15	
106	Endopin 2B	5, 9	
107	Endopin	5, 6, 9, 12	
108	烯醇酶 1（α）	2, 6, 7, 9, 12, 16	
109	附睾分泌蛋白 E1 前体		3, 6
110	真核细胞翻译启动因子 5A-1	15	
111	埃兹蛋白（人细胞绒毛蛋白，绒毛蛋白 2, P81）	15	
112	F- 肌动蛋白加帽蛋白亚单位 α-1（CapZ α-1）	15	
113	F- 肌动蛋白加帽蛋白亚单位 β（CapZ β）	15	
114	因子 XIIa 抑制剂（XIIaINH）		15
115	脂肪贮存诱导跨膜蛋白 2	7	
116	脂肪酸结合蛋白		3, 6, 12, 13, 14, 15
117	胎球蛋白（α-2-HS- 糖蛋白）	2, 3, 5, 6, 7, 15	
118	FGG 蛋白	12	
119	纤维蛋白原	2, 3, 4, 5, 6, 7, 9, 10, 12, 15	3

（续表）

序号	乳蛋白	报道增加的参考文献	报道减少的参考文献
120	成纤维细胞生长因子结合蛋白	5	13
121	纤连蛋白（FN）	15	
122	叶酸受体 α	7	13
123	果糖 - 二磷酸醛缩酶（EC 4.1.2.13）	6, 15	
124	半乳糖凝集素	15	
125	半乳糖凝集素 -1	12	
126	凝溶胶蛋白	6, 7, 15	
127	葡萄糖调节蛋白 58 kDa	2	
128	葡萄糖 -6- 磷酸 1- 脱氢酶	10	
129	葡萄糖 -6- 磷酸异构酶（GPI）（EC 5.3.1.9）	15	
130	甘油醛 -3- 磷酸脱氢酶（GAPDH）	2, 7, 9, 12, 15	
131	甘油 -3- 磷酸脱氢酶 2	2	
132	肝型糖原磷酸化酶（EC 2.4.1.1）	15	
133	糖蛋白 2		6, 13
134	糖基化依赖细胞黏附分子 -1（Glycam-1）（Lactophorin）	4, 5, 8, 13	6, 15
135	GNAI2 蛋白	10	
136	结合珠蛋白	5, 6, 7, 9, 10, 12, 15	
137	热休克蛋白	2, 6, 10, 15	
138	热应答蛋白 12	9	
139	血红蛋白 α 亚基		12
140	血红蛋白 β 亚基	12	
141	血红素结合蛋白	7, 9, 10, 15	
142	肝细胞瘤来源生长因子（HDGF）	15	
143	核不均一核糖核蛋白 K（hnRNP K）	15	
144	休眠相关血浆蛋白 HP-20 样蛋白	6	
145	高迁移率族蛋白 B1（高迁移率族蛋白 1，HMG-1）	15	
146	高迁移率族蛋白 B2（高迁移率族蛋白 2，HMG-2）	15	

(续表)

序号	乳蛋白	报道增加的参考文献	报道减少的参考文献
147	三联组氨酸核苷酸结合蛋白 1	15	
148	富含组氨酸糖蛋白	15	
149	组蛋白	2, 5, 10, 15	
150	HRPE773-like（未鉴定蛋白）（原文为 Uncharacterized protein；下同）	15	
151	透明质酸和蛋白聚糖连接蛋白 1	13	
152	Ig κ 链或 IGK 蛋白	6	
153	免疫球蛋白重链	5, 12, 13, 14	
154	免疫球蛋白重链 λ 轻链可变区	6, 13, 14	12
155	吲哚啶（抗菌肽 -4）	3, 5, 7, 10, 15	
156	胰岛素样生长因子结合蛋白 6（IBP-6）	15	
157	整合素 β2	10	
158	中间 α- 球蛋白抑制因子 H4	6, 15	
159	间 -α- 胰蛋白酶抑制剂重链 4 和 H1	5, 7, 10, 13, 15	
160	胞间黏附分子 1（ICAM-1）(CD 抗原 CD54）	15	
161	胞间黏附分子 3	10	
162	IL-1 受体辅助蛋白（未鉴定蛋白）	15	
163	IL-1 受体拮抗蛋白（IL-1RN）(IL-1ra)(IRAP）	15	
164	异天冬氨酰肽裂解酶 /L- 天冬酰胺酶（EC 3.4.19.5）	15	
165	胞浆异柠檬酸脱氢酶 [NADP]		12
166	KIAA1984（未鉴定蛋白）		15
167	驱动蛋白样蛋白	15	
168	激肽原 1	5, 7, 10	
169	激肽原 2	7	
170	乳黏附素（乳脂球 EGF 因子 8 蛋白）	5, 7	3, 6, 13
171	乳过氧化物酶	7, 10	6, 14, 15
172	乳转铁蛋白（乳铁蛋白）	4, 5, 6, 9, 10, 11, 13, 15	14

(续表)

序号	乳蛋白	报道增加的参考文献	报道减少的参考文献
173	富含亮氨酸 α-2- 糖蛋白 1（未鉴定蛋白）	15	
174	白细胞弹性蛋白酶抑制剂（LEI）（丝氨酸蛋白酶抑制蛋白 B1）	9, 10, 15	
175	脂钙蛋白 2	12	
176	脂多糖结合蛋白	10, 15	
177	脂蛋白脂酶	7, 10	
178	L- 乳酸脱氢酶	6, 9, 15	
179	LOC788112 蛋白（未鉴定蛋白）	15	
180	L- 丝氨酸脱氢酶 /L- 苏氨酸脱氨基酶（SDH）（EC 4.3.1.17）	15	
181	淋巴细胞溶质蛋白 1（65K 巨噬细胞蛋白 /L- 丝束蛋白）	2, 10	
182	淋巴细胞特异蛋白 1（未鉴定蛋白）	15	
183	巨噬细胞迁移抑制因子（MIF）（EC 5.3.2.1）	15	
184	巨噬细胞加帽蛋白	10, 15	
185	锰超氧化物歧化酶	12	
186	MARCKS 相关蛋白（MARCKS 样蛋白 1）	15	
187	基质金属蛋白酶 -9（MMP-9）（EC 3.4.24.35）（92 kDa 明胶酶）	15	
188	线粒体肽甲硫氨酸亚砜还原酶（EC 1.8.4.11）	15	
189	膜突蛋白	10, 15	
190	MPO 蛋白	10	
191	黏蛋白 1	2	15
192	骨髓相关分化标志	10	
193	肌红蛋白		15
194	肌球蛋白轻链多肽 6（17 kDa 肌球蛋白轻链）（LC17）	15	
195	肌球蛋白调控轻链 12B	15	
196	肌原调节蛋白 -1（Calsarcin-2）		15

(续表)

序号	乳蛋白	报道增加的参考文献	报道减少的参考文献
197	Na（+）/H（+）交换调节共因子 NHE-RF1（NHERF-1）	15	
198	中性粒细胞胞质因子 1	10	
199	核酸酶敏感元件结合蛋白 1	15	
200	核连蛋白 2（未鉴定蛋白）		15
201	核连蛋白 -1	7	6, 13, 15
202	核苷二磷酸激酶 B（NDK B）（NDP 磷酸 B）（EC 2.7.4.6）	15	
203	气味结合蛋白样（蛋白）	13	
204	OLFM4 蛋白	10	
205	破骨细胞刺激因子 1	15	
206	骨桥蛋白	7, 10, 13	
207	泛酰巯乙胺酶（EC 3.5.1.92（泛酰巯乙胺水解酶）	15	
208	对氧磷脂酶 1（未鉴定蛋白）	15	
209	五聚蛋白（穿透素）	15	
210	穿透素相关蛋白 PTX3	15	
211	肽聚糖识别蛋白	2, 4, 5, 6, 7, 9, 10, 15	
212	肽酰基 – 脯胺酰基顺反异构酶 A	10	12
213	脂滴外周蛋白（脂质分化相关蛋白）（ADRP）	–	13, 15
214	外周蛋白	12	
215	过氧化物酶 -1（EC 1.11.1.15）	15	
216	线粒体过氧化物酶 -5	9, 10, 15	
217	过氧化物酶 -6	10, 15	
218	过氧化物酶体增殖物激活受体 γ 共活化子 1β	2	
219	PHD 指蛋白 20 样蛋白 1		15
220	磷酸葡萄糖变位酶 -1（PGM 1）（EC 5.4.2.2)（葡萄糖磷酸变位酶 1）	15	
221	磷酸甘油酸激酶 1（EC 2.7.2.3）	7, 15	

(续表)

序号	乳蛋白	报道增加的参考文献	报道减少的参考文献
222	磷酸甘油酸变位酶1（EC 3.1.3.13）（EC 5.4.2.11）	15	
223	血纤维蛋白溶酶原	5, 6, 7, 15	
224	血小板糖蛋白4		10, 13, 15
225	聚合免疫球蛋白受体		3, 6, 14, 15
226	伯胺氧化酶，肝同工酶（EC 1.4.3.21）	15	
227	前胶原-脯氨酸，2-酮戊二酸4-双甲氧酶	2	
228	前纤维蛋白-1	6, 7, 15	
229	抑制素原	2	
230	鞘脂激活蛋白原（促活化多肽）	15	
231	前列腺素D2合成酶		6
232	前列腺素还原酶1（PRG-1）（EC 1.3.1.-）	15	
233	前列腺素-H2 D-异构酶（PTGDS）	10, 13	
234	蛋白酶体活化复合体亚基1	10, 15	
235	蛋白酶体活化复合体亚基2（蛋白酶体活化蛋白28）	15	
236	蛋白质二硫键异构酶A3（EC 5.3.4.1）	15	
237	蛋白FAM49B	15	
238	蛋白HP-20同源蛋白	15	
239	蛋白HP-25同源蛋白2	15	
240	蛋白OS-9		15
241	蛋白S100（S100钙结合蛋白）	15	
242	蛋白S100-A12（羊水中的钙结合蛋白1）（CAAF1）	2, 3, 9, 12, 15	
243	蛋白S100-A2	12	
244	蛋白S100-A8（钙粒蛋白A）	7, 6, 9, 10, 12, 13, 15	
245	ZBED8蛋白（转座子衍生Buster 3转座酶样蛋白）	15	
246	凝血酶原	13, 15	
247	丙酮酸激酶（EC 2.7.1.40）	15	

(续表)

序号	乳蛋白	报道增加的参考文献	报道减少的参考文献
248	Rab GDP-解离抑制剂 α（Rab GDIα）	15	
249	Ras 抑制蛋白 1（Rsu-1）	15	
250	Ras 相关蛋白 Rab-1B	15	
251	抵抗素	15	
252	Rho GDP-解离蛋白 I-β	9	
253	Rho GDP-解离抑制剂 1（Rho GDI 1）（Rho-GDI α）	15	
254	Rho GDP-解离抑制剂 2（Rho GDI 2）	15	
255	胰腺核糖核酸酶	13	
256	核糖核酸酶 UK114（EC 3.1.-.-）	15	
257	核糖-5-磷酸异构酶（EC 5.3.1.6）	15	
258	核糖体蛋白 L7	2	
259	S100 钙结合蛋白 A11（钙平衡素）	2, 12	
260	硒蛋白 15 kDa		15
261	胞浆丝氨酸-tRNA 连接酶（EC 6.1.1.11）	15	
262	血清转铁蛋白	1, 2, 3, 4, 5, 6, 7, 9, 10, 11, 13, 15	
263	血清转铁蛋白		12
264	丝氨酸蛋白酶抑制蛋白 A3	13	
265	丝氨酸蛋白酶抑制蛋白 A3-1	10, 12, 15	
266	丝氨酸蛋白酶抑制蛋白 A3-2	12	
267	丝氨酸蛋白酶抑制蛋白 A3-3（Endopin-1B, 肌肉 Endopin-1B, mEndopin-1B）	13, 15	
268	丝氨酸蛋白酶抑制蛋白 A3-6	12, 13	
269	丝氨酸蛋白酶抑制蛋白 A3-8	13, 15	
270	丝氨酸蛋白酶抑制蛋白肽酶抑制剂, 分支 A 成员 1（α-1 抗蛋白酶, 抗胰蛋白酶）	6, 12	
271	SERPINB4 蛋白（未鉴定蛋白）	15	
272	SERPIND1 蛋白（未鉴定蛋白）	15	
273	血清淀粉样蛋白 A 3	5, 6, 7, 10, 12, 15	

(续表)

序号	乳蛋白	报道增加的参考文献	报道减少的参考文献
274	结合 SH3 结构域的富谷氨酸样蛋白 3	15	
275	类似半乳糖结合凝集素	12	
276	类似脂钙蛋白	9	
277	钠依赖性磷酸转运蛋白	15	13
278	精子黏附蛋白 -1（酸性精液蛋白）（ASFP）		15
279	巯基氧化酶（EC 1.8.3.2）	15	
280	硫酸类肝素蛋白多糖	15	
281	硫酸类肝素蛋白多糖 -2（SYND2）（CD 抗原 CD362）		15
282	硫氧还蛋白（Trx）	15	
283	THO 复合亚单位 4（Tho4）（Ally of AML-1 and LEF-1）	15	
284	胸腺素 β-10（胸腺素 β-9）[裂解为胸腺素 β-8]	15	
285	胸腺素 β-4（Tβ-4）	15	
286	β4- 类胸腺素	12	
287	甲状腺素结合球蛋白（Serpin A7）（T4 结合球蛋白）	15	
288	转醛醇酶（EC 2.2.1.2）	15	
289	转化生长因子 -β- 诱导蛋白 -h3	15	
290	转胶蛋白 -2	15	
291	转铜醇酶（EC 2.2.1.1）	15	
292	甲状腺素运载蛋白	3, 6	
293	磷酸丙糖异构酶（TIM）（EC 5.3.1.1）	15	
294	TTR	3	
295	微管蛋白 α-1C 链	15	
296	微管蛋白 β-5 链	9, 15	
297	微管蛋白 β-6 链	9, 15	
298	TWF2 蛋白（未鉴定蛋白）	15	
299	泛素羧基端水解酶 10（EC 3.4.19.12）	—	15

(续表)

序号	乳蛋白	报道增加的参考文献	报道减少的参考文献
300	泛素-S27a 融合蛋白	12	
301	血管扩张刺激磷蛋白（VASP）	15	
302	波形蛋白	12, 15	
303	维生素 D 结合蛋白	6, 7	13
304	含 WD 重复的蛋白 1	15	
305	黄嘌呤脱氢酶/氧化酶	7	6, 13, 15
306	锌磷酸二酯酶 ELAC 蛋白 1（EC 3.1.26.11）（ElaC 同源蛋白 1）（核糖核酸酶 Z 1）	15	

参考文献如下：
1　Hogarth 等（2004）
2　Smolenski 等（2007）
3　Boehmer 等（2008）
4　Boehmer 等（2010a）
5　Danielsen 等（2010）
6　Ibeagha-Awemu 等（2010）
7　Boehmer 等（2010b）
8　Kim 等（2011）
9　Alonso-Fauste 等（2012）
10　Reinhardt 等（2013）
11　Pongthaisong 等（2016）
（译者注：原文缺参考文献 12~15 的信息）

8.3.4　乳房炎的多肽组学研究

多肽组是蛋白质组的一个亚类，指生物系统特定时间所有多肽的集合，是新近出现的"组学"技术之一，是对细胞、组织器官或生物样品中经过翻译后修饰所产生的多肽的检测、鉴定和定量。临床研究中，已证明多肽组学技术在如筛选疾病的尿液标志物（Albalat 等，2011），以及在神经内分泌研究中筛选生物标志和开发药物方面（Menschaert 等，2010）特别有用。尽管多肽组学最初聚焦于鉴定源于生物体液/系统中的内源性衍生多肽，但因其可包含蛋白质降解产生的多肽产物（Dallas 等，2015），所以可用于研究蛋白质降解对生物活性多肽的调控，这恰好是研究生理学和鉴定药物候选靶标的关键（Kim 等，2013）。

多肽组学应用使许多关于乳汁多肽的研究成为可能。已确定包括其他多肽在内的抗微生物多肽具有多种多样的特性，如免疫调节，由人乳中的主要乳蛋白（酪蛋白和乳白蛋白）经过内源性蛋白裂解后产生（Dallas等，2013）。此外，与抗突变作用相关联的一些多肽也是乳蛋白的某些组分（如酪蛋白和乳白蛋白）经过水解产生的（Larsen等，2010b）。在乳房炎期间乳中多肽增加，多数情况下还是蛋白酶作用产生的结果，如血纤维蛋白溶解酶、弹性蛋白酶、组织蛋白酶 A 和组织蛋白酶 B（Guerrero等，2015）。除了这些蛋白质水解酶，氨肽酶（Aminopeptidases）通过受损的血乳屏障从血液渗漏至乳汁中，或者由乳中体细胞或乳腺上皮细胞分泌到乳汁中作为杀灭细菌的工具，或由微生物代谢产生。在炎症发生期间，乳腺中白细胞数量增多而由此生成的蛋白酶也大量存在，可被认为是内源性非天然生成的蛋白酶，可能是体细胞数量多的乳汁中蛋白质水解活力高的主要原因（Napoli等，2007）。乳汁中酶的蛋白水解活性最终引起乳汁中酪蛋白含量降低，从而降低乳质量，影响乳的加工性能，如奶酪生产（Larsen等，2010a）。在研究中，以质谱为基础的多肽组学能鉴定乳汁样品中的许多多肽，发现可能与该过程相关的生物标志物。

最近源自临床型乳房炎病例乳样的研究中，Mansor等（2013）鉴定了多达 31 种多肽，将其整合为一个分类集合，可以从乳样区分健康牛和乳房炎患牛，特异性和敏感性达到 100%；更进一步研究表明，联合 14 种多肽能区别不同病原体感染（金黄色葡萄球菌和大肠杆菌）引起的乳房炎病例，敏感性达 100%，而特异性稍低为 75%。对引起乳房炎的病原体的菌种进行的快速分类应该具有一定的价值，因为其能更有效地指导使用抗菌药物进行治疗，为此目的绘制基于多肽组学方法的多肽表达谱将是有价值的。

8.3.5 乳房炎的代谢组学研究

代谢组学是关于代谢组的组成、相对丰度、相互作用以及动态变化的研究，能应对某个生物系统中的代谢物环境的变化（Osorio等，2012），即利用复杂的分析技术对生物系统中所有代谢物进行无偏差的鉴定和量化（Dettmer等，2007）。代谢组学旨在描述一个或更多因子存在或缺失后生物系统发生的代谢变化特点，进而深刻了解生物系统，也可鉴定特定条件下可能的生物标志物（Courant等，2013）。

代谢组学已经在牛的一些研究领域显示其价值，尤其是动物健康诊断和食品安全，以及旨在提高动物生产性能的管理实践。在牛和牛代谢组数据库中（Bovine metabolome database, BMDB），已经开展了许多代谢组学的研究，该库可进入网站 http://www.cowmetdb.ca/ 使用，该数据库包含对奶牛和肉牛的血液、肉、尿液、乳汁和瘤胃液分析后获得的代谢物信息（Hailemariam等，2014）。以牛的尿液、血清、血浆和乳汁为样品，进行代谢谱（其中已知代谢物）靶向评价的研究已经展开，然而旨在检测新型代谢物的非靶向手段正显得日益重要，特别是随着生物信息学和质谱技术的更新。

在牛方面，已经开展了许多代谢组学的研究，包括 Rijk 等（2019）关于内分泌的研究，他们利用非靶向 UPLC-TOF MS 鉴定牛尿中合成类固醇激素原 - 脱氢表雄酮（Dehydroepiandrosterone, DHEA）和孕烯醇酮（Pregnenolone）的候选生物标志。Regal 等（2011）也开展了类似的研究，即用血清样品评估另外两种合成的类固醇激素 17β- 雌二醇和孕酮，他们利用 HPLC 耦联 Orbitrap 光谱仪，发现使用和不使用这些激素之间的显著性差异。在同一研究领域，Anizan 等（2011，2012）探寻牛尿中天然类固醇激素和合成 4- 雄烯二酮的标志物。所有这些研究有助于从分析样品检出一些以前未曾识别的组分，而其一旦经过正确验证，可作为筛查动物类固醇激素滥用的标志物。

Bender 等（2010）利用 GC-MS，分析比较泌乳牛与小母牛卵泡的卵泡液代谢物成分，发现二者存在显著性差异，在优势卵泡和次级卵泡代谢物间也一样，从而使我们能深入理解两组不同牛之间繁殖力降低和繁殖水平的差异。代谢组学研究显示，在亚临床酮病患牛与正常牛的血清样品中多达 19 种代谢物的浓度存在差异，临床型酮病患牛与正常牛的血清样品中有多达 31 种差异代谢物，而亚临床型酮病患牛与正常牛血清中发现有 8 种代谢物变化，因此，这些代谢物有潜力作为奶牛酮病的标志物（Zhang 等，2013）。Saleem 等（2012）联合利用 NMR 核磁共振波谱法和 GC-MS 研究牛瘤胃液代谢组，该研究鉴定的代谢物数据已传至网站 http://www.rumendb.ca. 以供使用。

相对来说，代谢组学在乳房炎方面的应用被忽略了。Eriksson 及其团队利用 GC-MS 技术，比较乳房炎患牛和正常牛乳样上部（In the headspace of mastitic and normal milk samples）的挥发性代谢物（Volatile metabolites），显示电子鼻（Electronic nose）气相传感试验［（Gas-sensor array）包括半导体金属氧化物传感器（Semi-conductive metallic oxide sensors）和金属氧化物半导体场效应晶体管（Metal oxide semi-conductive field effect transistors）］能鉴别正常乳样和乳房炎乳样（Eriksson 等，2005）。Hettinga 及其团队在利用 GC/MS 分析乳样挥发性代谢物的基础上，成功建立了基于人工神经网络（Artificial Neural Network，ANN）的多变量分类器（Multivariate classifier），以区分 5 种不同病原菌［金黄色葡萄球菌、凝固酶阴性葡萄球菌（coagulase-negative *Staphylococci*）、停乳链球菌（*Streptococcus dysgalactiae*）、乳房链球菌或大肠杆菌］阳性感染乳样和健康对照乳样（Hettinga 等，2008a）。他们也发现乳房炎乳样中挥发性代谢物的来源，推断大多数挥发性代谢物都是特定病原体的产物（Hettinga 等，2009）。

2013 年，Sundekilde 及其团队利用 NMR 光谱方法比较体细胞数高和体细胞数低乳样的代谢物谱，确定体细胞数高的乳样中乳酸（Lactate）、乙酸（Acetate）、异亮氨酸（Isoleucine）、丙酸（Butyrate）和 BHBA 含量显著增加，而相对应的乳糖（Lactose）、马尿酸（Hippurate）和延胡索酸（Fumarate）的浓度显著降低（Sundekilde 等，2013b），并对 NMR 光谱技术在乳汁代谢组学中的应用状况进行了综述（Sundekilde 等，2013a）。氧化脂质（Oxylipids）是包含多种组成成分的一类炎症脂质介质，由多不饱和脂肪酸（Polyunsaturated fatty acids，PUFAs）经过酶催化和自由基介导的生化氧化反应产生，如花生四烯酸（Arachidonic acid）、二十二碳六烯酸（Docosahexaenoic acid）、二十碳五烯酸（Eicosapentaenoic acid）（Stables 和 Gilroy，2011；Massey 和 Nicolaou，2013）。2015 年，有研究采用基于 LC-MS/MS 的脂质组学方法，研究羟脂在牛大肠杆菌型乳房炎和乳房链球菌型乳房炎中所起的作用（Mavangira 等，2015；Ryman 等，2015）。结果在大肠杆菌型乳房炎中，脂氧合酶和细胞色素氧化酶 P450 产生的羟脂是乳汁和血浆中总羟脂的主要部分；类似地，有报道称乳房链球菌乳房炎中花生四烯酸和亚油酸（Linoleic acid）生成高浓度羟脂，如羟基十八烯酸（Hydroxyoctadecadienoic acid）和十八碳二烯酸（Oxooctadecadienoic acid）。Thomas 及其团队报道了一项关于牛乳的非靶向代谢组学分析，该乳汁来自乳房链球菌宿主适应株人工感染的乳房炎试验，该分析在第 X.4 部分被详细描述（Thomas 等，2016a）。

8.3.6　乳房炎微生物组的研究

牛"微生物组（Microbiome）"指与牛相关的微生物（Microbes）及其基因的目录汇集（Ursell 等，2012）。人们对于乳房炎期间牛微生物组特征，以及健康和疾病条件下差异的关注日益增加（Addis 等，2016）。可以推断环境中 99% 以上的微生物不容易培养（Bhatt 等，2012），且在约 30% 乳房炎病例中利用培养实验不能确定病原微生物（Oikonomou 等，2014）。随着 DNA 分析技术的发展，特别是二代测序技术的突破，使得通过测序分析细菌 16S rRNA 基因高可变区、研究微生物多样性并鉴定出乳样中人工培养呈阴性的微生物成为可能，已有综述发表包括牛和人在内的多种宿主乳样微生物群的相关研究进展（Quigley 等，2013；Addis 等，2016）。采用宏基因组对来自临床型和亚临床型乳房炎的乳样进行细菌 16S rRNA 测序，显示在乳房炎乳汁中存在多种微生物群落，包括迄今未曾发现的厌氧性病原菌（Bhatt 等，2012；Oikonomou 等，2012，2014）。研究表明，补充乳酸菌可降低亚临床型乳房炎的发生率（Qiao 等，2015；Ma 等，2015；Bouchard 等，2013）。

8.4 乳房链球菌乳房炎的整合组学（Integrated omics）研究

大多数蛋白质组学或代谢组学的研究都专注于单一技术的使用，但很明显在生物圈许多变化可能同时发生。为保证系统方法的真实有效，最好能确定同一样品中每一组学物质客观存在，以便最大限度地了解机体对主要致病因子的反应，如了解乳房炎期间乳腺所发生的反应。事实上，从感染乳腺获取乳汁方便且容易，因此这可以说是了解宿主对细菌感染总体反应的理想试验模型。

为了在分子水平阐释乳房炎的病理学机制，格拉斯哥大学一个团队（由P. D. Eckersall和R. N. Zadoks教授组织领衔）对乳房链球菌乳房炎实验模型中的乳汁实施综合多组学（Polyomics）研究（Thomas等，2016a，2016b；Mudaliar等，2016），该研究用乳房链球菌宿主适应株FSL Z1-048进行乳腺内人工感染试验，再采集乳样进行分析（Tassi等，2013）。在乳腺感染、炎症及炎症消退整个过程中，对乳房炎乳样进行综合多组学研究，包括乳样多肽组、蛋白质组、代谢组的全谱（Global profiles）分析。这一综合性研究几乎囊括了乳中所有光谱的分子，多肽组学分析针对分子量为380~6 000Da的多肽片段，蛋白质组学分析可包含分子量达到3MDa的蛋白质，而代谢组学分析针对分子量低于1 500Da的小分子物质。根据临床参数、乳汁体细胞数和细菌含量，选择6个时间（0h、36h、42h、57h、81h和312h）乳样进行高通量（High-throughput）多组学研究，同时整个时程（19个时间点）收集的乳样被用于分析高丰度蛋白和3个急性期蛋白-Hp、M-SAA3和CRP。高通量定量多肽组学、非标记定量蛋白质组学以及非靶向代谢组学数据分别由毛细管电泳-质谱（Capillary electrophoresis-mass spectrometry, CE-MS）、LC-MS/MS和LC-MS等生成。单向电泳（One-dimensional electrophoresis）方法结合基于LC-MS/MS的蛋白质鉴定技术用于研究高丰度蛋白，而急性期蛋白用ELISA检测。多肽组学研究鉴定了460种多肽，其中77种多肽可用于区分感染前和感染后时间点乳样变化。大多数被鉴定的多肽属于酪蛋白，而一部分多肽属于血清淀粉样蛋白A和糖基化依赖性细胞黏附分子（Glycosylation-dependent cell adhesion molecule, GDCAM）。相应地，酪蛋白作为乳汁的一种高丰度蛋白，在感染后第36h被首次注意到其含量降低，甚至持续到了感染消退之后，表明是宿主蛋白酶而非细菌蛋白酶在蛋白质降解中发挥作用。非标记定量蛋白质组学研究鉴定了570种牛蛋白质，并报道了这些蛋白在感染过程中的变化。特别地，蛋白质组学分析显示抗微生物肽［肽聚糖（Peptidoglycan）识别蛋白1，抗菌肽（cathelicidins）］在感染后36h和81h之间增加了1 000倍以上。急性期蛋白（Acute phase proteins，

APPs)Hp、M-SAA3 和 CRP 在蛋白质组学方法中被量化,且免疫检测结果显示它们在两种技术中表达水平一致。APPs 在感染后 30h 即增加数百倍,而免疫检测显示感染后 72h Hp 浓度的最大中位数(Maximum median concentration)为 421 µg/mL,感染后 96h M-SAA3 为 9 900 µg/mL,感染后 72h CRP 为 16 687 ng/mL。非靶向代谢组学分析鉴定了 690 种代谢物,代谢物的时间表达谱(Temporal profile)显示胆汁酸浓度一直随时间推进而增加,直到感染后第 81h。在促炎阶段(Pro-inflammatory phase),所鉴定到呈现上调的胆汁酸包括甘氨胆酸盐(Glycocholate)($C_{26}H_{43}NO_6$)、牛磺胆酸(Taurocholic acid)($C_{26}H_{45}NO_7S$)、牛磺鹅去氧胆酸($C_{26}H_{45}NO_6S$)、甘氨脱氧胆酸($C_{26}H_{43}NO_5$)和胆酸($C_{24}H_{40}O_5$)。多组学数据的整合分析显示,APR 信号转导、肝脏 X 受体(LXR)、类视黄醇 X 受体(RXR)和法尼醇 X 受体(FXR)激活途径参与其中。特别地,胆汁酸的上调可以通过 FXR 激活途径与乳房炎联系。这项研究还确定了炎症过程急性期和消退期中蛋白质和代谢物变化的模式。整合分析显示,虽然细菌数量在攻击后 36~48 h 内达到峰值,但大多数宿主反应直到攻击后 57h 或 81h 才达到峰值。

通过这种联合组学方法来检查宿主对乳房炎的反应所产生的海量数据,需要广泛的生物信息学专业知识来全面评估导致多种肽、蛋白质和代谢物扰乱等事件的顺序。但是,这项研究让我们揭示乳腺对乳房炎反应的全貌提高了可行性。

8.5 乳房炎研究的系统生物学:现状和前景

如前面章节所述,组学技术取得进步,系统生物学研究的关键技术包括二代测序、液相色谱、质谱法和蛋白质组学和代谢组学中的生物信息学,使我们加深了对牛乳房炎的了解。这些还原论(Reductionist)方法为我们准确认识乳房炎期间所发生的分子变化提供了宽阔的视野,并阐明了宿主 - 病原的互作机制。由此,基因组研究决定了对引起感染的细菌种类鉴定的高特异性和灵敏性,从而明确不同的宿主病原响应(Pathogen-host responsiveness)类型。相似地,特定组学能区分感染的不同反应。在乳腺感染期间,蛋白质组学证明蛋白质如急性期蛋白和抗菌肽在感染后几个小时即发生变化,多肽组学确定小肽含量升高,代谢组学显示碳水化合物、脂质、含氮和核酸代谢的代谢物组分发生变化。有关乳腺感染期间乳腺组织和肝脏转录组的同步变化研究,促进了我们对乳腺和肝脏协调变化以及控制两种组织炎症转录网络的理解(Moyes 等,2016)。

然而,尽管大多数采用单一技术的研究信息量大但有局限。因此整合源自宿主和病原系统的基因组学、转录组学、蛋白质组学、代谢组学形成的系统方法,更有潜力深入了解乳房炎,完善乳房炎诊断、管理和预防的技术措施(Ferreira

等，2013）。为此，乳房炎组学研究（Mudaliar 等，2016；Thomas 等，2016a，b）仅是一个开端，但可以预示这样一个现实，即宿主对一种疾病（如乳房炎）的反应不可能发生在目前可用技术平台（Technology platforms）所确定的孤立范围（Isolated silos）内。尽管在每一个组学领域都有各自可用的数据库，但还是需要开发牛乳房炎的综合系统生物学资源。综合组学作为乳房炎和畜牧业其他重要领域研究的系统生物学工具，应该瞄准未来，且其极有可能随着这些现代分析手段的综合应用，使得我们对生物学过程的理解发生彻底改变，进而针对经济意义重大的乳房炎开发大量的新型诊断和治疗技术。

参考文献

Abdel-Shafy H, Bortfeldt RH, Tetens J, et al. 2014. Single nucleotide polymorphism and haplotype effects associated with somatic cell score in German Holstein cattle[J]. Genet Sel Evol, 46:35.

Addis MF, Tanca A, Uzzau S, et al. 2016. The bovine milk microbiota: insights and perspectives from omics studies[J]. Mol Biosyst, 12(8):2359–2372.

Akers RM, Nickerson SC. 2011. Mastitis and its impact on structure and function in the ruminant mammary gland[J]. J Mammary Gland Biol Neoplasia, 16(4):275–289.

Åkerstedt M, Waller KP, Larsen LB, et al. 2008. Relationship between hapto globin and serum amyloid A in milk and milk quality[J]. Int Dairy J, 18(6):669–674.

Akira S, Uematsu S, Takeuchi O. 2006. Pathogen recognition and innate immunity[J]. Cell, 124(4):783–801.

Albalat A, Mischak H, Mullen W. 2011. Clinical application of urinary proteomics/peptidomics[J]. Expert Rev Proteomics, 8(5):615–629.

Almeida AM, Bassols A, Bendixen E, et al. 2015. Animal board invited review: advances in proteomics for animal and food sciences[J]. Animal, 9(1):1–17.

Alonso-Fauste I, Andres M, Iturralde M, et al. 2012. Proteomic characterization by 2-DE in bovine serum and whey from healthy and mastitis affected farm animals[J]. J Proteomics, 75(10):3015–3030.

Anizan S, Bichon E, Di Nardo D, et al. 2011. Screening of 4-androstenedione misuse in cattle by LC-MS/MS profiling of glucuronide and sulfate steroids in urine[J]. Talanta, 86:186–194.

Anizan S, Bichon E, Duval T, et al. 2012. Gas chromate- graphy coupled to mass spectrometry-based metabolomic to screen for anabolic practices in cattle: identification of 5alpha-androst-2-en-17-one as new biomarker of 4-androstenedione misuse[J]. J Mass Spectrom, 47(1):131–140.

Baeker R, Haebel S, Schlatterer K, et al. 2002. Lipocalin-type prostaglandin D synthase in milk: a new biomarker for bovine mastitis[J]. Prostaglandins Other Lipid Mediat, 67(1):75–88.

Barreiro JR, Braga PA, Ferreira CR, et al. 2012. Nonculture based identification of bacteria in milk by protein fingerprinting[J]. Proteomics, 12(17):2739–2745.

Bassols A, Turk R, Roncada P. 2014. A proteomics perspective: from animal welfare to food safety[J]. Curr Protein Pept Sci, 15(2):156–168.

Bender K, Walsh S, Evans AC, et al. 2010. Metabolite concentrations in follicular fluid may explain differences in fertility between heifers and lactating cows[J]. Reproduction, 139(6):1047–1055.

Bendixen E, Danielsen M, Hollung K, et al. 2011. Farm animal proteomics-a review[J]. J Proteomics 74(3):282–293.

Berg LC, Thomsen PD, Andersen PH, et al. 2011. Serum amyloid A is expressed in histologically normal tissues from horses and cattle[J]. Vet Immunol Immunopathol, 144(1-2):155–159.

Berning LM, Shook GE. 1992. Prediction of mastitis using milk somatic cell count, N-acetyl beta-D-glucosaminidase, and lactose[J]. J Dairy Sci, 75(7):1840–1848.

Bhatt VD, Ahir VB, Koringa PG, et al. 2012. Milk microbi ome signatures of subclinical mastitis-affected cattle analysed by shotgun sequencing[J]. J Appl Microbiol, 112(4):639–650.

Bian Y, Lv Y, Li Q. 2014. Identification of diagnostic protein markers of subclinical masti tis in bovine whey using comparative proteomics[J]. Bull Vet Inst Pulawy, 58(3). doi: 104.2478/bvip-2014-0060.

Bislev SL, Deutsch EW, Sun Z, et al. 2012. A Bovine Peptide- Atlas of milk and mammary gland proteomes[J]. Proteomics, 12(18): 2895–2899.

Blum SE, Heller ED, Sela S, et al. 2015. Genomic and phenomic study of mammary pathogenic *Escherichia coli*[J]. PLoS One, 10(9):e0136387.

Boehmer JL. 2011. Proteomic analyses of host and pathogen responses during bovine mastitis[J]. J Mammary Gland Biol Neoplasia, 16(4): 323–338.

Boehmer JL, Bannerman DD, Shefcheck K, et al. 2008. Proteomic analysis of differentially expressed proteins in bovine milk during experimentally induced *Escherichia coli* mastitis[J]. J Dairy Sci, 91(11):4206–4218.

Boehmer JL, DeGrasse JA, McFarland MA, et al. 2010a. The proteomic advantage: label-free quantification of proteins expressed in bovine milk during experimentally induced coliform mastitis[J]. Vet Immunol Immunopathol, 138(4):252–266.

Boehmer JL, Ward JL, Peters RR, et al. 2010b. Proteomic analysis of the temporal expression of bovine milk proteins during coliform mastitis and label-free relative quantification[J]. J Dairy Sci, 93(2):593–603.

Boss R, Cosandey A, Luini M, et al. 2016. Bovine *Staphylococcus aureus*: subtyping, evolution, and zoonotic transfer[J]. J Dairy Sci 99(1):515–528.

Bouchard DS, Rault L, Berkova N, et al. 2013. Inhibition of *Staphylococcus aureus* invasion into bovine mammary epithelial cells by contact with live *Lactobacillus casei*[J]. Appl Environ Microbiol, 79(3):877–885.

Bradley A. 2002. Bovine mastitis: an evolving disease[J]. Vet J, 164(2):116–128.

Bradley AJ, Leach KA, Breen JE, et al. 2007. Survey of the incidence and aetiology of mastitis on dairy farms in England and Wales[J]. Vet Rec, 160(8):253–257.

Canavez FC, Luche DD, Stothard P, et al. 2012. Genome sequence and assembly of Bos indicus[J]. J Hered, 103(3):342–348.

Ceciliani F, Ceron JJ, Eckersall PD, et al. 2012. Acute phaseproteinsin ruminants[J]. J Proteomics, 75(14):4207–4231.

Ceron JJ, Eckersall PD, Martynez-Subiela S. 2005. Acute phase proteins in dogs and cats: current knowledge and future perspective[J]. Vet Clin Pathol, 34(2):85–99.

Cooray R, Waller KP, Venge P. 2007. Haptoglobin comprises about 10% of granule protein extracted from bovine granulocytes isolated from healthy cattle[J]. Vet Immunol Immunopathol, 119(3–4):310–315.

Costa EO, Ribeiro AR, Melville PA, et al. 1996. Bovine mastitis due to algae of the genus Prototheca[J]. Mycopathologia, 133(2):85–88.

Courant F, Antignac JP, Monteau F, et al. 2013. Metabolomics as a potential new approach for investigating human reproductive disorders[J]. J Proteome Res, 12(6):2914–2920.

Crawford RG, Leslie KE, Bagg R, et al. 2005. The impact of controlled release capsules of monensin on postcalving haptoglobin concentrations in dairy cattle[J]. Can J Vet Res, 69(3):208–214.

D'Amato A, Bachi A, Fasoli E, et al. 2009. In-depth exploration of cow's whey proteome via combinatorial peptide ligand libraries[J]. J Proteome Res, 8(8):3925–3936.

Dallas DC, Guerrero A, Khaldi N, et al. 2013. Extensive in vivo human milk peptidomics reveals specific proteolysis yielding protective antimicrobial peptides[J]. J Proteome Res, 12(5):2295–2304.

Dallas DC, Guerrero A, Parker EA, et al. 2015. Current peptid- omics: applications, purification, identification, quantification, and functional analysis[J]. Proteomics, 15(5–6):1026–1038.

Danielsen M, Codrea MC, Ingvartsen KL, et al. 2010. Quantitative milk proteomics- host responses to lipopolysaccharide-mediated inflammation of bovine mammary gland[J]. Proteomics, 10(12):2240–2249.

Davies PL, Leigh JA, Bradley AJ, et al. 2016. Molecular epidemiology of *Streptococcus uberis* clinical mastitis in dairy herds: strain heterogeneity and transmission[J]. J Clin Microbiol, 54(1):68–74.

Dettmer K, Aronov PA, Hammock BD. 2007. Mass spectrometry-based metabolomics[J]. Mass Spectrom Rev, 26(1):51–78.

Dohoo IR, Smith J, Andersen S, et al. 2011. Diagnosing intramammary infections: evaluation of definitions based on a single milk sample[J]. J Dairy Sci 94(1):250–261.

Eckersall PD, de Almeida AM, Miller I. 2012. Proteomics, a new tool for farm animal science[J]. J Proteomics, 75(14):4187–4189.

Eckersall PD, Young FJ, McComb C, et al. 2001. Acute phase proteins in serum and milk from dairy cows with clinical mastiti[J]. Vet Rec, 148(2):35–41.

Eckersall PD, Young FJ, Nolan AM, et al. 2006. Acute phase proteins in bovine milk in an experimental model of *Staphylococcus aureus* subclinical mastitis[J]. J Dairy Sci, 89(5):1488–1501.

Eriksson A, Waller KP, Svennersten-Sjaunja K, et al. 2005. Detection of mastitic milk using a gas-sensor array system (electronic nose)[J]. Int Dairy J, 15(12):1193–1201.

Ezzat Alnakip M, Quintela-Baluja M, Bohme K, et al. 2014. The immunology of mammary gland of dairy ruminants between healthy and inflammatory conditions[J]. J Vet Med, 2014:659801.

Ferreira AM, Bislev SL, Bendixen E, et al. 2013. The mammary gland in domestic ruminants: a systems biology perspective[J]. J Proteomics, 94:110–123.

Galvao KN, Pighetti GM, Cheong SH, et al. 2011. Association between interleukin-8 receptor-alpha (CXCR1) polymorphism and disease incidence, production, reproduction, and survival in Holstein cows[J]. J Dairy Sci, 94(4):2083–2091.

Gerardi G, Bernardini D, Azzurra Elia C, et al. 2009. Use of serum amy loid A and milk amyloid A in the diagnosis of subclinical mastitis in dairy cows[J]. J Dairy Res, 76(4): 411–417.

Gilchrist TL, Smith DG, Fitzpatrick JL, et al. 2013. Comparative molecular analysis of ovine and bovine *Streptococcus uberis* isolates[J]. J Dairy Sci, 96(2):962–970.

Goertz I, Baes C, Weimann C, et al. 2009. Association between single nucleotide polymorphisms in the CXCR1 gene and somatic cell score in Holstein dairy cattle[J]. J Dairy Sci, 92(8):4018–4022.

Goldammer T, Zerbe H, Molenaar A, et al. 2004. Mastitis increases mammary mRNA abundance of beta-defensin 5, toll-like-receptor 2 (TLR2), and TLR4 but not TLR9 in cattle[J]. Clin Diagn Lab Immunol, 11(1):174–185.

Goldstone RJ, Harris S, Smith DG. 2016. Genomic content typifying a prevalent clade of bovine mastitis-associated *Escherichia coli*[J]. Sci Rep, 6:30115.

Green M, Bradley A. 2013. The changing face of mastitis control[J]. Vet Rec, 173(21):517–521.

Gronlund U, Hallen Sandgren C, Persson WK. 2005. Haptoglobin and serum amyloid A in milk from dairy cows with chronic sub-clinical mastitis[J]. Vet Res, 36(2):191–198.

Guerrero A, Dallas DC, Contreras S, et al. 2015. Peptidomic analysis of healthy and subclinically mastitic bovine milk[J]. Int Dairy J 46:46–52.

Gultiken N, Serhat A, Gul F, et al. 2012. Evaluation of plasma and milk haptoglobin concentrations in the diagnosis and treatment follow-up of subclinical mastitis in dairy cows[J]. Acta Vet Brno, 62(2-3):271–279.

Gurjar A, Gioia G, Schukken Y, et al. 2012. Molecular diagnostics applied to mastitis problems on dairy farms[J]. Vet Clin North Am Food Anim Pract, 28(3):565–576.

Hailemariam D, Mandal R, Saleem F, et al. 2014. Identification of predictive biomarkers of disease state in transition dairy cows[J]. J Dairy Sci, 97(5):2680–2693.

Halasa T, Huijps K, Osteras O, et al. 2007. Economic effects of bovine mastitis and mastitis management: a review[J]. Vet Q, 29(1):18–31.

Heikkila AM, Nousiainen JI, Pyorala S. 2012. Costs of clinical mastitis with special reference to premature culling[J]. J Dairy Sci 95(1):139–150.

Hettinga KA, van Valenberg HJ, Lam TJ, et al. 2008a. Detection of mastitis pathogens by analysis of volatile bacterial metabolites[J]. J Dairy Sci, 91(10):3834–3839.

Hettinga KA, van Valenberg HJ, Lam TJ, et al. 2009. The origin of the volatile metabolites found in mastitis milk[J]. Vet Microbiol, 137(3-4):384–387.

Hettinga KA, van Valenberg HJF, Lam TJGM, et al. 2008b. Detection of mastitis pathogens by analysis of volatile bacterial metabolites[J]. J Dairy Sci, 91(10):3834–3839.

Hillerton JE, Berry EA. 2005. Treating mastitis in the cow—a tradition or an archaism[J]. J Appl Microbiol, 98(6):1250–1255.

Hinz K, Larsen LB, Wellnitz O, et al. 2012. Proteolytic and proteomic changes in milk at quarter level following infusion with *Escherichia coli* lipopolysaccharide[J]. J Dairy Sci, 95(4):1655–1666.

Hiss S, Mielenz M, Bruckmaier RM, et al. 2004. Haptoglobin concentrations in blood and milk after endotoxin challenge and quantification of mammary Hp mRNA expression[J]. J Dairy Sci, 87(11):3778–3784.

Hiss S, Weinkauf C, Hachenberg S, et al. 2009. Short communication: Relationship between metabolic status and the milk concentrations of haptoglobin and lactoferrin in dairy cows during early lactation[J]. J Dairy Sci 92(9):4439–4443.

Hogarth CJ, Fitzpatrick JL, Nolan AM, et al. 2004. Differential protein composition of bovine whey: a comparison of whey from healthy animals and from those with clinical mastitis[J]. Proteomics, 4(7):2094–2100.

Holland JW, Deeth HC, Alewood PF. 2006. Resolution and characterisation of multiple isoforms of bovine kappa-casein by 2-DE following a reversible cysteine-tagging enrichment strategy[J]. Proteomics, 6(10):3087–3095.

Hovinen M, Siivonen J, Taponen S, et al. 2008. Detection of mastitis with the help of a thermal camera[J]. J Dairy Sci, 91(12):4592–4598.

Hu ZL, Park CA, Reecy JM. 2016. Developmental progress and current status of the Animal QTLdb[J]. Nucleic Acids Res, 44(D1):D827–D833.

Huang J, Luo G, Zhang Z, et al. 2014. iTRAQ-proteomics and bioinformatics analyses of mammary tissue from cows with clinical mastitis due to natural infection with *Staphylococci aureus*[J]. BMC Genomics, 15:839.

Ibeagha-Awemu EM, Ibeagha AE, Messier S, et al. 2010. Proteomics, genomics, and pathway analyses of *Escherichia coli* and *Staphylococcus aureus* infected milk whey reveal molecular pathways and networks involved in mastitis[J]. J Proteome Res, 9(9):4604–4619.

Ibeagha-Awemu EM, Peters SO, Akwanji KA, et al. 2016. High density genome wide genotyping-by-sequencing and association identifies common and low frequency SNPs, and novel candidate genes influencing cow milk traits[J]. Sci Rep, 6:31109.

Jacobsen S, Niewold TA, Kornalijnslijper E, et al. 2005. Kinetics of local and systemic isoforms of serum amyloid A in bovine mastitic milk[J]. Vet Immunol Immunopathol, 104(1–2):21–31.

Janosi S, Ratz F, Szigeti G, et al. 2001. Review of the microbiological, pathological, and clinical aspects of bovine mastitis caused by the alga Prototheca zopfii[J]. Vet Q, 23(2):58–61.

Jensen LE, Whitehead AS. 1998. Regulation of serum amyloid A protein expression during the acute-phase response[J]. Biochem J, 334(Pt 3):489–503.

Kalmus P, Simojoki H, Pyorala S, et al. 2013. Milk haptoglobin, milk amyloid A, and N-acetyl-beta-D-glucosaminidase activity in bovines with naturally occurring clinical mastitis diagnosed with a quantitative PCR test[J]. J Dairy Sci, 96(6):3662–3670.

Kamal RM, Bayoumi MA, Abd El Aal SFA. 2014. Correlation between some direct and indirect tests for screen detection of subclinical mastitis[J]. Int Food Res J, 21(3):1249–1254.

Kaşikçi G, Çetin O, Bingöl EB, et al. 2012. Relations between electrical conductivity, somatic cell count, California mastitis test and some quality parameters in the diagnosis of subclinical mastitis in dairy cows[J]. Turk J Vet Anim Sci, 36(1):49–55.

Kawai K, Hayashi T, Kiku Y, et al. 2013. Reliability in somatic cell count measurement of clinical mastitis milk using DeLaval cell counter[J]. Anim Sci J, 84(12):805–807.

Kempf F, Slugocki C, Blum SE, et al. 2016. Genomic comparative study of bovine mastitis *Escherichia coli*[J]. PLoS One, 11(1):e0147954.

Kim Y, Atalla H, Mallard B, et al. 2011. Changes in Holstein cow milk and serum proteins during intramammary infection with three different strains of *Staphylococcus aureus*[J]. BMC Vet Res, 7:51.

Kim YG, Lone AM, Saghatelian A. 2013. Analysis of the proteolysis of bioactive peptides using a peptidomics approach[J]. Nat Protoc, 8(9):1730–1742.

Kitchen BJ. 1976. Enzymic methods for estimation of the somatic cell count in bovine milk. 1. Development of assay techniques and a study of their usefulness in evaluating the somatic cell content of milk[J]. J Dairy Res, 43(2):251–258.

Kosciuczuk EM, Lisowski P, Jarczak J, et al. 2014. Expression patterns of beta-defensin and cathelicidin genes in parenchyma of bovine mammary gland infected with coagulase-positive or coagulase-negative *Staphylococci*[J]. BMC Vet Res, 10:246.

Kovacevic-Filipovic M, Ilic V, Vujcic Z, et al. 2012. Serum amyloid A isoforms in serum and milk from cows with *Staphylococcus aureus* subclinical mastitis[J]. Vet Immunol Immunopathol, 145(1-2):120–128.

Lai IH, Tsao JH, Lu YP, et al. 2009. Neutrophils as one of the major haptoglobin sources in mastitis affected milk[J]. Vet Res, 40(3):17.

Larsen LB, Hinz K, Jorgensen AL, et al. 2010a. Proteomic and peptidomic study of proteolysis in quarter milk after infusion with lipoteichoic acid from *Staphylococcus aureus*[J]. J Dairy Sci, 93(12):5613–5626.

Larsen T, Aulrich K. 2012. Optimizing the fluorometric beta-glucuronidase assay in ruminant milk for a more precise determination of mastitis[J]. J Dairy Res, 79(1):7–15.

Larsen T, Rontved CM, Ingvartsen KL, et al. 2010b. Enzyme activity and acute phase proteins in milk utilized as indicators of acute clinical *E. coli* LPS-induced mastitis[J]. Animal, 4(10):1672–1679.

Larson MA, Weber A, McDonald TL. 2006. Bovine serum amyloid A3 gene structure and promoter analysis: induced transcriptional expression by bacterial components and the hormone prolactin[J]. Gene, 380(2):104–110.

Lawless N, Foroushani AB, McCabe MS, et al. 2013. Next generation sequencing reveals the expression of a unique miRNA profile in response to a gram-positive bacterial infection[J]. PLoS One, 8(3):e57543.

Le Marechal C, Seyffert N, Jardin J, et al. 2011. Molecular basis of virulence in *Staphylococcus aureus* mastitis[J]. PLoS One, 6(11):e27354.

Lee JW, Bannerman DD, Paape MJ, et al. 2006. Characterization of cytokine expression in milk somatic cells during intramammary infections with *Escherichia coli* or *Staphylococcus aureus* by real-time PCR[J]. Vet Res, 37(2):219–229.

Leigh JA, Ward PN, Field TR. 2004. The exploitation of the genome in the search for determinants of virulence in Streptococcus uberis[J]. Vet Immunol Immunopathol, 100(3-4):145–149.

Leitner G, Shoshani E, Krifucks O, et al. 2000. Milk leucocyte population patterns in bovine udder infection of different aetiology[J]. J Vet Med B Infect Dis Vet Public Health, 47(8):581–589.

Leyva-Baca I, Schenkel F, Martin J, et al. 2008. Polymorphisms in the 5′ upstream region of the CXCR1 chemokine receptor gene, and their association with somatic cell score in Holstein cattle in Canada[J]. J Dairy Sci 91(1):407–417.

Lindsay JA. 2014. *Staphylococcus aureus* genomics and the impact of horizontal gene transfer[J]. Int J Med Microbiol, 304(2):103–109.

Lippolis JD, Brunelle BW, Reinhardt TA, et al. 2014. Proteomic analysis reveals protein expression differences in *Escherichia coli* strains associated with persistent versus transient mastitis[J]. J Proteomics 108:373–381.

Lippolis JD, Reinhardt TA. 2010. Utility, limitations, and promise of proteomics in animal science[J]. Vet Immunol Immunopathol, 138(4):241–251.

Liu Y, Qin X, Song XZ, et al. 2009. *Bos taurus* genome assembly[J]. BMC Genomics, 10:180.

Lomborg SR, Nielsen LR, Heegaard PM, et al. 2008. Acute phase proteins in cattle after exposure to complex stress[J]. Vet Res Commun, 32(7):575–582.

Luther DA, Almeida RA, Oliver SP. 2008. Elucidation of the DNA sequence of *Streptococcus uberis* adhesion molecule gene (sua) and detection of sua in strains of *Streptococcus uberis* isolated from geographically diverse locations[J]. Vet Microbiol, 128(3–4):304–312.

Ma C, Zhao J, Xi X, et al. 2016. Bovine mastitis may be associated with the deprivation of gut Lactobacillus[J]. Benef Microbes, 7:95–102.

Malek dos Reis CB, Barreiro JR, Mestieri L, et al. 2013. Effect of somatic cell count and mastitis pathogens on milk composition in Gyr cows[J]. BMC Vet Res, 9:67.

Mansor R, Mullen W, Albalat A, et al. 2013. A peptidomic approach to biomarker discovery for bovine mastitis[J]. J Proteomics, 85:89–98.

Massey KA, Nicolaou A. 2013. Lipidomics of oxidized polyunsaturated fatty acids[J]. Free Radic Biol Med, 59:45–55.

Mavangira V, Gandy JC, Zhang C, et al. 2015. Polyunsaturated fatty acids influence differential biosynthesis of oxylipids and other lipid mediators during bovine coliform mastitis[J]. J Dairy Sci, 98(9):6202–6215.

McDonald TL, Larson MA, Mack DR, et al. 2001. Elevated extrahepatic expression and secretion of mammary-associated serum amyloid A 3 (M-SAA3) into colostrum[J]. Vet Immunol Immunopathol, 83(3–4):203–211.

Menschaert G, Vandekerckhove TT, Baggerman G, et al. 2010. Peptidomics coming of age: a review of contributions from a bioinformatics angle[J]. J Proteome Res, 9(5):2051–2061.

Meredith BK, Berry DP, Kearney F, et al. 2013. A genomewide association study for somatic cell score using the Illumina high-density bovine beadchip identifies several novel QTL potentially related to mastitis susceptibility[J]. Front Genet, 4:229.

Meredith BK, Kearney FJ, Finlay EK, *et al.* 2012. Genome wide associations for milk production and somatic cell score in Holstein-Friesian cattle in Ireland[J]. BMC Genet, 13:21.

Metzner M, Sauter-Louis C, Seemueller A, *et al.* 2014. Infrared thermography of the udder surface of dairy cattle: characteristics, methods, and correlation with rectal temperature[J]. Vet J, 199(1):57–62.

Miglio A, Moscati L, Fruganti G, *et al.* 2013. Use of milk amyloid A in the diagnosis of subclinical mastitis in dairy ewes[J]. J Dairy Res 80(4):496–502.

Milner P, Page KL, Walton AW, *et al.* 1996. Detection of clinical mastitis by changes in electrical conductivity of foremilk before visible changes in milk[J]. J Dairy Sci, 79(1):83–86.

Mogensen TH. 2009. Pathogen recognition and inflammatory signaling in innate immune defenses[J]. Clin Microbiol Rev, 22(2):240–273.

Molenaar AJ, Harris DP, Rajan GH, *et al.* 2009. The acute-phase protein serum amyloid A3 is expressed in the bovine mammary gland and plays a role in host defence[J]. Biomarkers, 14(1):26–37.

Moyes KM, Drackley JK, Morin DE, *et al.* 2009. Gene network and pathway analysis of bovine mammary tissue challenged with *Streptococcus uberis* reveals induction of cell proliferation and inhibition of PPARgamma signaling as potential mechanism for the negative relationships between immune response and lipid metabolism[J]. BMC Genomics, 10:542.

Moyes KM, Sorensen P, Bionaz M. 2016. The impact of intramammary *Escherichia coli* challenge on liver and mammary transcriptome and cross-talk in dairy cows during early lactation using RNAseq[J]. PLoS One, 11(6):e0157480.

Mudaliar M, Tassi R, Thomas FC, *et al.* 2016. Mastitomics, the integrated omics of bovine milk in an experimental model of *Streptococcus uberis* mastitis: 2. Label-free relative quantitative proteomics[J]. Mol Biosyst, 12(9):2748–2761.

Nagahata H, Saito S, Noda H. 1987. Changes in N-acetyl-B-D-glucosaminidase and B-glucuronidase activities in milk during bovine mastitis[J]. Can J Vet Res, 51(1):126–134.

Napoli A, Aiello D, Di Donna L, *et al.* 2007. Exploitation of endogenous protease activity in raw mastitic milk by MALDI-TOF/TOF[J]. Anal Chem, 79(15):5941–5948.

Nicholas RA. 2011 Bovine mycoplasmosis: silent and deadly[J]. Vet Rec, 168(17):459–462.

Nielsen BH, Jacobsen S, Andersen PH, *et al.* 2004. Acute phase protein concentrations in serum and milk from healthy cows, cows with clinical mastitis and cows with extramammary inflammatory conditions[J]. Vet Rec, 154(12):361–365.

Nissen A, Bendixen E, Ingvartsen KL, *et al.* 2013. Expanding the bovine milk proteome through extensive fractionation[J]. J Dairy Sci, 96(12):7854–7866.

Notcovich S, de Nicolo G, Williamson NB, *et al.* 2016. The ability of four strains of Streptococcus uberis to induce clinical mastitis after intramammary inoculation in lactating cows[J]. N Z Vet J, 64(4):218–223.

O'Mahony MC, Healy AM, Harte D, et al. 2006. Milk amy loid A: correlation with cellular indices of mammary inflammation in cows with normal and raised serum amyloid A[J]. Res Vet Sci, 80(2):155–161.

Oikonomou G, Bicalho ML, Meira E, et al. 2014. Microbiota of cow's milk; distinguishing healthy, sub-clinically and clinically diseased quarters[J]. PLoS One, 9(1):e85904.

Oikonomou G, Machado VS, Santisteban C, et al. 2012. Microbial diversity of bovine mastitic milk as described by pyrosequencing of metagenomic 16s rDNA[J]. PLoS One, 7(10):e47671.

Olsson T, Sandstedt K, Holmberg O, et al. 1986. Extraction and determination of adenos ine 5′-triphosphate in bovine milk by the firefly luciferase assay[J]. Biotechnol Appl Biochem, 8(5):361–369.

Opsal MA, Lien S, Brenna-Hansen S, et al. 2008. Association analysis of the constructed linkage maps covering TLR2 and TLR4 with clinical mastitis in Norwegian Red cattle[J]. J Anim Breed Genet, 125(2):110–118.

Osorio MT, Moloney AP, Brennan L, et al. 2012. Authentication of beef production systems a metabolomic-based approach[J]. Animal, 6(1):167–172.

Pachauri S, Varshney P, Dash S, et al. 2013. Involvement of fungal species in bovine mastitis in and around Mathura, India[J]. Vet World, 6(7):393.

Pawlik A, Sender G, Kapera M, et al. 2015. Association between interleukin 8 receptor alpha gene (CXCR1) and mastitis in dairy cattle[J]. Cent Eur J Immunol, 40(2):153–158.

Pedersen LH, Aalbaek B, Rontved CM, et al. 2003. Early pathogenesis and inflammatory response in experimental bovine mastitis due to *Streptococcus uberis*[J]. J Comp Pathol, 128(2–3):156–164.

Pepe G, Tenore GC, Mastrocinque R, et al. 2013. Potential anticarcinogenic peptides from bovine milk[J]. J Amino Acids, 2013:939804.

Petzl W, Gunther J, Muhlbauer K, et al. 2016. Early transcrip tional events in the udder and teat after intra-mammary *Escherichia coli* and *Staphylococcus aureus* challenge[J]. Innate Immun, 22(4):294–304.

Pezeshki A, Stordeur P, Wallemacq H, et al. 2011. Variation of inflammatory dynamics and mediators in primiparous cows after intramammary challenge with *Escherichia coli*[J]. Vet Res, 42:15.

Pighetti GM, Kojima CJ, Wojakiewicz L, et al. 2012. The bovine CXCR1 gene is highly polymorphic[J]. Vet Immunol Immunopathol, 145(1-2):464–470.

Polat B, Colak A, Cengiz M, et al. 2010. Sensitivity and specificity of infrared thermography in detection of subclinical mastitis in dairy cows[J]. J Dairy Sci, 93(8):3525–3532.

Pongthaisong P, Katawatin S, Thamrongyoswittayakul C, et al. 2016. Milk protein profiles in response to *Streptococcus agalactiae* subclinical mastitis in dairy cows[J]. Anim Sci J, 87(1):92–98.

Pyorala S. 2003. Indicators of inflammation in the diagnosis of mastitis[J]. Vet Res, 34(5):565–578.

Pyorala S, Hovinen M, Simojoki H, et al. 2011. Acute phase proteins in milk in naturally acquired bovine mastitis caused by different pathogens[J]. Vet Rec, 168(20):535.

Qiao J, Kwok L, Zhang J, et al. 2015.Reduction of Lactobacillus in the milks of cows with subclinical mastitis[J]. Benef Microbes, 6(4):485–490.

Quigley L, O'Sullivan O, Stanton C, et al. 2013. The complex microbiota of raw milk[J]. FEMS Microbiol Rev, 37(5):664–698.

Rainard P, Riollet C. 2006. Innate immunity of the bovine mammary gland[J]. Vet Res, 37(3):369–400.

Reese JT, Childers CP, Sundaram JP, et al. 2010. Bovine Genome Database: supporting community annotation and analysis of the *Bos taurus* genome[J]. BMC Genomics, 11:645.

Regal P, Anizan S, Antignac JP, et al. 2011. Metabolomic approach based on liquid chromatography coupled to high resolution mass spectrometry to screen for the illegal use of estradiol and progesterone in cattle[J]. Anal Chim Acta, 700(1-2):16–25.

Reinhardt TA, Lippolis JD. 2006. Bovine milk fat globule membrane proteome[J]. J Dairy Res, 73(4):406–416.

Reinhardt TA, Sacco RE, Nonnecke BJ, et al. 2013. Bovine milk proteome: quantitative changes in normal milk exosomes, milk fat globule membranes and whey proteomes resulting from *Staphylococcus aureus* mastitis[J]. J Proteomics, 82:141–154.

Reyher KK, Dohoo IR, Scholl DT, et al. 2012a. Evaluation of minor pathogen intrama mmary infection, susceptibility parameters, and somatic cell counts on the development of new intramammary infections with major mastitis pathogens[J]. J Dairy Sci, 95(7):3766–3780.

Reyher KK, Haine D, Dohoo IR, et al. 2012b. Examining the effect of intramammary infections with minor mastitis pathogens on the acquisition of new intramammary infections with major mastitis pathogens: a systematic review and meta-analysis[J]. J Dairy Sci, 95(11):6483–6502.

Rijk JC, Lommen A, Essers ML, et al. 2009. Metabolomics approach to anabolic steroid urine profiling of bovines treated with prohormones[J]. Anal Chem, 81(16):6879–6888.

Roncada P, Piras C, Soggiu A, et al. 2012. Farm animal milk proteomics[J]. J Proteomics, 75(14):4259–4274.

Rupp R, Boichard D. 2003. Genetics of resistance to mastitis in dairy cattle[J]. Vet Res, 34(5):671–688.

Russell CD, Widdison S, Leigh JA, et al. 2012. Identification of single nucleotide polymor phisms in the bovine Toll-like receptor 1 gene and association with health traits in cattle[J]. Vet Res, 43(1):17.

Ryman VE, Pighetti GM, Lippolis JD, et al. 2015. Quantification of bovine oxylipids during intramammary Streptococcus uberis infection[J]. Prostaglandins Other Lipid Mediat, 121(Pt B):207–217.

Sahana G, Guldbrandtsen B, Thomsen B, *et al.* 2014. Genome wide association study using high-density single nucleotide polymorphism arrays and whole genome sequences for clinical mastitis traits in dairy cattle[J]. J Dairy Sci, 97(11):7258–7275.

Saleem F, Bouatra S, Guo AC, *et al.* 2012. The bovine ruminal fluid metabolome[J]. Metabolomics, 9(2):360–378.

Sargeant JM, Leslie KE, Shirley JE, *et al.* 2001. Sensitivity and specificity of somatic cell count and California Mastitis Test for identifying intramammary infection in early lactation[J]. J Dairy Sci, 84(9):2018–2024.

Savijoki K, Iivanainen A, Siljamaki P, *et al.* 2014. Genomics and proteomics provide new insight into the commensal and pathogenic lifestyles of bovine- and human-associated Staphylococcus epidermidis strains[J]. J Proteome Res, 13:3748–3762.

Schukken Y, Chuff M, Moroni P, *et al.* 2012. The "other" gram-negative bacteria in mastitis: Klebsiella, serratia, and more[J]. Vet Clin North Am Food Anim Pract, 28(2):239–256.

Seker I, Risvanli A, Yuksel M, *et al.* 2009. Relationship between California Mastitis Test score and ultrasonographic teat measurements in dairy cows[J]. Aust Vet J, 87(12):480–483.

Sharma A, Lee JS, Dang CG, *et al.* 2015. Stories and challenges of genome wide association studies in Livestock—a review[J]. Asian-Australas J Anim Sci, 28(10):1371–1379.

Sharma RS, Misra DS. 1966. Milk lactose and its importance in diagnosis of mastitis[J]. Indian Vet J, 43(2):154–159.

Smolenski G, Haines S, Kwan FY, *et al.* 2007. Characterisation of host defence proteins in milk using a proteomic approach[J]. J Proteome Res, 6(1):207–215.

Spittel S, Hoedemaker M. 2012. Mastitis diagnosis in dairy cows using PathoProof real-time polymerase chain reaction assay in comparison with conventional bacterial culture in a Northern German field study[J]. Berl Munch Tierarztl Wochenschr, 125(11-12):494–502.

Stables MJ, Gilroy DW. 2011. Old and new generation lipid mediators in acute inflammation and resolution[J]. Prog Lipid Res, 50(1):35–51.

Sun J, Aswath K, Schroeder SG, *et al.* 2015. MicroRNA expression profiles of bovine milk exosomes in response to *Staphylococcus aureus* infection[J]. BMC Genomics, 16:806.

Sundekilde UK, Larsen LB, Bertram HC. 2013a. NMR-based milk metabolomics[J]. Metabolites, 3(2):204–222.

Sundekilde UK, Poulsen NA, Larsen LB, *et al.* 2013b. Nuclear magnetic resonance meta bonomics reveals strong association between milk metabolites and somatic cell count in bovine milk[J]. J Dairy Sci, 96(1):290–299.

Suojala L, Orro T, Jarvinen H, et al. 2008. Acute phase response in two consecutive experimentally induced *E coli* intramammary infections in dairy cows[J]. Acta Vet Scand, 50:18.

Swanson KM, Stelwagen K, Dobson J, et al. 2009. Transcriptome profiling of *Streptococcus uberis*-induced mastitis reveals fundamental differences between immune gene expression in the mammary gland and in a primary cell culture model[J]. J Dairy Sci, 92(1):117–129.

Szczubial M, Dabrowski R, Kankofer M, et al. 2012. Concentration of serum amyloid A and ceruloplasmin activity in milk from cows with subclinical mastitis caused by different pathogens[J]. Pol J Vet Sci, 15(2):291–296.

Takahashi E, Kuwayama H, Kawamoto K, et al. 2009. Detection of serum amyloid A isoforms in cattle[J]. J Vet Diagn Invest, 21(6):874–877.

Takeda K, Akira S. 2005. Toll-like receptors in innate immunity[J]. Int Immunol, 17(1):1–14.

Tassi R, McNeilly TN, Fitzpatrick JL, et al. 2013. Strain specific pathogenicity of putative host-adapted and nonadapted strains of *Streptococcus uberis* in dairy cattle[J]. J Dairy Sci, 96(8):5129–5145.

Tassi R, McNeilly TN, Sipka A, et al. 2015. Correlation of hypothetical virulence traits of two *Streptococcus uberis* strains with the clinical manifestation of bovine mastitis[J]. Vet Res, 46:123.

Tellam RL, Lemay DG, Van Tassell CP, et al. 2009. Unlocking the bovine genome[J]. BMC Genomics, 10:193.

Thielen MA, Mielenz M, Hiss S, et al. 2007. Short communication: cellular localization of haptoglobin mRNA in the experimentally infected bovine mammary gland[J]. J Dairy Sci, 90(3):1215–1219.

Thomas FC, Mudaliar M, Tassi R, et al. 2016a. Mastitomics, the integrated omics of bovine milk in an experimental model of *Streptococcus uberis* mastitis: 3. Untargeted metabolomics[J]. Mol Biosyst, 12(9):2762–2769.

Thomas FC, Mullen W, Tassi R, et al. 2016b. Mastitomics, the integrated omics of bovine milk in an experimental model of *Streptococcus uberis* mastitis: 1. High abundance proteins, acute phase proteins and peptidomics[J]. Mol Biosyst, 12(9):2735–2747.

Thomas FC, Santana AM, Waterston M, et al. 2016c. Effect of pre-analytical treatments on bovine milk acute phase proteins[J]. BMC Vet Res, 12(1):151.

Thomas FC, Waterston M, Hastie P, et al. 2016d. Early post parturient changes in milk acute phase proteins[J]. J Dairy Res, 83(3):352–359.

Thompson-Crispi KA, Sargolzaei M, et al. 2014. A genome-wide association study of immune response traits in Canadian Holstein cattle[J]. BMC Genomics, 15:559.

Tiezzi F, Parker-Gaddis KL, Cole JB, et al. 2015. A genome-wide association study for clinical mastitis in first parity US Holstein cows using single-step approach and genomic matrix re-weighting procedure[J]. PLoS One, 10(2):e0114919.

Tomasinsig L, De Conti G, Skerlavaj B, et al. 2010. Broad spectrum activity against bacterial mastitis pathogens and activation of mammary epithelial cells support a protective role of neutrophil cathelicidins in bovine mastitis[J]. Infect Immun, 78(4):1781–1788.

Tomasinsig L, Skerlavaj B, Scarsini M, et al. 2012. Comparative activity and mechanism of action of three types of bovine antimicrobial peptides against pathogenic *Prototheca* spp[J]. J Pept Sci, 18(2):105–113.

Turk R, Piras C, Kovacic M, et al. 2012. Proteomics of inflammatory and oxidative stress response in cows with subclinical and clinical mastitis[J]. J Proteomics, 75(14):4412–4428.

Uhlar CM, Whitehead AS. 1999. Serum amyloid A, the major vertebrate acute-phase reactant[J]. Eur J Biochem, 265(2):501–523.

Ursell LK, Metcalf JL, Parfrey LW, et al. 2012. Defining the human microbiome[J]. Nutr Rev, 70(Suppl 1):S38–S44.

Viguier C, Arora S, Gilmartin N, et al. 2009. Mastitis detection: current trends and future perspectives[J]. Trends Biotechnol, 27(8):486–493.

Waldmann P, Meszaros G, Gredler B, et al. 2013. Evaluation of the lasso and the elastic net in genome-wide association studies[J]. Front Genet, 4:270.

Wang X, Ma P, Liu J, et al. 2015. Genome-wide association study in Chinese Holstein cows reveal two candidate genes for somatic cell score as an indicator for mastitis susceptibility[J]. BMC Genet, 16:111.

Wang XG, Ju ZH, Hou MH, et al. 2016. Deciphering transcriptome and complex alternative splicing transcripts in mammary gland tissues from cows naturally infected with *Staphylococcus aureus* mastitis[J]. PLoS One, 11(7):e0159719.

Ward PN, Field TR, Ditcham WG, et al. 2001. Identification and disruption of two discrete loci encoding hyaluronic acid capsule biosynthesis genes hasA, hasB, and hasC in *Streptococcus uberis*[J]. Infect Immun, 69(1):392–399.

Ward PN, Holden MT, Leigh JA, et al. 2009. Evidence for niche adaptation in the genome of the bovine pathogen *Streptococcus uberis*[J]. BMC Genomics, 10:54.

Watson CJ, Kreuzaler PA. 2011. Remodeling mechanisms of the mammary gland during involution[J]. Int J Dev Biol, 55(7–9):757–762.

Wellenberg GJ, van der Poel WH, Van Oirschot JT. 2002. Viral infections and bovine mastitis: a review[J]. Vet Microbiol, 88(1):27–45.

Wenz JR, Fox LK, Muller FJ, et al. 2010. Factors associated with concentrations of select cytokine and acute phase proteins in dairy cows with naturally occurring clinical mastitis[J]. J Dairy Sci, 93(6):2458–2470.

Whelehan CJ, Meade KG, Eckersall PD, et al. 2011. Experimental *Staphylococcus aureus* infection of the mammary gland induces region-specific changes in innate immune gene expression[J]. Vet Immunol Immunopathol, 140(3–4):181–189.

Wijga S, Bastiaansen JW, Wall E, et al. 2012. Genomic associations with somatic cell score in first-lactation Holstein cows[J]. J Dairy Sci, 95(2):899–908.

Winter P, Miny M, Fuchs K, et al. 2006. The potential of measuring serum amyloid A in individual ewe milk and in farm bulk milk for monitoring udder health on sheep dairy farms[J]. Res Vet Sci, 81(3):321–326.

Yamada T. 1999. Serum amyloid A (SAA): a concise review of biology, assay methods and clinical usefulness[J]. Clin Chem Lab Med, 37(4):381–388.

Yang YX, Zhao XX, Zhang Y. 2009. Proteomic analysis of mammary tissues from healthy cows and clinical mastitic cows for identification of disease-related proteins[J]. Vet Res Commun, 33(4):295–303.

Youngerman SM, Saxton AM, Oliver SP, et al. 2004. Association of CXCR2 polymorphisms with subclinical and clinical mastitis in dairy cattle[J]. J Dairy Sci, 87(8):2442–2448.

Younis S, Javed Q, Blumenberg M. 2016. Meta-analysis of transcriptional responses to mastitis causing *Escherichia coli*[J]. PLoS One, 11(3):e0148562.

Zadoks R, Fitzpatrick J. 2009. Changing trends in mastitis[J]. Irish Vet J, 62(Suppl 4):S59–S70.

Zadoks RN, Middleton JR, McDougall S, et al. 2011. Molecular epidemiology of mastitis pathogens of dairy cattle and comparative relevance to humans[J]. J Mammary Gland Biol Neoplasia, 16(4):357–372.

Zhang H, Wu L, Xu C, et al. 2013. Plasma metabolomic profiling of dairy cows affected with ketosis using gas chromatography/mass spectrometry[J]. BMC Vet Res, 9:186.

Zhao X, Lacasse P. 2008. Mammary tissue damage during bovine mastitis: causes and control[J]. J Anim Sci, 86(13 Suppl): 57–65.

Zhou L, Wang HM, Ju ZH, et al. 2013. Association of novel single nucleotide polymorphisms of the CXCR1 gene with the milk performance traits of Chinese native cattle[J]. Genet Mol Res, 12(3):2725–2739.

Zimin AV, Delcher AL, Florea L, et al. 2009. A wholegenome assembly of the domestic cow, *Bos taurus*[J]. Genome Biol, 10(4): R42.

9

基于组学技术的蹄叶炎多系统兽医学研究展望

Richard R.E. Uwiera, Ashley F. Egyedy, Burim N. Ametaj[*]

摘 要

近几十年来,奶牛业一直深受蹄叶炎及跛行相关疾病困扰。蹄叶炎是一种代价高昂的疾病,对乳制品生产、动物健康和福利都有着重大影响。奶牛蹄叶炎是一种复杂的疾病,其发生、发展和严重程度受多种因素影响,包括个体健康、遗传特性和环境。因此,了解奶牛蹄叶炎的病理生理需要同时研究直接作用于蹄部的影响因素(如组织病理学变化和机械损伤)和间接作用于蹄部的病理生理影响因素(如高胰岛素血症)。这为多种生理系统提供了一个更广泛理解——系统兽医方法。目前,在奶牛中研究该病的诱因和进展的资料相对较少。将新的组学技术应用于牛蹄叶炎的研究有助于阐明该病的发展过程。组学科学,即基因组学、转录组学、蛋白质组学和代谢组学,证明了蹄叶炎是基因表达、蛋白质翻译和代谢的复杂作用结果。牛蹄叶炎明确与促炎细胞因子、基质金属蛋白酶的增加,以及氨基酸、碳水化合物、脂质和能量产生分子的代谢有关。随着研究的不断深入,对奶牛蹄叶炎的病理生理学将会有一个全面的了解,这将有利于提高畜牧业生产实践和该病的治疗方法以减轻病症。

---

[*] R.R.E. Uwiera, D.V.M., Ph.D. (✉) • A.F. Egyedy, M.Sc. • B.N. Ametaj, D.V.M., Ph.D., Ph.D.
Department of Agricultural, Food and Nutritional Science, University of Alberta,
Edmonton, Alberta T6R 2J6, Canada
e-mail: richard.uwiera@ualberta.ca; egyedy@ualberta.ca; bametaj@ualberta.ca

9.1 引言

蹄（爪）是牛机体上的一种特殊结构，能够支撑动物自身重量，并保证灵活的运动。任何种属牛蹄（爪）都必须能够承受其体重以保障正常生存，能够从一个地方移动到另一个地方；这是动物自然行为的一个重要方面，也是良好的动物福利和身体健康的必要品质。当然，动物自由活动的能力是动物福利五大自由之一，也是奶牛业的一个理想特征，因其能转化为最佳的动物生产效益（Webster，1997）。奶牛需要从饲槽或牧场采食饲料、从牛栏走到挤奶室、大多奶牛需要站立产犊，所有这些情况都需要良好的支撑结构，如良好的蹄。即任何损害奶牛站立或移动能力的因素（即跛行）都会对生产力产生不利影响，跛行是导致奶牛业生产力下降的主要原因。跛行现象普遍存在，个别奶牛场在每年都有近25%的牛出现跛行（Whitaker 等，2000）。跛行也会增加牛群内的淘汰率，一些牧场的淘汰率达到6%。奶牛跛行也显著影响利润，经通胀调整计算后每头奶牛的利润减少了238美元（如奶牛蹄底溃疡；Cha 等，2010）。牛跛行的临床表现可能有明显不同（Nordlund 等，2004），跛行的温和形式包括短步慢行，而严重跛行的则表现为瘦弱、局部负重和行动困难。重要的是，90%的奶牛跛行与蹄的异常有关，而大多数蹄的异常与蹄叶炎有关。

9.2 各年龄段跛行和蹄叶炎的简要病史

牛的跛行并不是当代奶牛业独有和唯一的疾病，而是长期以来一直困扰着蹄类动物，并波及所有使役动物的疾病。公元前3500年，苏美尔人的作家描述了牛兽医治疗病牛的情景（Dunlop 和 Williams, 1996），公元前1350年，赫梯人在《野兽》一书中描述了跛行与过度运动、饮食和饮水习惯的改变有关。公元1世纪罗马农业作家（Columella, 2007）（公元55年）的农业论文中也描述了牛的跛行及其治疗方法：牛摔伤脚、流血会导致跛行。当这种情况发生时，应立即检查蹄部。触诊时，蹄部（如血液一样）会发热，不得对牛的患处进行太粗暴的处理。但是，如果血仍然淤积在患部腿上，可通过不断按摩以揉散淤血。如果没有效果，就可采用刮除法清除淤血。另外，如果淤血在蹄内，应用刀在脚趾间开一个小口以去除淤血。然后，敷上用盐醋浸湿的绷带，钉上扫帚形蹄铁。应特别注意防止牛蹄进水，并确保其保持干燥。如果这些淤血不排出，就会造成肿胀，一旦发生溃烂，治疗则过晚。

在整个中世纪早期，对跛行和蹄叶炎的理解仍然是一个谜，与该疾病相关的治疗仍然无效，且不一定对患畜有益。例如，人们发现太监中，痛风患者出现相应的行走困难情况较少，所以当对放血驱除"邪气"家畜跛行治疗无效时，则建议阉割。对跛行和蹄叶炎治疗不太理想的其他方法（包括剥蹄）持续了几个世纪，但幸运的是，在动物保护协会的指导下，这种做法已经在19世纪停止（Smith，1976）。一般而言，中世纪证明蹄叶炎缺乏有效的治疗方法，但在西欧的畜牧业生产发生了明显的变化，这可能改善了牲畜的健康状况。正如吉伯特·德诺根（Guibert de Nogent）所描述，穷人正在给"他们的牛穿鞋，就像他们是马一样"（Severin，1989）。进入现代后，跛行和蹄叶炎的治疗和预防开始得到改善，主要表现为改善钉牛蹄的做法、适当的饮食以及选用更具抗病力的动物使役。19世纪美国陆军军需总司令强调了这一做法，他们更喜欢骡子和牛而不喜欢重型军马，因为这些驮畜不会"过食或过饮"，而且蹄叶炎的发病率显著降低；这对美国骑兵来说是一个特别可取的做法（Kauffman，1996）。在此期间，提倡家畜在较软的地面行走，并进行疼痛管理，正如所描述的吃"罂粟籽壳"促进康复。直到20世纪末（即20世纪80年代后），跛行和蹄叶炎的医学治疗才被接受并建立在科学依据基础上，加用抗组胺药和其他化合物进行对症治疗，以减少炎症（Takahashi和Young，1981）是一种减轻临床疾病、改善恢复时间和减少淘汰率的必要性治疗方法。

9.3 牛蹄解剖学与体重转移

自由活动的能力不仅是奶牛福祉的必要条件，也是良好的动物生产所需的必要条件。大型动物将沉重的冲击力转移到地面上，这就需要牛蹄内的适应能力。牛蹄是下肢与周围环境、地面之间的中介。虽然牛蹄在运动和运动性能上不如马蹄专业，且其缺乏专门的解剖学特征，即条状板、蛙状板、次生板等特殊的解剖特征，但牛蹄仍是有效保护牛肢的最远端结构（Shively，1984）。从解剖学上讲，牛蹄可分为蹄尖、蹄壳和蹄冠带等内部结构（图9.1）。内部支撑结构包括骨骼、关节、韧带和肌腱。第三趾骨（踏板骨）、第二趾骨远侧和籽骨远侧位于蹄内，通过交叉侧支韧带、十字韧带和籽骨远侧韧带以及相应的关节囊将其连接在一起。第三趾骨也附着于趾深屈肌腱上，蹄的屈伸分别需要趾深屈肌腱和趾深伸肌腱。蹄的内部结构通常被胶原基质包围，蹄的远端有3个胶原垫和脂肪垫（蹄垫）位于靠近屈肌腱的第三趾骨下方（Räber等，2004）。它们的内部结构也受到蹄神经的支配，并由蹄轴动脉和蹄背动脉的血液提供营养（Sisson等，1975）。蹄冠带是由特殊的角质化结构组成，分为4个解剖区域（Mason，2012）。蹄缘是蹄冠带背表面最主要的头侧部分，与小腿真皮相连。冠状节由硬而厚的角质化壁

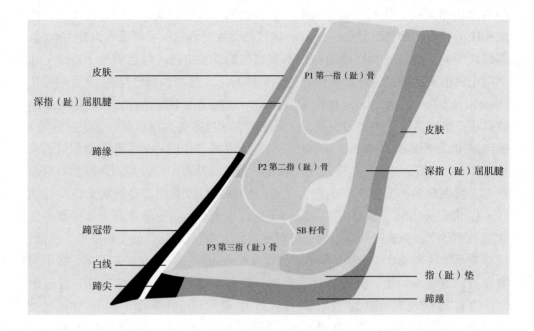

图 9.1　牛蹄

该插图标识了牛蹄重要的解剖结构，包括皮肤、深指（趾）屈肌腱、蹄缘（皮肤和蹄壳交界处的蹄外膜）、蹄冠带（蹄壳的冠状面）、白线、蹄尖（小而硬的蹄底部分）、蹄踵（柔软的踵角）、指（趾）垫、深指（趾）屈肌腱，以及蹄壳内部骨骼。P1、P2、P3 和 SB 分别代表第一指（趾）骨、第二指（趾）骨、第三指（趾）骨和籽骨。

构成，是蹄壳最大的部分，也是保护蹄内部结构的主要部位。这个部位对于将部分重力分散到地面也很重要。白线连接包膜和蹄底，交错于角质层和真皮层，是蹄包膜、第三趾骨和周围胶原的重要悬吊结构。蹄底包括与白线并列的小蹄尖和更大的蹄踵，后者进一步细分为坚固的蹄冠和更柔软的蹄垫。

　　牛蹄的各个组成部分承受着不同的体重和机械力转移，牛蹄的大体形态、细胞结构和血管组成对维持蹄的正常功能至关重要。远端趾垫层主要参与减震作用，而冠状动脉带与复杂的真皮微血管结构网络在改善运动和行进过程中的血流方面具有重要作用（Räber 等，2004）。

　　悬吊结构对于保持第三趾骨在蹄冠带内的正确方向至关重要，并将部分机械力转移到蹄部。连接第三趾骨和蹄冠带的真皮富含胶原蛋白和弹性纤维，由复杂的楔形结构组成，与表皮层交错，加强两个结构之间的互连接面积，提高结构完整性。真皮中还充满了糖蛋白水解酶金属蛋白酶、角蛋白、血管生成生长因子（Tomlinson 等，2004；Hirschberg 和 Plendl，2005）和导致蹄叶炎发生和发展的成分。

9.4 奶牛蹄叶炎

牛蹄叶炎的概念最早出现于 20 世纪 60 年代早期，是一种"蹄真皮层弥漫性无菌性炎症"，无论是哪种类型的诱发因素，蹄叶炎与所有其他形式的炎症一样，都表现出典型的炎症特征，如牛蹄内发红、肿胀、疼痛、发热以及功能丧失。

蹄叶炎根据炎症的发生、持续时间和严重程度，可分为 4 种：急性、亚急性、慢性和亚临床蹄叶炎。急性蹄叶炎是一种在损伤后 24h 内发生的组织反应。患有急性蹄叶炎的牛表现为步态僵硬，明显的远端脉搏和机体不适。动物生产性能，如产奶量和采食量，在急性蹄叶炎期间可能不会受影响。亚急性蹄叶炎在损伤后持续时间超过 10d，与患有急性蹄叶炎的牛相比，亚急性蹄叶炎病牛表现出更轻微的临床症状。慢性蹄叶炎持续时间超过 6~8 周，并通过蹄异常形态来确定。最后，亚临床蹄叶炎是一种隐性蹄叶炎。奶牛亚临床蹄叶炎临床表现很少，常呈正常步态，其确诊通常是通过观察常规修蹄剪后蹄的细微异常而发现的。

蹄叶炎的病理生理较为复杂，涉及血流的改变和正常细胞生理过程的破坏（Ossent 和 Lischer，1998）。尽管牛蹄叶炎病因学仍存在争议，但动物模型（如低聚果糖过载诱导的牛跛行模型）已经为研究牛蹄损伤的病理生理和形态学变化提供了依据（Danscher，2009，2010；Thoefner，2004）。牛蹄叶炎的发生和发展可分为 3 个连续的阶段（Ossent 和 Lischer，1998）。

第一阶段与血管活性物质（如组胺）释放导致蹄部血流受损有关，随后出现血流停滞和形成微血管内血栓。渗出物渗出到周围组织，导致水肿。血流量的减少也可以导致动静脉分流，进一步引起血液从真皮向更深的组织流动。这些早期因素与蹄内显著的形态学改变也有关，包括在生发细胞变性和坏死后，蹄叶基底膜剥离，蹄叶被拉伸（Thoefner，2004）。有时也有少量的血管周围的粒细胞浸润，伴有局灶性真皮出血和水肿液淤积。

第二阶段，第三趾骨的底层组织受到明显压迫。真皮的毛细血管和微血管系统也在持续受到损伤；类似于第 1 阶段，可伴有血管周围炎性细胞浸润、坏死和水肿。

牛慢性蹄叶炎的第三阶段，多数蹄冠带在损伤后 6~8 周出现许多临床症状。蹄的变化包括：角的软化和脆性增加，明显的真皮出血，蹄尖和蹄踵的真皮坏死和溃烂增加，白线变宽和变黄。在最急性牛蹄叶炎中，存在一个远端移位，第三趾骨穿过蹄底，这种情况可能导致动物的人道安乐死。

牛蹄叶炎相关的细胞事件较为复杂，不像马蹄叶炎的发病机制那样清楚；因此，奶牛蹄叶炎的信息相对缺乏。然而，在牛蹄叶炎的发生和发展过程中，有一些生理和生化过程已经被证实。研究表明，跛行的各种原因（即作为牛慢性蹄叶炎表现的蹄底溃疡）可导致血浆中炎性细胞群基因表达的改变。研究人员还发现，蹄底溃疡可诱导中性粒细胞与淋巴细胞比率升高，皮质醇和结合珠蛋白水平升高，提示牛蹄叶有炎症反应。此外，蹄底损伤不仅增加白细胞表达促炎和抗炎细胞因子 IL-1 和 IL-10，蹄底溃疡的出现还增加了 L-选择素（导致中性粒细胞向炎症区域趋向化的一个重要分子）的表达。最后，基质金属蛋白酶 MMP-13（一种参与胶原降解的大蛋白，也是其他基质金属蛋白酶 MMP-2 和 MMP-9 的有效激活剂）的显著表达导致蹄内组织进一步损伤（O'Driscoll 等，2015；Almeida 等，2007）。其他研究表明，在蹄底或蹄壁损伤后，蹄内细胞因子和生长因子发生了变化（Mills 等，2009；Osorio 等，2012）。例如，牛蹄真皮和表皮活检显示，蹄底或蹄壁的病变增加了促炎细胞因子、IL-1、IL-1 受体、TNF、IL-18 和 IL-12 的释放，这些是 T 细胞产生 TNF 和 INF-γ 的重要诱导因子。此外，在蹄溃疡组织中能诱导 iNOS（诱导型一氧化氮合酶）和角质形成细胞生长因子，随着损伤时间的延长，这些化合物的表达逐渐增加。有趣的是，牛蹄底抗炎和恢复性细胞因子 IL-10 和 TGF-β 表达的平行增加表明，慢性蹄叶炎发作期间炎症和修复之间存在复杂而平衡的相互作用。

9.5　奶牛多生理系统组学科学

　　研究奶牛的疾病可能需要改变疾病检查方式。经典还原论研究病因学和疾病进程需孤立地检查组织，通常忽略动物的整体性。同时研究多个生理系统的综合研究（即系统兽医学方法）应该被考虑用于蹄叶炎的检查；因为它将提供更全面的信息，在活的有机体中复制该过程，可能解开一些迄今为止研究人员所回避的挑战性问题。对牛蹄叶炎病因多生理系统的研究有限，但一些对马属动物的研究表明，身体系统的改变（如内分泌系统的改变）可诱发远端身体结构（即马蹄）的疾病。这种诱导马蹄叶炎的"代谢理论"提供了令人信服的证据，表明多种生理系统与疾病的表现有关。事实上，胰岛素水平升高是马蹄叶炎的有效激活因子。例如，长时间的高胰岛素血症会激活聚糖终产物的产生而引发马的蹄叶炎，从而导致马蹄内促炎细胞因子水平和活性氧种类的增加（de Laat 等，2012）。此外，高胰岛素血症也会导致蹄次级层的组织病理学改变，提示细胞变性和炎症。出现以角化不良、表皮基底膜破裂和周围基质中性粒细胞浸润为特征的典型组织损伤（Asplin 等，2010）。这几项研究表明，蹄叶炎的诱导和进展并不是简单的仅与蹄内损伤性因素有关的过程，而能够肯定的是还与其他生物功能成分（即高胰岛素血症）的变化密切相关的过程。因此，为了更好地了解动物蹄叶炎的病理生理学，需要拓宽我们的思路，包括考虑系统兽医学方法。这对于确定奶牛疾病的病因和进展尤其重要，并且需要使用最新的分析和诊断工具，包括组学科学。

毫无疑问，在过去几十年里生物技术得到了迅速发展；越来越多先进的实验室技术应用在动物科学和兽医学的基础和临床研究的许多方面。"组学"和"组学科学"这两个术语是相对较新的研究领域，是用于研究生物科学先进技术的延伸。最确定的是，组学与生物学领域相关，因为后缀"ome"表示"具有特定性质的物体或部分"（Ome，2016）；当研究与各种细胞成分相关时，ome 后缀则涉及 4 个主要的细胞成分以及细胞的生化和代谢功能：基因组、蛋白质组、转录组和代谢组。另外，"组学"是用来描述能够编译和合成从这些先进生物科学中产生的大量数据的技术和分析算法。实际上，组学通常被描述为一种高通量技术，可以同时评估生物过程，并提供对复杂细胞过程的综合和全面的理解。与后缀"ome"及其生物细胞过程的关系类似，后缀"omics"与生物大分子、生物化学和代谢过程的研究有关，它分为四大类：基因组学、蛋白质组学、转录组学和代谢组学。

总的来说，基因组学是最久远的，也是最成熟的组学技术；它研究基因组中 DNA 的功能、结构和序列。转录组学是分析来自 DNA 序列的 RNA 转录，可以被认为是基因组学的一个亚类。蛋白质组学研究 mRNA 所有翻译蛋白亚型、蛋白质结构的变化，以及蛋白质与细胞内其他大分子的相互作用。代谢组学是组学技术的最新成员，它测量生物体液和组织中小代谢物的存在。组学技术的优势在于协调地处理整个生物体；所有组学技术的结合提供了对动物体内生物和细胞过程的最全面理解。

在奶牛跛行和蹄叶炎的背景下，利用组学科学来研究疾病的病因和病理机制是一个不断发展的研究领域，但目前非常缺乏利用组学技术来研究牛的这类疾病的信息。以下重点介绍组学科学的应用，以及与牛跛行和蹄叶炎相关的一些研究结果。

9.5.1 基因组学和转录组学

众所周知，肢部构造、趾部异常和蹄叶炎的发生均与不同模式的遗传和表观遗传有关。实际上，在传染性趾部异常疾病中，皮炎和踵部糜烂的发生具有很强的遗传相关性；而白线病和蹄底溃疡是蹄叶炎相关的趾部异常疾病（van der Spek 等，2013；Ødegård 等，2014）。为了解奶牛性状的发展，需要使用基因组学和转录组学等组学技术研究家畜疾病，如跛行和蹄叶炎。这些组学技术包括比较基因组学、数量性状基因座定位和表观遗传，这些组学技术提高了对复杂的多面性围产期其他与肢蹄病无关疾病的理解。目前，这些组学技术尚未广泛应用于了解奶牛跛行或蹄叶炎的病理生理学。已应用于牛跛行和蹄叶炎研究的基因组学和转录组学技术，主要包括全基因组关联研究（GWAS）、微卫星标记和单核苷酸多态性（SNP）（Matukumalli 等，2009；Cole 等，2011）。例如，一项大规模的综合研究应用组学技术，检查了父本表现趾部异常的（小）母牛趾部异常（蹄叶炎诱发）的遗传情况（van der Spek 等，2015）。研究表明，在荷斯坦 - 弗里斯兰（Holstein-Friesian）基因组的 20 条染色体上，遗传密码子发生了 10 个显著性变化和 45 个细微性变化。这些变化基因分布于几条染色体上，各 SNP 均可影响蹄病的临床表现。结果表明，这些 SNPs 可能是蹄部健康牛和趾部异常牛之间存在近 5% 表型差异的原因。该研究发现一些 SNPs 存在于涉及肢 / 蹄构造和与骨骼结构质量相关的染色体区域。

基质金属蛋白酶的表达升高强调了 mRNA 转录的差异化表达对奶牛蹄叶炎的发生发展具有重要作用。这些表达升高的蛋白质会引起胶原蛋白的降解，而胶原蛋白用于支撑蹄的内部结构。如前所述，一些研究表明，患蹄部损伤的奶牛体内 MMP-13 mRNA 的含量增加，这可能部分导致疾病的恶化，随后第三趾骨发生旋转并穿透蹄底（O'Driscoll 等，2015；Almeida 等，2007）。重要的是，Almeida 等（2007）的研究使用微阵列分析，确定了 mRNA 的表达变化，这种先进的转录组学技术已应用于奶牛患蹄叶炎期间生物学活动的研究。

未来，此领域的更多研究一定会增强遗传因素对疾病发展风险、临床表现严重程度等的了解，并为最终目标——治疗策略的制定提供建议。

9.5.2 蛋白组学

基因组学和转录组学技术可以为奶牛蹄叶炎发展相关的基因表达研究提供有价值的信息。源于基因序列的 mRNA 转录表达可能不会一致地转化为高保真蛋白表达，因为 mRNA 的结构可以被修饰或降解。蛋白质产物的检测反而可以提示更高水平的细胞功能，因为蛋白质是基因表达的活性大分子产物（Debnath 等，2010）。通过检查细胞或其他生物网络中的蛋白质分布，能够产生更准确地反映细胞活动的数据。

目前，蛋白质组学技术包含了与生物信息学相结合的蛋白质分离技术（蛋白质含量：Mankowski 和 Graham，2008）以及定性信息（蛋白质异构体）。蛋白分离技术已从简单的 1D 聚丙烯酰胺凝胶电泳和 2D 聚丙烯酰胺凝胶电泳（PAGE）升级到更先进的反相高效液相色谱（HPLC）和免疫亲和测定，以及非常复杂的傅里叶变换红外光谱、X 射线晶体学、核磁共振（NMR）和质谱（MS）。这些技术结合强大的数据分析程序，可以提供关于细胞或生物系统内蛋白质的全部信息。

合理并可预测的蛋白质组学结果需要可靠的基因组学数据，因此，蛋白质组学结果通常是基因组学和转录组学研究中准确数据的扩展。因此，在评估疾病机理的研究中，通常建议在测量蛋白质含量差异前，首先检查基因组或转录组的变化。很少有研究调查患蹄叶炎奶牛蛋白质组学，以及基因组学和转录组学的变化。然而，早期研究表明，蹄叶炎可以诱导奶牛蹄内蛋白质产生变化。Galbraith 等（2006）使用 2D-SDS PAGE 技术，展示了发炎蹄叶组织内 169 种蛋白质的差异化表达。同时，另一项使用液质联谱并结合众多数据分析的研究表明，冠状动脉瓣、真皮和蹄叶组织内的蛋白质产量出现增加（Tølbøll 等，2012）。在此研究中，鉴定出超过 440 个蛋白，其中约 20% 的蛋白质可在以上 3 种组织中均被检出。这些蛋白质具有多种功能，参与牛蹄叶炎的诱导和发展等重要过程，包括细胞结构的完整性、代谢、细胞凋亡、血管生成、免疫和炎症。一项大型研究最近检测了患蹄叶炎奶牛血浆中蛋白质的变化情况。研究表明，具有蹄叶炎临床症状的奶牛与能量代谢（异柠檬酸脱氢酶 1）、脂质代谢（载脂蛋白 A-I 和 A-IV，3-羟基 -3- 甲基戊二酰辅酶 A 还原酶）、电压离子调节（甘油 3- 磷酸脱氢酶 1 样蛋白）、氧化应激、免疫功能调节和炎症（触珠蛋白和凝集素）等相关蛋白的水平升高有关。有趣的是，与补体激活有关的蛋白，如先天性免疫和适应性免疫的重要组分，补体成分 9 前体和补体成分 4 结合蛋白，反而在患蹄叶炎牛内含量下降。这些观察结果指出牛蹄叶炎中促炎和抗炎反应的复杂性和协调性，强调奶牛蹄叶炎不是单纯的炎性反应，而是受高度调控的炎性过程（Dong 等，2015）。

9.5.3　代谢组学

代谢组学是最新的组学科学，将为牛蹄叶炎相关生物学功能的理解提供更多信息。此项新技术为多种疾病（包括牛蹄叶炎）提供最佳预测性生物标记物的巨大潜力。奶牛代谢组学检测是新的研究领域，虽然之前已有大量研究表明，日粮变化诱发瘤胃酸中毒，奶牛瘤胃内容物代谢组学（Saleem 等，2013）和血清代谢物发生变化（Ametaj 等，2010），但目前仅有一项小规模研究，使用细菌性蹄部发炎奶牛，专门检测了蹄病奶牛体内变化和测量了血清中代谢组学产物（如腐蹄病；Zheng 等，2016）。患腐蹄病牛代谢组中的 21 种代谢组学化合物发生了变化。这些化合物是代谢途径发生紊乱的指标，涉及脂肪 – 羟基氨基酸 - 糖脂代谢、酮体形成、氧化保护、丙酮酸代谢、糖酵解、三羧酸循环功能和糖异生等代谢通路。然而，该研究很难确定哪些代谢途径的变化对奶牛症状产生了最大的影响。但是，此项研究的一些结果与其他组学研究的观察结果保持一致，这不仅证实应用代谢技术研究活性疾病的效果，而且还证实牛蹄炎症相关生物反应的复杂性。

代谢是一个复杂的过程，过程中的改变会引起血清和组织内产生可检测的代谢产物复合物。这些代谢物因此可作为并发疾病的预测因子。这就引发了新的思考，即代谢产物和其他生物标志物谱的变化，是否能在表现临床症状之前预测疾病发展。有研究表明，在奶牛表现跛行症状前的过渡期，血清内炎症、脂质和碳水化合物代谢的标志物就已经出现了显著变化。研究还表明，在奶牛表现临床跛行的前几周，急性期蛋白（血清淀粉样蛋白 A、触珠蛋白）、促炎细胞因子（IL-6、TNF）、碳水化合物代谢物（乳酸）和脂质代谢物（NEFA 和 BHBA）含量显著增加（Zhang 等，2015）。

9.5.4 蹄叶炎多系统模型假说

前面的章节叙述了能用于调查奶牛蹄部疾病过程的几种组学技术，并对这些技术是否能以多系统的方法研究疾病的诱导和进展提出了疑问。我们是否可以通过扩展这个问题建立假设，该假设可检查与诱导型牛蹄叶炎独立的牛蹄组织。例如，是否可以应用组胺和／或 LPS 的假设模型，研究这些物质流入循环系统后是否可以引发奶牛蹄叶炎（图9.2），如何应用组学技术测量牛生理过程的变化？这是否将提供多系统的方法用于研究蹄部炎症？众所周知，瘤胃酸中毒（Ametaj 等，2010）、乳房炎（Burvenich 等，2003）和子宫炎（Magata 等，2015）均与 LPS 的释放有关，有时组胺和其他血管活性肽也可进入循环系统（Stalberger 和 Kersting，1998）。此外，在高含量谷物日粮喂养期间，瘤胃释放的几种生物胺，如甲胺、腐胺、乙醇胺、亚硝基二甲胺和苯乙酰基甘氨酸，也可能与该病的病理生物学相关，（Ametaj 等，2010；Saleem 等，2012）。总之，这些分子可以引起包括牛蹄在内的远端组织明显的血流改变，从而启动诱导急性牛蹄叶炎的第一阶段。脂多糖可以随后诱导活性促炎细胞因子，如 TNF 和 IL-1 的产生，这些细胞因子随后激活有效的基质金属蛋白酶，该酶可以降解胶原蛋白并削弱蹄的支撑装置，从而引起第三趾骨的旋转，甚至接触蹄底，这些是牛蹄叶炎第二阶段进展的标志。最后，随着蹄部受损后 6~8 周的炎症进展，蹄部慢性疾病的临床表现越来越明显，这是炎症过程第三阶段的标志。

尽管每种组学技术都对宿主的特定基因组进行了研究，但很明显牛蹄叶炎是一种复杂的疾病，仅依靠单独检测每个基因组可能过于简单。通过基因组、转录组、蛋白质组和代谢组进行检测需要用恰当的设备，而且成本的确很高。然而，在理想状态下，同时使用基因组学、转录组学、蛋白质组学和代谢组学技术，确实可以为疾病的发生和进展提供最全面的了解。

作为一个简单的假想示例，可以在牛蹄叶炎的早期阶段（第一阶段），使用组学技术检测奶牛。例如，基因组学技术可用于确定牛品种的遗传因素是否可

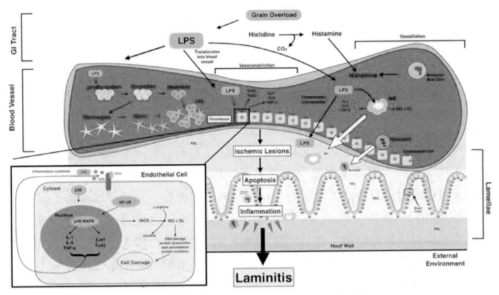

图 9.2 涉及奶牛蹄叶炎的主要影响因素简介

胃肠道中的谷物过载（grain overload）导致 LPS（脂多糖）的释放，后者易位到体循环中。血液中的 LPS 将凝血酶原转化为凝血酶，然后触发血小板聚集。血小板与纤维蛋白一起触发血栓形成。 LPS 还作用于与 TLR-4 和 CD14 复合物结合的内皮细胞，激活 p38 MAPK 系统，从而产生促炎性细胞因子 IL-1、IL-6、TNF-α 以及 5-HT（5-羟色胺）和 TxA2（血栓烷），而它们是有效的血管收缩剂。NF-κB 也可在 LPS 结合后被激活，并触发 iNOS（诱导型一氧化氮合酶），从而导致 NO（一氧化氮）生成和细胞损伤。缺血性损伤是由血管内皮细胞的损伤导致的，从而导致板层（the lamellae）的凋亡和炎症。LPS 还激活巨噬细胞以产生促炎性细胞因子和活性氧类，这些因子易位到板层（the lamellae）。谷物过载（grain overload）期间的另一事件是组氨酸向组胺的转化，而组胺会易位至体循环。血管中的嗜碱性粒细胞和肥大细胞也产生组胺。组胺的产生导致血管扩张，而血管扩张进一步加重了蹄内的炎症（肿胀）。

使动物容易患蹄叶炎，或增加因跛行造成的蹄部损伤。某些奶牛品种（如娟姗牛）比其他奶牛更容易患蹄叶炎（Edwards, 1972）。随后，转录组学技术将确定促炎细胞因子和基质金属蛋白酶的 mRNA 表达，再通过蛋白质组学技术将这些 mRNA 转录表达与功能蛋白的产生相关联。最后，代谢组学将确定这些早期炎症活动对涉及氨基酸、碳水化合物和脂质代谢关键通路的影响，并确定先天性和适应性免疫功能以及炎症相关产物。此外，这种组学技术的应用策略还可以用于确定疾病发展至第二阶段和第三阶段时的作用机制。因此，该示例合理应用组学技术检查围产期疾病，如奶牛蹄叶炎；最好同时使用多种组学技术，采用多系统方法对动物进行整体检查。

结　论

　　牛蹄叶炎具有悠久历史，贯穿着有数千年文明的畜牧业生产实践。以现在的标准评价，早期著作所描述的牛蹄叶炎临床表现和治疗形式已显得过于简单和"野蛮"。几个世纪以来，基于现代理论依据的兽医实践，该病的治疗已有所改善。当前兽医解剖学及医学的文献详细地描述了牛蹄的解剖学结构，越来越多的文献表明了有关牛蹄部炎症的临床和形态学变化。马属动物上的最新文献表明，蹄叶炎可以通过全身性的生物学因素（如高胰岛素血症）和蹄部的变化（如局部的蹄感染和机械损伤）而诱发（de Laat 等，2012）。为了更深入地了解蹄叶炎，疾病研究不仅应研究蹄的变化，而应从整体上对动物进行检查，这是更全面的多系统方法。因此，在研究奶牛蹄叶炎时，应考虑多系统研究。尽管在奶牛蹄叶炎发病期间，有关细胞活动的文献相对较少，但新的组学技术开始为该病的病理生理学提供了新的认识。在炎症期间，促炎细胞因子浓度增加，基质金属蛋白酶活性增强，并且与氨基酸、碳水化合物、脂质代谢和能量产生相关的代谢途径发生变化。通过使用组学技术并考虑到蹄叶炎是一种既受蹄局部状况，又受远端组织或器官产物影响的复杂疾病，这样有可能对该病的病理生理学有更好的理解。对牛蹄叶炎更深入的了解，可能优化奶业的饲养管理实践，并可能产生减轻疾病的新疗法。

致　谢

　　感谢加拿大阿尔伯塔大学历史与古典学教授 Christopher S. MacKay 博士对翻译和解释科卢梅拉著作的帮助。还要感谢加拿大阿尔伯塔大学外科副教授 Trina C. Uwiera 博士创建的图 9.1，详细描绘了牛蹄的解剖结构。

参考文献

Almeida PE, Weber PSD, Burton JL, *et al.* 2007. Gene expression profiling of peripheral mono-nuclear cells in lame dairy cows with foot lesions[J]. Vet Immunol Immunopathol, 120:234–245.

Ametaj BN, Zebeli Q, Saleem F, *et al.* 2010. Metabolomics reveals unhealthy alterations in rumen metabolism with increased proportion of cereal grain in the diet of dairy cows[J]. Metabolomics, 6:583–594.

Asplin KE, Patterson-Kane JC, Sillence MN, et al. 2010. Histopathology of insulin-induced lami-nitis in ponies[J]. Equine Vet J, 42(8):700–706.

Burvenich C, Van Merris V, Mehrzad J, et al. 2003. Severity of E. coli mastitis is mainly deter-mined by cow factors[J]. Vet Res, 34:521–564.

Cha E, Hertl JA, Bar D, et al. 2010. The cost of different types of lameness in dairy cows calcu-lated by dynamic programming[J]. Prev Vet Med, 97(1):1–8.

Cole JB, Wiggans GR, Ma L, et al. 2011. Genome-wide association analysis of thirty one produc-tion, health, reproduction and body conformation traits in contemporary US Holstein cows[J]. BMC Genomics, 12:408.

Columella 2007, De re rustica, 6. 12. Translated by Christopher S. Mackay of the Department of History and Classics of the University of Alberta[Z].

Danscher AM, Enemark JMD, Telezhenko E, et al. 2009. Oligofructose overload induces lameness in cattle[J]. J Dairy Sci, 92:607–616.

Danscher AM, Toelboell TH, Wattle O. 2010. Biomechanics and histology of bovine claw suspen-sory tissue in early acute laminitis[J]. J Dairy Sci, 93:53–62.

de Laat MA, Kyaw-Tanner MT, Sillence MN, et al. 2012. Advanced glycation endoproducts in horses with insulin-induced laminitis[J]. Vet Immunol Immunopathol, 145:395–401.

Debnath M, Prasad GBKS, Bisen PS. 2010. Molecular diagnostics: promises and possibilities[M]. Dordrecht: Springer. 527.

Dong SW, Zhang SD, Wang DS, et al. 2015. Comparative proteomics analysis provide novel insight into laminitis in Chinese Holstein cows[J]. BMC Vet Res, 11:161.

Dunlop RH, Williams DJ. 1996. Veterinary medicine: an illustrated history[M]. St. Louis: Mosby. 53.

Edwards GD. 1972 Hereditary laminitis in Jersey cattle. In: Proceedings of the VIIth World Buiatrics Congress[C]. London, 663–668.

Galbraith H, Flannigan S, Swan L, et al. 2006. Proteomic evaluation of tissues at functionally import-ant sites in the bovine claw[J]. Cattle Pract, 14:127–137.

Hirschberg RM, Plendl J. 2005. Pododermal angiogenesis and angioadaptation in the bovine claw[J]. Mircosc Res Tech, 66:145–155.

Kauffman KD. 1996. The U.S. Army as a rational economic agent: the choice of draft animals during the civil war[J]. East Econ J, 22(3):333–343.

Magata F, Ishida Y, Miyamoto A, et al. 2015. Comparison of bacterial endotoxin lipopolysac-charide concentrations in the blood, ovarian follicular fluid and uterine fluid: a clinical case of bovine me-tritis[J]. J Vet Med Sci, 77:81–84.

Mankowski JL, Graham DR. 2008. Potential proteomic-based strategies for understanding lami-nitis:

Predictions and pathogenesis[J]. J Equine Vet Sci, 28(8):484–487.

Mason S. 2012. The anatomy of the bovine hoof.http://dairyhoofhealth/40-hoof-anatomy/new-functional- foot-care-video. Accessed 10 Sept 2016.

Matukumalli LK, Lawley CT, et al. 2009. Development and characterization of a high density SNP genotyping assay for cattle[J]. PLoS One, 4(4):1–13.

Mills JA, Zarlenga DS, et al. 2009. Age, segment, and horn disease affect expression of cytokines,growth factors, and receptors in the epidermis and dermis of the bovine claw[J]. J Dairy Sci, 92:5977–5987.

Nordlund KV, Cook NB, Oetzel GR. 2004. Investigation strategies for laminitis problem herds[J]. J Dairy Sci, 87(Suppl E):E2–E35.

Ødegård C, Svendsen M, Heringstad B. 2014. Genetic correlations between claw health and feet and leg conformation in Norwegian Red Cows[J]. J Dairy Sci, 97:4522–4529.

O'Driscoll K, McCabe M, Earley B. 2015. Differences in leukocyte profile, gene expression, and metabolite status of dairy cows with or without sole ulcers[J]. J Dairy Sci, 98:1685–1695.

Osorio JS, Fraser BC, Graugnard D E, et al. 2012. Corium tissue expression of genes associated with inflamma- tion, oxidative stress, and keratin formation in relation to lameness in dairy cows[J]. J Dairy Sci, 95:6388–6396.

Ossent P, Lischer C. 1998. Bovine laminitis: the lesions and their pathogenesis[J], 4th edn. Vet Form, 415–427.

Ome. 2016. Oxford Dictionary. http://en.oxforddictionaries.com/definition/us/-ome. Accessed 10 Sept 2016.

Räber M, Lischer CJ, Geyer H, et al. 2004. The bovine digital cushion—a descriptive anatomical study[J]. Vet J, 167:258–264.

Saleem F, Ametaj BN, Bouatra S, et al. 2012. A metabo- lomics approach to uncover the effects of grain diets on rumen health in dairy cows[J]. J Dairy Sci, 95:6606–6623.

Saleem F, Bouatra S, Guo AC, et al. 2013. The Bovine ruminal fluid metabolome[J]. Metabolomics, 9:360–378.

Severin T. 1989. Retracting the first crusade[J]. Natl Geogr, 176(3):326–365.

Shively MJ. 1984. Veterinary anatomy: basic, comparative and clinical[M]. Texas A&M University Press, College Station: 561.

Sisson S, Grossman JD, Getty R. 1975. The anatomy of the domestic animals[M]. 5th edn. London: WB Saunders Company. 788–789.

Smith F. 1976. The early history of veterinary literature[M]. vol 2. JA Allen, London.

Stalberger RJ, Kersting KW. 1998. Peracute toxic coliform mastitis[J]. Iowa State Univ Vet,

50(1):48–53.

Takahashi K, Young BA. 1981. Effects of grain overfeeding and histamine injection on physiological responses related to acute bovine laminitis[J]. Jpn Vet Sci, 1(43):375–385.

Thoefner MB, Pollitt CC, van Eps AW, et al. 2004. Acute bovine laminitis: a new induction model using alimen- tary oligofructose overload[J]. J Dairy Sci, 87:2932–2940.

Tølbøll TH, Danscher AM, Anderson PH, et al. 2012. Proteomics: a new tool in bovine claw dis- ease research[J]. Vet J, 193:694–700.

Tomlinson DJ, Mülling CH, Faklet TM. 2004. Invited review: formation of keratins in the bovine claw: roles of hormones, minerals, and vitamins in functional claw integrity[J]. J Dairy Sci, 87:797–809.

van der Spek D, van Arendonk JAM, AAA V, et al. 2013. Genetic parameters of claw disorders and the effect of preselecting cows for trimming[J]. J Dairy Sci, 96:6070–6078.

van der Spek D, van Arendonk JAM, Bovenhuis H. 2015. Genome wide association study for claw disorders and trimming status in dairy cattle[J]. J Dairy Sci, 98:1286–1295.

Webster AJE. 1997. Review: farm animal welfare: the five freedoms and the free market[J]. Vet J, 161:229–237.

Whitaker DA, Kelly JM, Smith S. 2000. Disposal and disease rates in 340 British dairy herds[J]. Vet Rec, 146:363–367.

Wishart DS. 2016. Emerging applications of metabolomics in drug discovery and precision medicine[J]. Nat Rev Drug Discov, 15:473–484.

Zhang G, Hailemariam D, Dervishi E, et al. 2015. 90 Alterations of innate immunity reactants in transition dairy cows before clinical signs of lame- ness[J]. Animals, 5:717–747.

Zheng J, Lingwell SUN, Shi SHU, et al. 2016. Nuclear magnetic resonance-based serum metabolic profiling of dairy cows with footrot[J]. J Vet Med Sci, 78:1421–1428.

10

酮病的系统兽医学研究展望

Guanshi Zhang, Burim N.Ametaj*

摘 要

酮病（高酮血症）是在围产期奶牛泌乳早期普遍发生的一种代谢疾病，该病在泌乳初期影响30%~40%的奶牛。患有酮病的奶牛产奶量和繁殖性能较低，而患其他围产期疾病的风险更大，淘汰率更高。酮病的特征是血液循环中酮体水平过高，而β-羟基丁酸（BHBA）的浓度被认为是诊断该病的黄金标准。然而，诊断酮病的血清BHBA的临界值似乎还不够严谨。泌乳早期能量负平衡是解释酮病病理生物学的主要假说。该病的治疗策略重点在维持葡萄糖和酮体的稳态。酮病产生的原因及病因病理仍不完全清楚。近期的一些代谢组学研究数据显示，酮病期间血浆/血清或乳汁中很多代谢物浓度及相关代谢途径发生改变。显然，酮病期间不仅仅是酮体代谢和葡萄糖代谢发生改变。越来越多的证据表明，整合基因组学、转录组学、蛋白质组学、代谢组学和脂质组学的知识，可以帮助检测不同层级上生物学信息扰动，并深入了解奶牛酮病的病因和病理生物学。

---

* G. Zhang. D.V.M., Ph.D. (✉)
  Department of Agricultural, Food and Nutritional Science, University of Alberta,
  Edmonton, AB T6G 2P5, Canada
  Center for Renal Translational Medicine, School of Medicine, Institute of Metabolomic
  Medicine, University of California, La Jolla, San Diego, CA 92093, USA
  e-mail: guz016@ucsd.edu

  B.N. Ametaj, D.V.M., Ph.D., Ph.D.
  Department of Agricultural, Food and Nutritional Science, University of Alberta,
  Edmonton, AB T6G 2P5, Canada
  e-mail: burim.ametaj@ualberta.ca

10.1 引言

10.1.1 当前对酮病的认知

酮病（即高酮血症）是在围产期奶牛泌乳早期普遍发生的一种代谢疾病。它与循环系统酮体水平升高［即β-羟基丁酸（BHBA）、丙酮（Ac）和乙酰乙酸（AcAc）］、低血糖、高胰岛素血症或胰岛素抵抗密切相关（Oetzel，2007）。患有酮病的奶牛产奶量和繁殖性能较低，亚临床型酮病（SCK）在畜群水平发病率极高，为26.4%~55.7%，而临床型酮病（CK）的发病率为2%~15%（Gordon等，2013；Oetzel，2013）。据估计，1例酮病会使乳制品生产商损失50~100加元（译者注：约合260~550元人民币），包括治疗费用、奶产量下降、生育能力受损和并发症带来的损失（Duffield，2000）。基于酮病的高发病率，每头动物中等水平的成本都会给奶牛行业造成巨大的经济损失。

目前，研究人员用于酮病的分类方案有两种。第一种是根据血中BHBA的浓度和存在的临床症状将酮病分为亚临床型酮病（SCK）和临床型酮病（CK）。第二种是将酮病分为3种类型：Ⅰ型酮病、Ⅱ型酮病以及与青贮饲料中丁酸含量有关的酮病。后一种分类依据是引起高酮血症的病理及发病时机的不同原因（Herdt，2000；Holtenius和Holtenius，1996；Oetzel，2007）。Ⅰ型酮病与人类Ⅰ型糖尿病一致，通常发生在产后3~6周，此时乳汁能量流失量达到峰值（Holtenius和Holtenius，1996）。Ⅱ型酮病则对应Ⅱ型糖尿病，在分娩后立即发生，并伴有脂肪肝（Holtenius和Holtenius，1996）。丁酸青贮饲料型酮病与摄入大量生酮前体含量高的饲料（如生酮的青贮饲料）有关（Tveit等，1992）。

酮病的病因主要与泌乳早期的负能量平衡（NEB）或葡萄糖缺乏有关（图10.1）。治疗策略也主要集中在维持葡萄糖和酮体的稳态方面。

10.1.2 新挑战

酮病非常复杂，目前关于负能量平衡（NEB）的假说还不足以解释这种疾病。该病的发生涉及日粮因素和来自各种器官系统的影响，包括内分泌系统、肝脏、脂肪组织、乳腺、胃肠道和免疫系统。酮病的病因和基于系统生物学方法的"组学"工作流程如图10.2所示。

为了更好地理解该疾病，第一步就要从多个层级（即DNA序列、RNA表达、蛋白质或脂质丰度以及代谢产物变化）中获取面向组学的全局数据集。整合来自多个层级的数据将引导制定详细的数学或图形模型，而这些模型对于监测系

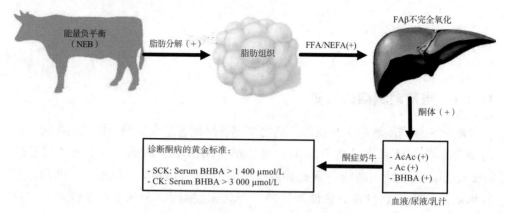

图 10.1　通过还原论方法对酮病的常规理解

Ac：丙酮；AcAc：乙酰乙酸；BHBA：β-羟基丁酸；CK：临床型酮病；FA：脂肪酸；FFA：游离脂肪酸；NEFA：非酯化脂肪酸；SCK：亚临床型酮病。

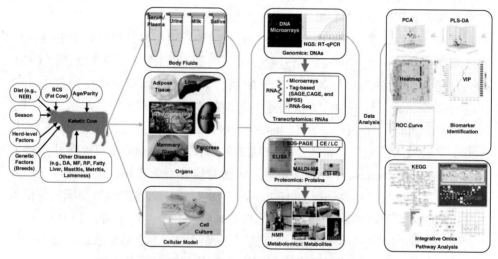

图 10.2　使用基于"组学"的系统生物学方法对酮病的理解

BCS：体况评分；CAGE：基因表达的上限分析；CE：毛细管电泳；DA：真胃移位；ELISA：酶联免疫吸附测定；ESI-MS：电喷雾电离质谱法；GC-MS：气相色谱-质谱分析法；ICP-MS：电感耦合等离子体质谱法；KEGG：京都基因与基因组百科全书；LC：液相色谱；LC-MS/MS：液相色谱-串联质谱法；MALDI-MS：基质辅助激光解吸/电离-质谱分析；MF：乳热症；MPSS：大规模平行测序技术；NEB：能量负平衡；NGS：下一代DNA测序；NIMS：纳米结构成像质谱；PCA：主成分分析；PLS-DA：偏最小二判别分析；RNA-Seq：RNA测序；ROC：受试者工作特征；RP：胎衣不下；RT-qPCR：定量逆转录聚合酶链反应；SAGE：基因表达系列分析；SDS-PAGE：十二烷基硫酸钠-聚丙烯酰胺凝胶电泳；SMPDB：小分子路径数据库；VIP：变量投影重要性。

统扰动和评估疾病的进展非常重要。对不同层级数据的变化进行全面量化有助于构建更准确的模型，用于解释酮病的系统属性。最终，酮病研究人员或兽医们可以利用这些模型来完成至少 4 个以前不可行的任务：① 根据给定的扰动了解酮病的发作和进展；② 通过筛查确定的生物标志物预测酮病；③ 重新设计分子网络或对其进行干预以预防酮病；④ 评估奶牛对适当干预措施（例如新的日粮或药物）的反应。

本章不会详尽阐述酮病。各种主题（如酮病对其他疾病的影响、当前的诊断方法和对奶牛的临诊检查等）已在其他地方进行了广泛综述（Duffield 等，2009；Ospina 等，2010；Oetzel，2007；Zhang 等，2012）。本章首先回顾基于组学的系统生物学方法以及相关各个平台的生物信息学工具。接下来是讨论近几年对奶牛或非反刍动物的酮病进行的一系列组学研究，总结目前对酮病理解存在的差距，以及我们小组的一些初步代谢组学结果，这些结果表明，有可能筛选出用于进一步评估酮病的生物标志物。随后还将讨论有关酮病的机制见解和推测。最后，我们将概述在理解酮病方面的挑战以及酮病研究的未来方向。

10.1.3　目前对酮病理解存在的差距

酮病是在疾病的病因病理学中应用还原论方法的典型例子。还原主义方法论的重点是将复杂的问题划分为更小、更简单和更易于处理的单元，并分别理解每个基本单元。自 1929 年以来，奶牛酮病首先作为低血糖和高酮血症被报道，后来人们又提出 NEB 为该病的主要原因（Shaw，1956）。当前诊断酮病的策略在很大程度上依赖于检测血液、尿液或乳汁中酮体的浓度，而检测血液中 BHBA 的浓度是诊断酮病的"黄金标准"。

高酮血症，特别是亚临床型高酮血症是一种慢性病，在奶牛围产期呈现无症状发展，只有少数围产期奶牛的泌乳早期和疾病发展过程中出现临床症状。目前的酮病诊断是基于还原论方法，重点是检测一些代谢物，即各种体液中酮体（即 BHBA、Ac 和 AcAc）的浓度。

恢复酮体和血糖的稳态一直是酮病的主要治疗原则。然而，在如何预防酮病（而非仅仅治疗）方面，乳制品生产商、乳品生产者和兽医从业者还面临着多重挑战。此外，尽管乳品生产者采用了奶牛群体水平的诊断方法和预防策略，但酮病的发生率仍然非常高，在某些奶牛场中，其中亚临床型酮病（SCK）的发病率高达 80%（Duffield，2000）。

酮病的这种状况引发了一些思考，例如：NEB 和高酮血症的假说是否足以解释酮病的发病机理？酮体是酮病期唯一受到扰动的代谢产物吗？受扰动的 DNA 和 RNA 网络以及改变的蛋白质在酮病的病理生物学中起什么作用？酮病期间是否涉及炎症和免疫力，如果是，为什么？在亚临床或临床症状出现前是否有什么变化，这些变化能否帮助我们阻止酮病的发展？如果酮体不是酮病唯一改变的代谢产物，而是涉及多个网络和途径，那么酮病产生的真正原因又是什么？

如果我们接受这样的假说：酮病是由单一因素（即NEB）引起的，该因素会使得脂肪组织过度脂解，从而生成糖异生的前体及酮体以满足能量需求，那么，在生化水平上，酮病的单纯表型应仅仅是酮体水平升高。但是据报道，患有严重高酮血症的动物可能未表现出临床症状，而酮体含量低的动物却可能显著发病。的确，Herdt（2000）指出，奶牛在处理和耐受酮体的能力上存在个体差异。因此，酮病奶牛的高酮血症可能不是引发产奶量和繁殖性能降低，而对其他疾病易感性增加的唯一原因。思考酮病的概念是否可以简单地描述为高酮血症，以及酮病是否仅可以通过酮体的浓度来诊断，都将是合乎逻辑且令人鼓舞的。当前过度依赖酮体的酮病诊断方法正面临危机。酮病的复杂性比我们目前的理解要高得多，多层级分析对监测和预先诊断酮病以及开发新的预防策略至关重要。其他要考虑的因素还包括筛查生物标志物、日粮干预、年龄风险因素、体况评分、个体和亲代的表观遗传学、遗传学、转录组学、蛋白质组学、代谢组学、脂质组学和其他系统生物学。

10.2 基于组学的系统生物学方法及其在酮病生物标志物鉴定中的应用

10.2.1 基因组学和转录组学用于鉴定酮病的基因和 mRNA 生物标志物

全基因组研究表明，牛酮病的遗传力为 0.01~0.16（Heringstad 等，2005；Kadarmideen 等，2000；Uribe 等，1995）。应当指出，关于奶牛酮病基因组学和转录组学方面的研究有限。Tetens 等（2015）基于先前识别的牛奶代谢物指标［即甘油磷酸胆碱（GPC）、磷酸胆碱（PC）及牛奶中 GPC 与 PC 的比值］进行了一项出色的全基因组关联研究（GWAS）。这项研究使用 Illumina 公司的牛 SNP50 微珠芯片（Illumina, San Diego, CA）对奶牛进行了基因分型，该芯片包含 54 001 个单核苷酸多态性（SNPs）位点。结果显示，当 h^2 分别为 0.43 和 0.34 时，牛奶的 GPC 水平和 GPC / PC 比均具有较高的遗传力。GWAS 数据还显示，位于牛 25 号染色体（BTA25）上的 4 个 SNP 位点在全基因组上有显著重要性，其中两个位点与牛奶 GPC 水平和 GPC / PC 比同时相关。

此外，载脂蛋白 B 受体（APOBR）基因被定位，并分析为与奶牛酮病发展相关的候选基因（Tetens 等，2015）。值得注意的是，APOBR 基因内的多态性与牛奶中酮病预后生物标志物高度相关（即 GPC 和 GPC / PC 比）（Tetens 等，2015）。一项与酮病期肝基因表达的研究表明，与正常对照组奶牛（CON）相比，酮病奶牛肝脏中的成纤维细胞生长因子 21（FGF21）及其协同受体 KLB（β-Klotho 蛋白）的 mRNA 表达上调（Akbar 等，2015）。酮病奶牛 FGF21 的 mRNA 表达的上调 41 倍，证实该基因是奶牛 NEB 的生物标志物（Schoenberg 等，2011）。该研究的数据揭示了肝源性 FGF21 在酮病或炎症发作、脂肪酸氧化刺激以及帮助奶牛适应能量平衡紊乱方面潜在作用（Akbar 等，2015）。

Loor 等（2007）对酮病进行了有趣的基因组学研究。将牛 cDNA 微阵列芯片平台（包含 13 257 个带注释的寡核苷酸）用于研究基于奶牛营养诱导的酮病所导致的肝基因网络的变化。IPA（Ingenuity pathway analysis，一个生物信息学在线整合分析软件）表明，在患酮病的围产期奶牛肝脏中，与胆固醇代谢、脂肪酸去饱和、生长激素信号传导、氧化磷酸化、蛋白泛素化、质子转运和泛醌合成相关的基因下调表达。而与细胞因子信号传导、脂肪酸摄取 / 转运和脂肪酸氧化有关的基因上调表达。

此外，Loor 的实验室（2007）报道，肝脏中几种细胞核受体和转录因子［例如肝细胞核因子 4（HNF4A）、过氧化物酶体增殖物激活受体 α（PPAR α）和过氧化物酶体增殖物激活受体 γ 协同激活因子（PPARGC1A）］的 mRNA 表达对于维持生酮作用和脂肪酸氧化至关重要。在 NEB 和酮病状态期间，血管生成素样蛋白 -4（ANGPTL4，一种肝细胞因子）的肝 mRNA 以及其他与糖异生和生酮相关的基因表达也会增高。更重要的是，在奶牛围产期，一些潜在的新基因［例如脂素 1（LPIN1）、脂素 3（LPIN3）和 ANGPTL4］被确定为肝对 NEB 的代谢适应和围产期生理状态改变（如肝脂肪酸氧化和脂肪组织脂解）的有用标志物（Loor 等，2007）。

10.2.2　蛋白质组学用于酮病的蛋白质生物标志物鉴定

已有一些研究报道了对酮病奶牛的肝脏、乳汁、尿液和血清进行蛋白质组学分析。双向凝胶电泳（2-DE gel）与基质辅助激光解析电离 – 串联飞行时间质谱（MALDI-TOF-TOF MS / MS）偶联用于比较酮病奶牛和健康奶牛肝脏中的蛋白质组学表达谱（Xu 和 Wang，2008；Xu 等，2008）。酮病奶牛肝脏中许多分子途径被激活。结果显示，酮病奶牛的 38 种肝蛋白中的 19 种上调表达（如 α- 烯醇酶、肌酐激酶 M 型、快肌纤维肌球蛋白轻链 1、假想蛋白 MGC128326、肌红蛋白、似肌球蛋白轻链 2、似肌球蛋白轻链 1 和原肌球蛋白 3），19 种下调［如乙酰辅酶 A 乙酰转移酶 2（ACAT2）、3- 羟酰辅酶 A 脱氢酶 2 型（HCDH）、精氨酸酶 1 和热不稳定延伸因子（EF-Tu）］，其中大多数在各种细胞功能和代谢途径

（包括氨基酸代谢、抗氧化、碳水化合物降解、细胞结构、能量代谢、脂肪酸代谢、糖酵解、核苷酸代谢和蛋白质代谢）中起关键作用（Xu 和 Wang，2008）。该研究还表明，脂肪酸 β- 氧化、生酮作用和蛋白质合成受到抑制，但酮病奶牛糖异生及能量产生增加（Xu 等，2008）。

同一研究小组（Xu 等，2015a）进行了基于表面增强激光解吸/电离飞行时间（SELDI-TOF）质谱的蛋白质组学研究，以筛查诊断为 CK 的奶牛的尿液蛋白质组学表达谱。在酮病奶牛尿液中，包括淀粉样蛋白前体蛋白、载脂蛋白（Apo）CⅢ、胱抑素 C、纤维蛋白原、铁调素、人中性粒细胞肽、骨桥蛋白、神经生长因子诱导蛋白（VGF 蛋白）、血清淀粉样蛋白 A（SAA）、C1 抑制物（C1INH）和转甲状腺素蛋白在内的 11 种蛋白质的浓度降低（Xu 等，2015a）。研究人员详细讨论了尿蛋白谱与其他 3 个参数（即炎症反应、精神沉郁的临床症状和脂质代谢）之间的关系。这 11 种已鉴定的尿液蛋白可作为酮病的新型蛋白质生物标志物，有助于更好地了解酮病的生理扰动和病理生物学。

据报道，在极低密度脂蛋白（VLDL）装配方面，酮病奶牛的一些载脂蛋白如载脂蛋白 A1（APO A-I）、载脂蛋白 B100（APO B-100）和载脂蛋白 C3（APO C-Ⅲ）含量较低（Oikawa 等，1997；Yamamoto 等，2001）。Nakagawa-Ueta 和 Katoh（2000）也报道了卵磷脂-胆固醇酰基转移酶在发生酮病之前降低了。在最近发表的一篇短讯中，一种基于酶联免疫吸附测定（ELISA）的蛋白质组学方法表明，血清 FGF-21 可用作诊断奶牛酮病的敏感生物标志物；这一发现与先前关于肝 FGF21 mRNA 表达的基因组学研究结果一致（Akbar 等，2015；Xu 等，2016a）。在诊断为脂肪肝的奶牛中也进行了另一项蛋白质组学研究，脂肪肝是奶牛 Ⅱ 型酮病易发的并发症（Kuhla 等，2009）。在该研究中，通过双向凝胶电泳（2-DE）结合 MALDI-TOF-TOF MS/MS 对肝脏标本进行了分析，以测量 5'-腺嘌呤核苷酸（5'-AMP）激活的蛋白激酶（AMPK）和调节/被调节蛋白。这项研究的结果表明，在 34 种差异表达的蛋白质中，与以下功能有关的蛋白质均下调表达：脂肪酸氧化 [如乙酰辅酶 A 乙酰转移酶 2（硫解酶）、酰基辅酶 A 脱氢酶、醛脱氢酶、醛酮还原酶家族 1 成员 C1、脂肪酸结合蛋白 1（FABP1）、过氧化物酶 6 和固醇载体蛋白 2（SCP2）]，碳水化合物代谢（如 6-磷酸果糖激酶、醛脱氢酶 2、烯醇酶 1、果糖-二磷酸醛缩酶 B、山梨糖醇脱氢酶和磷酸丙糖异构酶），电子转移（例如细胞色素 B5 和电子转移黄素蛋白 -β），蛋白质降解和抗原加工 [如热休克蛋白 70（HSP70）家族成员、二氢吡啶二羧酸合酶（DHDPS）、70 kDa 热休克蛋白 5（HSPA5）、蛋白酶体 26S 亚基、蛋白二硫化物异构酶相关蛋白 5（Erp57）和泛素羧基末端酯酶 L3] 以及细胞骨架重排（例如，细胞角蛋白 8 同种型和丝切蛋白）。

在脂肪肝中上调的蛋白质包括参与尿素循环的两种酶（即精氨酸酶-1和精氨琥珀酸合成酶）、脂肪酸或胆固醇转运蛋白（如载脂蛋白A1和固醇载体蛋白2）、一种糖酵解抑制剂（即副胸腺肽）以及钙信号网中早前未发现的变化（例如，膜联蛋白IV、钙结合蛋白SPEC 2D和钙调素）（Kuhla等，2009）。鉴定出的这些蛋白质可以用作代谢适应限饲、脂肪肝发展以及之后奶牛II型酮病发展的重要指标。

Lu等（2013）报道了产后奶牛牛奶蛋白质组，特别是乳脂球膜（MFGM）蛋白的变化及它们与NEB的关系（通常涉及与酮病相关的参数）。结果表明，在泌乳早期有NEB的奶牛，MFGM具有大量与急性炎症和免疫反应有关的蛋白质[如补体蛋白C3、脂多糖结合蛋白（LBP）、纤连蛋白（FN1）、凝血酶原（F2）、α-1-酸性糖蛋白（ORM1）、间-α-胰蛋白酶抑制剂重链H4（ITIH4）、α-2-HS糖蛋白（α-2-Heremans Schmid糖蛋白，简称AHSG）、补体成分C9、β-2-微球蛋白（B2M）、MHC I类抗原（Man8）、锌-α-2-糖蛋白（AZGP1）、过氧化物酶1（PRDX1）、突触融合蛋白结合蛋白-2（STXBP2）、免疫球蛋白轻链L（IGL）和免疫球蛋白轻链K（IGK）]。

一项基于ELISA试剂盒的免疫分析技术对患有酮病的奶牛和健康奶牛的血清细胞因子和急性期蛋白（APP）进行了蛋白质组学分析（Zhang等，2016）。结果显示，与健康奶牛相比，酮病奶牛的血清中白介素-6（IL-6）、肿瘤坏死因子（TNF）和SAA含量更高。最重要的是，后期患酮病的奶牛从分娩前的4~8周后IL-6和TNF的血清浓度就开始变高。

10.2.3　代谢组学用于酮病的代谢生物标志物鉴定

代谢产物被认为是生化途径的最终产物，表明疾病发展过程中存在特定的扰动。基于核磁共振（NMR）和质谱（MS）的代谢组学是乳业研究人员用于酮病研究的最流行的"组学"方法。在奶牛酮病的代谢组学研究中，血液（即血清或血浆）、尿液和乳汁是最常用的体液。

例如，一项基于气相色谱-质谱分析（GC-MS）的代谢组学方法比较了诊断为CK、SCK或临床健康（CON）的奶牛的血浆代谢谱（Zhang等，2013）。在这项研究中，鉴定出40种可区分CK、SCK和CON组的血浆生物标志物（即氨基酸、碳水化合物、脂肪酸、谷甾醇、维生素E异构体等），其中有25种代谢物在CK和SCK奶牛中相似。单变量分析数据显示，与CON奶牛相比，CK和SCK奶牛中25种代谢物中的9种[即2, 3, 4-三羟基丁酸、半乳糖、葡萄糖、葡萄糖醛酸、乙醇酸、乳酸盐、L-丙氨酸（L-Ala）、焦谷氨酸和核糖醇]均减少。而与CON组相比，CK和SCK组奶牛中的其他16种代谢物[包括氨基丙二酸、α-氨基丁酸、L-异亮氨酸（L-Ile）、甘氨酸（Gly）、3-羟基丁酸、棕榈酸、十七烷酸、硬脂酸、反式9-十八烯酸、肉豆蔻酸、顺式9-十六碳烯酸、2-哌啶羧酸、3-羟基戊酸、3-羟基-3-甲基戊二酸、α-生育酚和谷甾醇]均增加。这些结果表明，酮病的发展涉及代谢谱和多种生化途径的复杂扰动，例如氨基酸代谢、脂肪酸代谢、糖异生、糖酵解和磷酸戊糖途径（Zhang 等，2013）。

近期进行的另一项使用液相色谱-质谱联用（LC-MS）的研究在 CK 奶牛中发现了其他几种血浆代谢产物（Li 等，2014）。研究报告了 CK 奶牛和 CON 组奶牛之间 13 种血浆代谢物的不同。更具体地说，与 CON 奶牛相比，CK 奶牛的 5 种代谢产物[包括甘氨酸、甘胆酸、棕榈油酸、十四碳烯酸和缬氨酸（Val）]在内的血浆水平升高。另一方面，CK 奶牛的 9 种血浆代谢物[如精氨酸（Arg）、氨基丁酸、肌酐、亮氨酸（Leu）/异亮氨酸、赖氨酸（Lys）、降烟碱、色氨酸（Trp）和十一烷酸]则减少。CK 奶牛的这 13 种血浆代谢物参与各种代谢途径，包括氨基酸代谢、脂肪代谢、糖异生、神经信号传导和维生素代谢。

作为质谱分析（MS）技术的补充平台，基于核磁共振氢谱（^{1}H-NMR）的代谢组学也被用于测量 CK、SCK 和 CON 奶牛血浆中的代谢谱（Sun 等，2014）。在 3 组奶牛中，25 种代谢物[包括乙酸盐、乙酰乙酸（AcAc）、丙酮（Ac）、β-羟基丁酸酯（BHBA）、胆碱、枸橼酸盐、肌酸、甲酸盐、葡萄糖、谷氨酸（Glu）、谷氨酰胺（Gln）、甘氨酸、异亮氨酸、乳酸、亮氨酸、赖氨酸、苯丙氨酸（Phe）、脯氨酸（Pro）、酪氨酸（Tyr）和缬氨酸等]存在不同。特别是与 CON 奶牛相比，CK 和 SCK 奶牛的乙酸、AcAc、Ac、BHBA 和 N-乙酰糖蛋白血浆浓度均升高。仅在 SCK 奶牛中，胆碱、肌酸、甘氨酸、亮氨酸、异亮氨酸和缬氨酸的血浆水平升高。相反，患有酮病的奶牛血浆中的一些代谢物水平较低，如谷氨酰胺、谷氨酸、葡萄糖、组氨酸（His，例如 1-甲基组氨酸和 3-甲基组氨酸）、乳酸、赖氨酸和苯丙氨酸。并且仅在 CK 奶牛血浆中丙氨酸、柠檬酸盐、甲酸、低密度脂蛋白（LDL）、肌醇、脯氨酸、酪氨酸（Tyr）和极低密度脂蛋白（VLDL）水平降低。更重要的是，研究人员开发了 OPLS-DA 模型，对 CK 的诊断均有非常高的灵敏性和 100% 的特异性。对于 SCK，OPLS-DA 模型的敏感性为 97.0%，而特异性为 95.7%。

^{1}H-NMR 和多变量分析的结合已被用来有效地区分 I 型酮病、II 型酮病和正常对照组奶牛的血浆代谢谱（Xu 等，2015b）。这项研究的结果表明，3 组之间血浆代谢产物存在显著差异。具体来说，I 型酮病和 CON 奶牛之间的比较表明，I 型酮病奶牛的 Ac 和 BHBA 浓度更高，而丙氨酸、α-葡萄糖、β-葡萄糖、柠檬酸盐、肌酸、甲酸、谷氨酰胺、谷氨酸、甘氨酸、组氨酸、赖氨酸、肌醇、O-乙酰糖蛋白、磷酸胆碱（PC）、苯丙氨酸、酪氨酸的水平更低。与 CON 组相

比，Ⅱ型酮病奶牛的 Ac、BHBA 和乳酸盐血浆浓度更高，而丙氨酸、肌酸、赖氨酸和酪氨酸的血浆浓度降低。而且，在Ⅰ型酮病和Ⅱ型酮病之间也确定了不同的代谢谱。与Ⅱ型酮病相比，Ⅰ型酮病奶牛的 Ac、乙酸盐、BHBA、异亮氨酸、亮氨酸、LDL、缬氨酸和 VLDL 含量较高，而 α- 葡萄糖、β- 葡萄糖、柠檬酸盐、肌酸、甲酸、谷氨酰胺、谷氨酸、甘氨酸、组氨酸、赖氨酸、O- 乙酰糖蛋白、PC、苯丙氨酸和酪氨酸含量更低（Xu 等，2015b）。这项研究结果表明，奶牛Ⅰ型和Ⅱ型酮病的病因有所不同。

乳汁是一种易于获取且无创收集的生物流体，乳品科学研究者已使用代谢组学技术对其进行了研究，鉴定出可用于不同品种（如瑞士褐牛、荷斯坦 - 弗里生奶牛和西门塔尔 - 弗莱维赫牛）和不同泌乳阶段的动物的酮病诊断生物标志物（Klein 等，2012）。在获取每个乳汁样品的一维核磁共振氢谱（1D ^{1}H-NMR）和二维核磁共振氢 - 碳谱（2D ^{1}H-^{13}C NMR）光谱后的统计分析表明，牛奶 GPC / PC 比值可以用作可靠的诊断酮病风险的预后生物标志物。特别是，牛奶中较高浓度的 GPC 可用作整个泌乳期发生酮病的低风险指标。牛奶 GPC / PC 比值的临界值为 2.5（即 ≥ 2.5）则表明该奶牛患酮病的风险非常低（Klein 等，2012）。

同一研究小组还对与奶牛代谢状态相关的代谢物进行了另一项乳汁代谢组学研究（例如，用于酮病能量代谢的已知生物标志物，如 Ac 和 BHBA）（Klein 等，2010）。这项研究利用 NMR（即一维 NMR 和二维 NMR）和 GC-MS 测量了采集自两种不同奶牛泌乳早期和晚期的乳汁样品中的总共 44 种乳代谢产物（通过 NMR 检测 23 种；通过 GC-MS 检测 25 种；两种方法有 4 种重叠）。结果表明，在泌乳初期，不同品种的奶牛（荷斯坦 - 弗里生奶牛、瑞士褐牛和西门塔尔 - 弗莱维赫牛）的许多乳汁代谢物，特别是已知酮病生物标志物（例如 Ac 和 BHBA）有显著差异（Klein 等，2010）。

到图书出版为止，还没有针对酮病奶牛进行的基于脂质组学的研究。Ametaj 正在进行基于 NMR 和 MS 的综合代谢组学研究，通过筛查血清、尿液和乳汁样本来识别用于监测、诊断和预测奶牛的几种围产期疾病的早期的生物标志物。我们还专门筛选了 3 种体液（血清、尿液和乳汁）中的酮病生物标志物。在一项基于解吸 - 电离 / 液相色谱 - 质谱 / 质谱（DI / LC-MS / MS）的代谢组学研究中，在酮病发生前、酮病期、酮病恢复后的奶牛与 CON 组奶牛血清中鉴定并定量了 128 种代谢物，包括氨基酸、甘油磷脂、鞘脂、酰基肉碱、生物胺和己糖等。结果表明，酮病奶牛在酮病发生之前、之中和之后都具有与氨基酸、碳水化合物和脂质代谢相关的大量血清代谢产物的紊乱（Zhang 等，2017a）。该研究最重要的发现之一是鉴定出一套七代谢物特征集（原文为 a sevenmetabolite signature set）

［即赖氨酸、溶血磷脂酰胆碱酰基（lysoPC a）C17：0、lysoPC a C18：0、lysoPC a C16：0、异亮氨酸、犬尿氨酸和亮氨酸］，可在产前8周用于早期酮病诊断（比通过测量血清BHBA进行的传统酮病诊断早9~11周）（Zhang等，2017a）。在2017年发表的一篇论文中，对酮病和健康奶牛的血清和尿液进行了电感耦合等离子体质谱（ICP-MS）金属分型。总体结果显示，酮病前（即产前4~8周）和酮病后（即产后4~8周）奶牛的血清和尿液中的矿物质元素（如铝、铁、锰、砷、硼、钙、磷、钾和镁）发生了重大变化（Zhang等，2017b）。

10.3 酮病涉及的网络模型及途径

考虑到在酮病期间会发生基因、蛋白质（例如酶）和代谢物的巨大变化，因此对奶牛酮病应进行所有"组学"研究。毫无疑问，几乎所有参与牛酮病的研究者都仅使用一个"组学"平台来研究该疾病的病理生物学。但是，没有任何一种单一"组学"技术能够完全揭示出酮病的复杂性。整合多层"组学"数据对于获取精确的酮病影像和通过建立网络模型以更好地了解疾病病理生物学是必不可少的。所有层级之间的生物学信息的相关性需要阐述清楚。来自mRNA、蛋白质和代谢产物的所有组学数据均受遗传变异、表观遗传和环境因素的影响（Petersen等，2014；Shin等，2014；Zierer等，2015）。通过将目标变量（即与酮病相关的基因、蛋白质或代谢物）和代谢途径整合到已知的生物网络中，从而将酮病"组学"研究的结果置于系统生物学环境中是可行的。下文概述了在酮病中受影响的一些代谢途径。图10.3总结了基于肝脏和血液的组学数据（即选定的DNA、mRNA、蛋白质和代谢产物）与酮病相关的主要代谢途径。

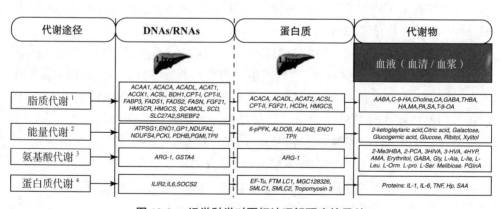

图10.3 组学科学对更好地理解酮病的贡献

10.3.1 脂质代谢

先前已通过相关的基因表达确定了酮病奶牛的脂质代谢、脂肪酸运输或代谢过程中的扰动。基于微阵列芯片和实时荧光定量 PCR（qPCR）的转录组学研究为患有营养性酮病的围产期奶牛肝脏中特定脂质分解代谢相关基因的上调或下调提供了证据（Loor 等，2007）。这项研究的数据揭示了在酮病奶牛中，一些与脂质代谢有关的基因表达上调，这些基因包括乙酰辅酶 A 酰基转移酶 1（ACAA1）、乙酰辅酶 A 乙酰转移酶 1（ACAT1）、乙酰辅酶 A 氧化酶 1-棕榈酰（ACOX1）、3-羟基丁酸脱氢酶 1 型（BDH1）、脂肪酸结合蛋白 3（FABP3）和溶质载体家族 27（脂肪酸转运蛋白）-成员 2（SLC27A2）。ACAT1 基因编码的乙酰辅酶 A 乙酰转移酶 1 负责酮体分解的最后一步。同样地，*BDH1* 也是调节酮体分解的重要基因（Mahendrean 等，2013）。ACAT1 和 BDH1 的表达上调可能是对高酮血症的防御机制。ACAA1 和 ACOX1 在脂肪酸 β-氧化过程中都很重要（Baes 和 Van Veldhoven，2012）。在 NEB 状态期间，FABP3 和 SLC27A2 的上调可能与非酯化脂肪酸（NEFA）的大量产生有关。Loor 等（2007）推测，在酮病奶牛中，FABP3 的上调可能将脂肪酸（如棕榈酸和油酸）导向过氧化物酶体 β-氧化。该基因表达研究还报道，与下列代谢相关的基因在酮病期间均下调，即脂肪酸的从头合成[如脂肪酸合酶（FASN）、乙酰辅酶 A 羧化酶（ACACA）]、脂肪酸去饱和[如硬脂酰辅酶 A 去饱和酶（SCD）、脂肪酸去饱和酶 1（FADS1）、脂肪酸去饱和酶 2（FADS2）]、胆固醇合成[如 3-羟基-3-甲基戊二酰辅酶 A 还原酶（HMGCR）、固醇 C4-甲基氧化酶（SC4MOL）]（Loor 等，2007）。这些脂质代谢基因大多受中心转录因子[即固醇调节元件结合转录因子 2（SREBF2）]调节，该因子在酮病期间也下调。酮病奶牛肝脏中 ACACA 的蛋白质水平也被证明降低（Li 等，2012）。FASN 和 ACACA 基因在脂肪的从头合成（从多余的葡萄糖中产生脂肪酸）中起着关键作用（Okuda 和 Morita，2012；Postic 和 Girard，2008）。几种脂肪酸（特别是 C18：1）是内源性合成的，并且是肝脏甘油三脂（TAG）合成的主要底物（Loor 等，2007）。FASN 和 ACACA 的下调可能与酮病中的低血糖有关，高酮血症可能通过抑制两个基因的表达而阻止脂肪变性的进一步发展。FADS1 和 FADS2 基因编码两种限速酶，分别将亚油酸[LA；18：2（n-6）]去饱和为花生四烯酸[ARA；20：4（n-6）]，将 α-亚麻酸[ALA；18：3（n-3）]去饱和为二十碳五烯酸[EPA；20：5（n-3）]或二十二碳六烯酸[DHA；22：6（n-3）]（Xie 和 Innis，2008）。肝脏 FADS1 和 FADS2 的下调表明酮病奶牛的多不饱和脂肪酸（PUFA）合成（如 n-3 和 n-6 脂肪酸）受损（Loor 等，2007）。同样，SCD 的下调表明细胞膜中主要单不饱和脂肪酸（MUFA，即油酸）从头合成受到实质性损害（Loor 等，2007）。内源性合成的 MUFA 对于 TAG、磷脂和胆固醇酯的合成至关重要（Scaglia 和 Igal，2005）。Loor 等（2007）的研究结果表明，酮病期间 SCD 的下调可能通过减少油酸的合成进而削弱 VLDL 的合成和 TAG 分泌，从而导致肝脂沉积症。

还有研究通过比较蛋白质组学分析了酮病奶牛的肝脏、血浆和尿液中脂肪酸代谢酶的表达。据报道，在酮病奶牛的肝脏组织中，ACAT2 和 HCDH（二者在脂肪酸 β-氧化途径中起着关键作用）表达降低，这暗示肝脏利用脂肪酸的功能受损（Xu 和 Wang，2008；Xu 等，2008）。此后，脂肪酸在肝细胞中积累。酮病奶牛中 ACAT2 和 HCDH 的水平降低可能是高酮体引起的负反馈。Kuhla 等（2009）进行的另一项研究结果同样表明，患有脂肪肝的奶牛的 ACAT2 和酰基辅酶 A 脱氢酶（ACAD）均下调，这暗示脂肪酸 β-氧化作用减弱可能是导致肝脂血症的一个因素，随后继发酮病。FGF21 是脂质代谢的重要调节因子，已有数名研究人员对其进行了研究（Badman 等，2007；Gälman 等，2008）。Xu 和 Wang（2008）报道 FGF21 与 BHBA 负相关，可以独立用作酮病的诊断生物标志物。FGF21 可能刺激葡萄糖吸收并抑制脂解作用（Chen 等，2011；Kharitonenkov 等，2005）。对于酮病奶牛中 FGF21 降低的一种可能的解释是血液中的葡萄糖浓度降低，这也导致了脂肪组织中过多的脂质动员。

在另一项研究中，测量了参与脂肪酸代谢的 6 种重要的肝酶，它们对产后酮症奶牛的 mRNA 丰度水平和蛋白质含量有影响。（Li 等，2012）。实时 PCR 和 ELISA 分析显示，与 CON 奶牛相比，酮病奶牛的酰基辅酶 A 合成酶长链（ACSL）的 mRNA 和蛋白水平更高。相比之下，在酮病奶牛肝脏中，肉碱棕榈酰转移酶 I（CPT I）的 mRNA 水平以及 ACACA、酰基辅酶 A 脱氢酶长链（ACADL）、3-羟基-3-甲基戊二酰辅酶 A 合酶（HMGCS）和肉碱棕榈酰转移酶 II（CPT II）的 mRNA 和蛋白质水平均降低（Li 等，2012）。ACSL 基因的上调和 ACSL 酶的增加表明患有酮病的奶牛需要增加来自脂肪组织脂解的长链脂肪酸（LCFA）的氧化来补充能量。ACSL 表达的增加也可产生更高水平的脂肪乙酰辅酶 A，其可能被酯化为 TAG，并在酮病期间导致严重的肝脂质沉积症（Li 等，2012）。酶 CPT I 和 CPT II 与肉碱-酰基肉碱转位酶一起介导了酰基基团的线粒体易位（Dann 和 Drakley，2005）。ACADL 是催化线粒体中 LCFA 的 β-氧化第一步的重要酶。ACADL 基因和蛋白质的表达降低表明酮病期间肝细胞中的脂肪酸 β-氧化功能受损。HMGCS 是生酮途径的限速酶，可在多种生理条件下（例如高脂饮食、禁食和长时间运动）控制生酮作用（Li 等，2012）。有人推测 HMGCS 的下调和 HMGCS 酶的水平降低可能与酮病奶牛的高酮血症的响应抑制有关（Ness 和 Chambers，2000）。

许多代谢组学或脂质组学研究已经报道了涉及脂肪酸代谢的代谢产物紊乱。用 GC-MS 进行的血浆代谢分析表明，酮病奶牛的脂肪酸代谢中的代谢产物发生了改变（Zhang 等，2013）。在酮病奶牛中，血浆中的乙醇酸（GA）和 2，3，4-三羟基丁酸（THBA）的浓度降低，而 α-氨基丁酸（AABA）、棕榈酸（PA）、七癸酸（HA）、硬脂酸（SA）、反式 9-十八烯酸（T-9-OA）、肉豆蔻酸（MA）、顺式 9-十六碳烯酸（C-9-HA）、4-氨基丁酸（GABA）和木糖醇的浓度升高。9 种增加的代谢产物中最显著的是 NEFA，这证实了低血糖期间过度的脂质分解可能导致酮病。Sun 等（2014）在另一项基于 NMR 的血浆分析研究中报道，SCK 奶牛血浆中胆碱水平更高。胆碱作为卵磷脂的成分，在肝脏中脂肪酸的运输和促进脂肪酸 β-氧化以避免肝细胞中过多的脂质沉积方面起着重要作用（Gao 等，2008）。SCK 奶牛血浆中胆碱浓度的增加表明，胆碱可能参与了保护机制，以防止酮病期间脂肪肝的进一步发展。

基于 NMR 的乳汁代谢组学分析显示，酮病奶牛的磷脂途径发生了改变（Klein 等，2012）。较高的乳汁 GPC 水平表明发生酮病的可能性较低，而乳汁 GPC/PC 比值大于 2.5 则表明发生酮病的风险较低。酮病奶牛乳汁中 GPC 和 GPC/GC 比率升高可能是由于较高的酶浓度或磷脂酶 A2 和溶血磷脂酶的活性导致血液中磷脂酰胆碱的分解率较高所致，这些酶被用作酮病奶牛低血糖时的替代能源。根据先前确定的筛查酮病风险的生物标记物（即牛奶中 GPC 和 PC 的比值），在其基因表达水平上进一步研究了酮病期间磷脂途径的变化（Tetens 等，2015）。结果显示，牛 25 号染色体（BTA25）上的一个主要数量性状位点与乳汁的 GPC 水平和乳汁的 GPC/PC 比具有高度的遗传性。具体而言，编码载脂蛋白 B 受体的 APOBR 基因被确定为酮病的风险生物标志物。

10.3.2 能量代谢：碳水化合物代谢、糖酵解、糖异生和磷酸戊糖途径

据报道，酮病奶牛中糖酵解、糖异生和三羧酸（TCA）循环相关基因的表达下调，例如肝脏中的 α-烯醇酶（ENO1）、丙酮酸脱氢酶（硫辛酰胺）β（PDHB）、磷酸甘油酸激酶 1（PCK1）、磷酸丙糖异构酶 1（TPI1）、葡萄糖磷酸异构酶（GPI）和磷酸葡萄糖突变酶 1（PGM1）（Loor 等，2007）。另外，在患有酮病奶牛中，超过 80%的与氧化磷酸化有关（例如 ATP5G1），线粒体电子转运和泛醌生物合成（例如 NDUFA2、NDUFS4）相关的基因被下调。长期以来，PCK1 被认为是催化糖异生的限速酶（Rognstad，1979）。据报道，关键的糖异生酶的较低活性使得肝糖异生失败，以致于不能产生足够的葡萄糖以满足身体需要和产奶，这可能会导致酮病的发生（Herdt，2000；Murondoti 等，2004）。在营养性酮病研究中，基因表达结果表明，受影响最大的代谢途径是氧化磷酸化、

蛋白质泛素化和泛醌合成，分别有 97 个、125 个和 41 个基因被改变（Loor 等，2007）。

营养性脂肪肝（酮病的常见并发症）的蛋白质组学分析表明，糖酵解和糖异生酶，如 6-磷酸果糖激酶（6-pPFK）、ENO1、TPI1、果糖-双磷酸醛缩酶 B（ALDOB）、山梨糖醇脱氢酶（SDH）和醛脱氢酶 2（ALDH2），在限饲模型中蛋白质水平的表达较少（Kuhla 等，2009）。此外，胸腺旁腺素（一种糖酵解酶的抑制剂）在患有低血糖症的奶牛中减少。

据报道，在酮病奶牛的肝脏中，对蛋白质的生物合成非常重要（即将氨基酸转化为蛋白质）的肝酶 EF-Tu 的水平较低。据推测，在酮病状态下，大多数生糖氨基酸都参与了糖异生和 TCA 循环以产生 ATP（Xu 等，2008）。由于丙酸、甘油、乳酸和生糖氨基酸是糖异生的底物，因此对酮病奶牛中的这些底物进行全面分析是必要的。

大量的代谢组学研究表明，参与能量代谢的代谢物发生了显著变化。据报道，柠檬酸（一种 TCA 中间体）在 I 型酮病奶牛的血浆中含量较低，这表明患有酮病的奶牛 TCA 循环的效率受到影响（Xu 等，2015b）。另外，Zhang 等（2013）报道，CK 和 SCK 奶牛血浆中对糖原异生很重要的生糖氨基酸减少。此外，可通过戊糖磷酸途径进入糖酵解的其他代谢物（如葡萄糖醛酸、核糖醇、半乳糖和葡萄糖）在酮病奶牛的血浆中也减少了。木酮糖 5-磷酸的前体（即木糖醇、戊糖磷酸和糖酵解途径的中间产物）在 CK 奶牛中增加。此外，发现 TCA 循环中涉及的 2-酮戊二酸在 SCK 奶牛中被下调。因此，血浆碳水化合物、生糖前体（如乳酸和 L-丙氨酸）和维生素 C（葡萄糖醛酸的前体）的浓度变化可能在酮病的发展中起关键作用（Zhang 等，2013）。据报道，当比较 II 型酮病和 I 型酮病时，II 型酮病奶牛的生糖氨基酸比 I 型酮病的奶牛少，这表明不同形式的酮病（即 SCK 与 CK，I 型与 II 型酮病）具有不同的代谢谱，这表明需要更仔细地研究酮病（Xu 等，2015b；Zhang 等，2013）。鉴于有证据表明酮病奶牛会经历与 TCA 循环、糖酵解和糖异生有关的中间体干扰，因此需要进行更多的研究以更好地了解酮病中能量代谢的情况。

10.3.3 氨基酸代谢

氨基酸不仅是蛋白质合成的基础，而且在能量和免疫功能方面也起着重要的作用（Li 等，2007；Moriwaki 等，2004）。3 种类型的氨基酸（即生糖的、生酮的或两者兼有）可以用作糖异生或生酮的前体，人类产生的能量中有 10%~15% 来自氨基酸分解代谢（D'Mello，2003；Pasquale，2007）。此外，氨基酸还充当细菌感染或炎症期间酶（催化不同途径）和先天免疫反应物（如促炎性细胞因子、APP 和抗体）的合成的基础。基于 NEB 的概念以及我们推测的细菌内毒素在酮病病理生物学中的潜在作用，有关氨基酸的新数据为更好地了解该疾病提供了可观的信息。

先前已经报道了酮病奶牛中各种氨基酸相关的代谢途径的改变。Xu 和 Wang（2008）证明，尿素循环中催化精氨酸降解第一步的关键酶（精氨酸酶-1）在酮病奶牛的肝脏中减少。精氨酸酶-1 的下调表明精氨酸的降解受到抑制，而精氨酸可能被其他途径（如糖异生）利用。

涉及不同氨基酸代谢途径的许多代谢物，如丙氨酸-天冬氨酸代谢（例如L-丙氨酸）、谷胱甘肽代谢（例如焦谷氨酸）、甘氨酸-丝氨酸-苏氨酸代谢（例如甘氨酸，L-丝氨酸）、缬氨酸-亮氨酸-异亮氨酸降解（例如L-异亮氨酸）、缬氨酸-亮氨酸-异亮氨酸生物合成［例如3-羟基戊酸（3HVA）、2-甲基-3-羟基丁酸（2Me3HBA）］、赖氨酸代谢［例如2-哌啶羧酸（2PCA）］和精氨酸－脯氨酸代谢（如蜜二糖，L-脯氨酸），血浆浓度在 SCK 和 CK 的奶牛中发生了改变。其他几种氨基酸及其分解代谢产物，如 L-异亮氨酸（参与生酮和生糖）、甘氨酸（起源于丝氨酸）、氨基丙二酸（AMA，蛋白质水解前的成分）和2PCA（赖氨酸代谢），浓度在酮病奶牛中被上调（D'Mello, 2003; Hinko 等，1996; Marsh 等，1993; Marvin 和 Francis, 1949），这暗示着蛋白水解作用得到增强以满足酮体奶牛的体内能量需求。特别是在酮病奶牛中，赖氨酸（一种生酮氨基酸）的分解代谢产物 2PCA 的上调表明 2PCA 可能间接地促进了酮体的产生（Hinko 等，1996）。

尽管 CK 或 SCK 奶牛的代谢谱相似，但两组之间在氨基酸代谢方面代谢物发生了各种不同的变化（Zhang 等，2013）。与 CON 奶牛相比，CK 奶牛中的 2Me3HBA（一种参与异亮氨酸分解代谢、生酮作用和脂肪酸 β-氧化的代谢物）增加了（Salway, 2004）。与此相反，在 CK 奶牛中，某些代谢物包括来自L-谷氨酸代谢的 4-氨基丁酸（GABA）（Watanabe 等，2002）、从亮氨酸（一种生酮氨基酸）分解代谢的 3-羟基异戊酸（3HIVA）（Ferreira 等，2007）、赤藓糖醇［L-丝氨酸（一种生糖氨基酸）和果糖 6-磷酸酯的前体］则减少了（Munro 等，1998；Hamana 等，2010）。紊乱的氨基酸及其前体或分解代谢物表明它们可能是 CK 的重要指标。SCK 和 CON 奶牛之间的比较观察到，氨基酸分解代谢产物的差异性改变。SCK 奶牛的代谢产物，包括 L-亮氨酸和 4-羟基脯氨酸（4HYP，由脯氨酸羟基化分解代谢）（Siddiqi 等，200；Zhang 等，2013）被下调。而与尿素循环有关的 L-鸟氨酸在 SCK 奶牛中减少了（Motyl 和 Barej，1986）。因此，SCK 和 CK 可能有自身的特定生物标记，很明显，仅依靠酮体浓度（例如血液 BHBA）不足以区分奶牛不同类型的酮病。

其他两项代谢组学研究表明，酮病奶牛（包括 SCK 和 CK，以及 I 型和 II 型酮病）的血浆中生糖氨基酸水平较低（Sun 等，2014；Zhang 等，2013）。据推测，糖异生底物的缺乏可能是酮病发病的重要因素。但是，在我们最近的研究中发现了相反的结果，该研究表明，酮病奶牛的糖异生氨基酸浓度更高（未发表的数据）。我们假设细菌毒性产物和全身性炎症的激活可能与酮病发病机理有关。氨基酸在免疫功能中也起重要作用，并且增加肌肉蛋白的动员可能产生氨基酸底物，从而在免疫反应激活过程中产生免疫反应物。

10.3.4　蛋白质代谢

正常奶牛体内蛋白质存储和组织质量的稳态通过细胞蛋白质合成和降解速率之间的平衡得以维持（Lecker 等，2006）。在患酮病的奶牛中，与蛋白质合成相关的基因属于受影响最大的基因（即被下调的基因之一）。此外，经典信号通路分析表明，泛素合成包含最多数量的上调基因（42 个），许多泛素合成相关的基因被下调（Loor 等，2007）。结果表明，在酮病奶牛中，通过泛素 – 蛋白酶体途径的蛋白质降解更为严重。过度的蛋白水解或肌肉消耗可由多种病理状况触发，例如较低的空腹胰岛素水平或败血症中的细胞因子（如 TNF）（Lecker 等，2006）。除了由脂肪组织产生的脂类分解之外，蛋白水解是产生肝糖异生或其他蛋白质合成所需的前体（即氨基酸）的另一种方法（Mitch 和 Goldberg，1996）。

Xu 和 Wang（2008）研究表明，肝脏中细胞结构蛋白的改变可能与奶牛酮病病程有关。在这项研究中，酮病奶牛肝脏中的各种细胞骨架蛋白（包括快肌纤维肌球蛋白轻链 1、假想蛋白 MGC128326、肌红蛋白、似肌球蛋白轻链 1、似肌球蛋白轻链 2 和原肌球蛋白 3）均升高。相反地，在酮病奶牛肝脏中 EF-Tu（蛋白质生物合成的重要酶）的表达则降低了（Xu 等，2008）。与先前提到的蛋白质水解作用增强相比，蛋白质生物合成的减弱进一步干扰了蛋白质储存的体内平衡，这可能是导致酮病的因素之一。在蛋白质组学研究中，参与蛋白质降解的许多酶（如热休克蛋白 70 家族的成员、热休克 70 kDa 蛋白 5、蛋白酶体 26S 亚基、蛋白质二硫键异构酶相关蛋白 5 和泛素羧基末端脂酶 L3）在患有脂肪肝（并发酮病的疾病）的奶牛中被下调（Kuhla 等，2009）。因此，据推测，在酮病后期，可能会激活一种防止奶牛肌肉的蛋白质进一步降解的保护机制。

10.3.5　其他代谢途径

除了上述提到的酮病奶牛的代谢途径改变外，还有更多扰动途径被报道过。例如，在酮病和健康奶牛之间，参与抗氧化、细胞结构、神经信号传导、核苷酸代谢和维生素代谢的蛋白质表达存在差异（Xu 和 Wang，2008；Xu 等，2014）。

请参考所引用的研究文献,以了解有关酮病奶牛中其他代谢途径发生改变的更多信息(Loor 等,2007;Sun 等,2014;Xu 和 Wang,2008;Xu 等,2008,2015b,2016b;Zhang 等,2013)。

10.4 总结及未来方向

还原论方法在生物学上的局限性越来越明显。高酮血症(酮病的唯一表型特征)不足以解释该疾病的病理生物学以及对其进行的预防或治疗。血清 BHBA 用于定义酮病(尤其是 SCK)的临界值似乎有些草率。血液中 BHBA 的浓度会随着时间而变化,因此需要确定不同时期酮病(例如干奶期和泌乳早期)诊断的不同临界值。干奶期也需要重视。根据已发表的文献,酮病的特征应该是内部和外部因素相互影响导致产犊前后奶牛整体代谢状况受到扰动。基于组学的系统兽医方法获得的上述进展正在推动我们对奶牛酮病认识向前发展。根据以上概述,不同的组学科学(即基因组学、转录组学、蛋白质组学和代谢组学)已发现一些重大改变,这表明酮病是一种复杂的疾病。除了考虑单个因素对该疾病病理生物学的影响外,还必须考虑基因、蛋白质和代谢物网络之间的相互联系和相互依存性。从多个组学研究中获得的数据进行整合有助于构建关于酮病如何开始和发展的完整影像。在酮病研究方面,有部分领域仍被忽略,例如其他疾病的亚临床病例的存在及其与酮病的相互作用。

尽管高通量组学技术(即基因组学、转录组学蛋白质组学、代谢组学和脂质组学)正不断发展并丰富了我们的知识,但与牛酮病相关的数据量也在快速增长,仍需要整合不同层级的组学数据。毫无例外,当前所有已发表的有关奶牛酮病的组学研究都应用单一平台,仅关注基因、蛋白质或代谢产物,还缺乏大量的信息。从一组奶牛中收集的相同样品需要同时通过不同的组学平台进行分析,以便应用系统兽医学方法更好地解释酮病。此外,需要开发高通量和可靠的生物信息学工具,以帮助基于本体、代谢途径、生物网络或经验相关性来整合多个组学数据集。还应注意的是,从不同的研究中获得了相互矛盾的数据,这可能是由于收集了酮病不同阶段的样本这一事实。因此,在以后的酮病研究中,首先,重要的是对来自同一奶牛不同阶段(即在酮病发生之前、期间和之后)进行重复采样来进行纵向研究,以进一步了解疾病的发生和进展。其次,同位素标记技术可用于牛酮病的蛋白质组学和代谢组学研究,以追踪目标蛋白质或代谢产物的分子途径和生物学过程,从而帮助确定目标分子的来源和最终用途。再次,需要确定针对酮病的高敏感性和特异性风险生物标记物,并验证有关酮病的通用生物标记物模型。最后,需要开发结合多目标干预的新的预防和治疗策略。

参考文献

Akbar H, Batistel F, Drackley JK, *et al.* 2015. Alterations in hepatic FGF21, co-regulated genes, and upstream metabolic genes in response to nutrition, ketosis and inflammation in peripartal Holstein cows[J]. PLoS One, 10:e0139963.

Badman MK, Pissios P, Kennedy AR, *et al.* 2007. Hepatic fibroblast growth factor 21 is regulated by PPARα and is a key mediator of hepatic lipid metabolism in ketotic States[J]. Cell Metab, 5:426–437.

Baes M, Van Veldhoven PP. 2012. Mouse models for peroxisome biogenesis defects and β-oxidation enzyme deficiencies[J]. Biochim Biophys Acta, 1822:1489–1500.

Chen W, Hoo RL, Konishi M, *et al.* 2011. Growth hormone induces hepatic production of fibroblast growth factor 21 through a mechanism dependent on lipolysis in adipocytes[J]. J Biol Chem, 286:34559–34566.

Dann HM, Drackley JK. 2005. Carnitine palmitoyltransferase I in liver of periparturient dairy cows: Effects of prepartum intake, postpartum induction of ketosis, and periparturient disor- ders[J]. J Dairy Sci, 88:3851–3859.

D'Mello JPF. 2003. Amino acids as multifunctional molecules. In: D'Mello JPF (ed) Amino acids in animal nutrition[M]. 2nd edn. Oxfordshire: CABI Publishing: 1–14.

Duffield TF. 2000. Subclinical ketosis in lactating dairy cattle[J]. Vet Clin North Am Food Anim Pract, 16:231–253.

Duffield TF, Lissemore KD, McBride BW, *et al.* 2009. Impact of hyperketonemia in early lactation dairy cows on health and production[J]. J Dairy Sci, 92:571–580.

Ferreira G, Weiss WP, Willett LB. 2007. Changes in measures of biotin status do not reflect milk yield responses when dairy cows are fed supplemental biotin[J]. J Dairy Sci, 90:1452–1459.

Gao H, Dong B, Liu X. 2008. Metabonomic profiling of renal cell carcinoma: High-resolution proton nuclear magnetic resonance spectroscopy of human serum with multivariate data analy- sis[J]. Anal Chim Acta, 624:269–277.

Gälman C, Lundåsen T, Kharitonenkov A, *et al.* 2008. The circulating metabolic regulator FGF21 is induced by prolonged fasting and PPARα activation in man[J]. Cell Metab, 8:169–174.

Gordon JL, LeBlanc SJ, Duffield TF. 2013. Ketosis treatment in lactating dairy cattle[J]. Vet Clin North Am Food Anim Pract, 29:433–445.

Hamana M, Ohtsuka H, Oikawa M, *et al.* 2010. Blood free amino acids in the postpartum dairy cattle with left displaced abomasums[J]. J Vet Med Sci, 72:1355–1358.

Herdt TH. 2000. Ruminant adaptation to negative energy balance - Influences on the etiology of ketosis and fatty liver[J]. Vet Clin North Am Food Anim Pract, 16:215–230.

Heringstad B, Chang YM, Gianola D, et al. 2005. Genetic analysis of clinical mastitis, milk fever, ketosis, and retained placenta in three lactations of Norwegian Red Cows[J]. J Dairy Sci, 88:3273–3281.

Hinko CN, Crider AM, Kliem MA, et al. 1996. Anticonvulsant activity of novel derivatives of 2- and 3-piperidinecarboxylic acid in mice and rats[J]. Neuropharmacology, 35:1721–1735.

Holtenius P, Holtenius K. 1996. New aspects of ketone bodies in energy metabolism of dairy cows: a review[J]. Zentralbl Veterinarmed A, 43:579–587.

Kadarmideen HN, Thompson R, Simm G. 2000. Linear and threshold model genetic parameters for disease, fertility and milk production in dairy cattle[J]. Anim Sci, 71:411–419.

Kharitonenkov A, Shiyanova TL, Koester A, et al. 2005. FGF-21 as a novel metabolic regulator[J]. J Clin Invest, 115:1627–1635.

Klein MS, Almstetter MF, Schlamberger G, et al. 2010. Nuclear magnetic resonance and mass spectrometry-based milk metabolomics in dairy cows during early and late lactation[J]. J Dairy Sci, 93:1539–1550.

Klein MS, Buttchereit N, Sebastian P, et al. 2012. NMR metabolomic analysis of dairy cows reveals milk glycerophosphocholine to phosphocholine ratio as prognostic biomarker for risk of ketosis[J]. J Proteome Res, 11:1373–1381.

Kuhla B, Albrecht D, Kuhla S, et al. 2009. Proteome analysis of fatty liver in feed-deprived dairy cows reveals interaction of fuel sensing, calcium, fatty acid, and glycogen metabolism[J]. Physiol Genomics, 37:88–98.

Lecker SH, Goldgerger AL, Mitch WE. 2006. Protein degradation by the ubiquitin–proteasome pathway in normal and disease states[J]. J Am Soc Nephrol, 17:1807–1819.

Li P, Lin Y, Li D, et al. 2007. Amino acids and immune function[J]. Br J Nutr, 98:237–352.

Li P, Li XB, Fu SX, et al. 2012. Alterations of fatty acid β-oxidation capability in the liver of ketotic cows[J]. J Dairy Sci, 95:1759–1766.

Li Y, Xu C, Xia C, et al. 2014. Plasma metabolic profiling of dairy cows affected with clinical ketosis using LC/MS technology[J]. Vet Q, 34:152–158.

Loor JJ, Everts RE, Bionaz M, et al. 2007. Nutrition-induced ketosis alters metabolic and signaling gene networks in liver of periparturient dairy cows[J]. Physiol Genomics, 32:105–116.

Lu J, Antunes Fernandes E, Páez Cano AE, et al. 2013. Changes in milk proteome and metabolome associated with dry period length, energy balance, and lactation stage in postparturient dairy cows[J]. J Proteome Res, 12:3288–3296.

Mahendran Y, Vangipurapu J, Cedergerg H, et al. 2013. Association of ketone body levels with hyperglycemia and type 2 diabetes in 9,398 Finnish men[J]. Diabetes, 62:3618–3626.

Marsh DC, Vreugdenhil PK, Mack VE, et al. 1993. Glycine protects hepatocytes from injury caused by anoxia, cold ischemia and mitochondrial inhibitors, but not injury caused by calcium ionophores or oxidative stress[J]. Hepatology, 17:91–98.

Marvin DA, Francis B. 1949. A metabolic study of α-aminobutyric acid[J]. J Biol Chem, 180:1059–1063.

Mitch WE, Goldberg AL. 1996. Mechanisms of muscle wasting: the role of the ubiquitin- proteasome system[J]. N Engl J Med, 335:1897–1905.

Moriwaki H, Miwa Y, Tajika M, et al. 2004. Branched-chain amino acids as a protein- and energy-source in liver cirrhosis[J]. Biochem Biophys Res Commun, 313:405–409.

Motyl T, Barej W. 1986. Plasma amino acid indices and urinary 3-methyl histidine excretion in dairy cows in early lactation[J]. Ann Rech Vet, 17:153–157.

Munro IC, Berndt WO, Borzelleca JF, et al. 1998. Erythritol: an interpretive summary of biochemical, metabolic, toxicological and clinical data[J]. Food Chem Toxicol, 36:1139–1174.

Murondoti A, Jorritsma R, Beynen AC, et al. 2004. Unrestricted feed intake during the dry period impairs the postpartum oxidation and synthesis of fatty acids in the liver of dairy cows[J]. J Dairy Sci, 87:672–679.

Nakagawa-Ueta H, Katoh N. 2000. Reduction in serum lecithin: cholesterol acyltransferase activity prior to the occurrence of ketosis and milk fever in cows[J]. J Vet Med Sci, 62:1263–1267.

Ness GC, Chambers CM. 2000. Feedback and hormonal regulation of hepatic 3-hydroxy-3- methylglutaryl coenzyme A reductase: the concept of cholesterol buffering capacity[J]. Proc Soc Exp Biol Med, 224:8–19.

Oetzel GR. 2007. Herd-level ketosis—diagnosis and risk factors. Paper presented at the 40th Annual Conference—American Association of Bovine Practitioners, Vancouver, BC, Canada, 19 September 2007.

Oetzel GR. 2013. Understanding the impact of subclinical ketosis[C]. Paper presented at the 24th Florida Ruminant Nutrition Symposium, University of Florida, Gainesville, 5–6 February 2013.

Oikawa S, Katoh N, Kawawa F, et al. 1997. Decreased serum apolipoprotein B-100 and A-I concentrations in cows with ketosis and left displacement of the abomasums[J]. Am J Vet Res, 58:121–125.

Okuda T, Morita N. 2012. A very low carbohydrate ketogenic diet prevents the progression of hepatic steatosis caused by hyperglycemia in a juvenile obese mouse model[J]. Nutr Diabetes, 2:e50.

Ospina PA, Nydam DV, Stokol T, et al. 2010. Evaluation of nonesterified fatty acids and beta-hydroxybutyrate in transition dairy cattle in the northeastern United States: Critical thresholds for prediction of clinical diseases[J]. J Dairy Sci, 93:546–554.

Pasquale MGD. 2007. Energy metabolism. In: Amino acids and proteins for the athlete: the ana-bolic edge[M]. 2nd edn. Boca Raton: CRC Press. 107–133.

Petersen AK, Zeilinger S, Kastenmüller G, et al. 2014. Epigenetics meets metabolomics: an epigenome-wide association study with blood serum metabolic traits[J]. Hum Mol Genet, 23:534–545.

Postic C, Girard J. 2008. The role of the lipogenic pathway in the development of hepatic steatosis[J]. Diabetes Metab, 34:643–648.

Rognstad R. 1979. Rate-limiting steps in metabolic pathways[J]. J Biol Chem, 254:1875–1878.

Salway JG. 2004. Metabolism at a glance[M]. 3rd edn. Hoboken:Wiley-Blackwell.

Scaglia N, Igal RA. 2005. Stearoyl-CoA desaturase is involved in the control of prolifera-tion, anchorage-independent growth, and survival in human transformed cells[J]. J Biol Chem, 280:25339–25349.

Schoenberg KM, Giesy SL, Harvatine KJ, et al. 2011. Plasma FGF21 is elevated by the intense lipid mobilization of lactation[J]. Endocrinology, 152:4652–4661.

Shaw JC. 1956. Ketosis in dairy cattle. A review[J]. J Dairy Sci, 39:402–434.

Shin SY, Fauman EB, Petersen AK, et al. 2014. An atlas of genetic influences on human blood metabolites[J]. Nat Genet, 46:543–550.

Siddiqi NJ, Alhomida AS, Pandey VC. 2002. Hydroxyproline distribution in the plasma of various mammals[J]. J Biochem Mol Biol Biophys, 6:159–163.

Sun LW, Zhang HY, Wu L, et al. 2014. ^{1}H-Nuclear magnetic resonance-based plasma metabolic profiling of dairy cows with clinical and subclinical ketosis[J]. J Dairy Sci, 97:1552–1562.

Tetens J, Heuer C, Heyer I, et al. 2015. Polymorphisms within the *APOBR* gene are highly asso- ciated with milk levels of prognostic ketosis biomarkers in dairy cows[J]. Physiol Genomics, 47:129–137.

Tveit B, Lingass F, Svendsen M, et al. 1992. Etiology of acetonemia in Norwegian cattle. 1. Effect of ketogenic silage, season, energy level, and genetic factors[J]. J Dairy Sci, 75:2421–2432.

Uribe HA, Kennedy BW, Martin SW, et al. 1995. Genetic parameters for common health disorders of Holstein cows[J]. J Dairy Sci, 78:421–430.

Watanabe M, Maemura K, Kanbara K, et al. 2002. GABA and GABA receptors in the central nervous system and other organs[J]. Int Rev Cytol, 213:1–47.

Xie L, Innis SM. 2008. Genetic variants of the FADS1 FADS2 gene cluster are associated with altered (n-6) and (n-3) essential fatty acids in plasma and erythrocyte phospholipids in women during pregnancy and in breast milk during lactation[J]. J Nutr, 138:2222–2228.

Xu C, Wang Z. 2008. Comparative proteomic analysis of livers from ketotic cows[J]. Vet Res Commun, 32:263–273.

Xu C, Wang Z, Liu G, et al. 2008. Metabolic characteristic of the liver of dairy cows during ketosis based on comparative proteomics[J]. Asian-Australas J Anim Sci, 21:1003–1010.

Xu C, Shu S, Xia C, et al. 2014. Investigation on the relationship of insulin resistance and ketosis in dairy cows[J]. J Vet Sci Technol, 5:162.

Xu C, Shu S, Xia C, et al. 2015b. Mass spectral analysis of urine proteomic profiles of dairy cows suffering from clinical ketosis[J]. Vet Q, 35:133–141.

Xu C, Li Y, Xia C, et al. 2015a. ^{1}H NMR-based plasma metabolic profiling of dairy cows with Type I and Type II ketosis[J]. Pharm Anal Acta, 6:1000328.

Xu C, Xu Q, Chen Y, et al. 2016b. FGF-21: promising biomarker for detecting ketosis in dairy cows[J]. Vet Res Commun, 40:49–54.

Xu C, Sun LW, Xia C, et al. 2016a. ^{1}H-nuclear magnetic resonance-based plasma metabolic profiling of dairy cows with fatty liver[J]. Asian-Australas J Anim Sci, 29:219–229.

Yamamoto M, Nakagawa-Ueta H, Katoh N, et al. 2001. Decreased concentration of serum apolipoprotein C-III in cows with fatty liver, ketosis, left displacement of the abomasum, milk fever and retained placenta[J]. J Vet Med Sci, 63:227–231.

Zierer J, Menni C, Kastenmüller G, et al. 2015. Integration of 'omics' data in aging research: from biomarkers to systems biology[J]. Aging Cell, 14:933–944.

Zhang G, Hailemariam D, Dervishi E, et al. 2016. Dairy cows affected by ketosis show alterations in innate immunity and lipid and carbohydrate metabolism during the dry off period and post- partum[J]. Res Vet Sci, 107:249–256.

Zhang G, Dervishi E, Dunn SM, et al. 2017a. Metabotyping reveals distinct metabolic altera-tions in ketotic cows and identifies early predictive serum biomarkers for the risk of disease[J]. Metabolomics, 13:43.

Zhang G, Dervishi E, Mandal R, et al. 2017b. Metallotyping of ketotic dairy cows reveals major alterations preceding, associating, and following the disease occurrence[J]. Metabolomics, 13:97.

Zhang H, Wu L, Xu C, et al. 2013. Plasma metabolomic profiling of dairy cow affected with ketosis using gas chromatography mass spectrometry[J]. BMC Vet Res, 9:186.

Zhang Z, Liu G, Wang H, et al. 2012. Detection of subclinical ketosis in dairy cows[J]. Pak Vet J, 32:156–151.

11

奶牛围产期脂肪肝的多组学系统性研究

Mario Vailati-Riboni, Valentino Palombo, Juan J. Loor[*]

摘 要

与泌乳期的其他阶段相比,围产期管理(产前3周至产后3周)对奶牛的生理健康、生产性能和盈利能力的影响更为重大。由于泌乳启动带来了多方面的生理应激,在产后的几周内,奶牛发生代谢紊乱的风险大大增加。脂肪肝(肝脂沉积症)是奶牛泌乳早期主要的代谢紊乱性疾病之一,会引起奶牛健康问题和繁殖能力下降。脂肪肝的形成,通常是由于脂肪组织动员大量脂肪酸进入血浆,但肝脏摄取脂肪酸超过了氧化代谢和(或)将其作为极低密度脂蛋白(VLDL)转运的能力,使得过量的甘油三酯(TAG)在肝脏中积聚,并进一步降低肝脏的生理功能。在人类和动物模型(如小鼠和大鼠)的相似病理研究中,揭示了脂肪肝危害的复杂性,发现其不仅破坏了脂质代谢途径。在进入21世纪以来,计算生物学、基因组测序和高通量技术的发展,为疾病研究提供了新的工具,使我们能够系统地了解代谢疾病,而不是通过单一的指标,组学技术的应用提高了对奶牛脂肪肝病理学和生理学的认识。本章将结合实例,重点介绍高通量技术和生物信息学技术在研究奶牛脂肪肝中的应用,以及利用组学技术取得的重大突破发现,说明这些技术的联合应用对深入认识脂肪肝病理生理学作出了较大贡献。

---

[*] M. Vailati-Riboni, Ph.D. • V. Palombo, Ph.D. • J.J. Loor, Ph.D. (✉)
Division of Nutritional Sciences, Department of Animal Sciences, University of Illinois at Urbana-Champaign, Urbana, IL 61801, USA
e-mail: vailati2@illinois.edu; valentino.palombo@gmail.com; jloor@illinois.edu

11.1 引言

围产期是指产前 3 周至产后 3 周的过渡时期（Grummer，1995），是奶牛生产管理中最具挑战性的阶段之一。成功过渡到泌乳期是奶牛最优化生产、繁殖和健康的首要条件。但尤其是在产后的第 1 周内，代谢紊乱和健康问题非常严重，对养殖经济效益存在潜在危害（Ingvartsen，2006）。根据 2008 年美国农业部国家动物健康监测系统调查显示，奶牛的主要疾病包括：临床型乳房炎、跛行、不孕不育、胎衣不下、乳热症、繁殖障碍和真胃移位，且至少有 53% 的奶牛因为上述 1 种或多种疾病而被淘汰。

除乳热症和真胃移位外，其他代谢性疾病如酮病和脂肪肝（肝脂沉积症）往往因能够自行恢复或多表现为亚临床型而难以被发现，只有严重的临床症状病例才能被观察记录，因而加大了统计全国发病率的难度。此外，脂肪肝只能通过肝脏活检来进行确诊，因此很难对其真实发病率进行评估，但据估计，多达 50% 的奶牛在分娩后 4 周期间，都会在肝脏中有一定程度的 TAG 积累（Jorritsma 等，2000，2001；Grummer，1993）。脂肪肝会引起奶牛健康状况、生产性能和繁殖能力的下降，增加兽医治疗费用，延长产犊间隔，并减少奶牛的寿命。

据估计，美国每年花费超过 6 000 万美元用于研究脂肪肝复杂的生理机制，以设计出有效的治疗和预防策略，提高生产力，改善动物福利。由于脂肪肝的发生包括了肝脏代谢紊乱、炎症和凋亡等复杂的生理过程，组学技术非常适用于对其的研究（表 11.1）。组学技术具有广泛性和全面性的优势，能够生成完整的数据来揭示不同的生理网络，有助于发现更精确的生物标记物，筛查有风险的奶牛，进而采取预防性措施。

表 11.1　组学技术研究奶牛脂肪肝生理代谢变化概述

技术	研究模型	主要发现	参考文献
转录组学	酮病	转录组学分析显示，酮病状态下氧化磷酸化、胆固醇代谢、生长激素信号转导、质子转运、脂肪酸去饱和、蛋白质泛素化和泛素醌生物合成相关基因下调。而细胞因子信号转导、脂肪酸摄取/转运和脂肪酸氧化相关的基因和受体上调	Loor 等，2007

（续表）

技术	研究模型	主要发现	参考文献
转录组学	饲喂限制	饲喂限制可引起与脂质代谢、结缔组织发育和功能、细胞信号和细胞周期相关的基因表达发生变化。还会减少调节基因表达的转录激活因子和信号转导因子表达，以及与细胞信号和组织修复相关的基因网络表达，而上述变化与异常细胞周期和细胞增殖相关通路的表达增加有关	McCarthy 等，2010
转录组学	饲喂限制	对泌乳中期，分析受饲喂限制影响奶牛的基因生物信息学功能发现，线粒体呼吸的生物合成、胆固醇和能量生成被最相关地抑制，且糖异生相关通路基因表达增加	Akbar 等，2013
蛋白组学	饲喂限制	饲喂限制可引起与能量、核苷酸代谢和细胞应激相关的蛋白表达差异。这些蛋白可能参与维持能量稳态的信号传导，并具有成为指示因子的潜力	Kuhla 等，2007
蛋白组学	酮病	受酮病的影响，与能量代谢、碳水化合物降解、脂肪酸代谢、氨基酸代谢、抗氧化、细胞结构、核苷酸代谢、蛋白质代谢等方面的蛋白发生差异变化	Xu 和 Wang，2008
蛋白组学	饲喂限制	饲喂限制引起与脂肪酸氧化、糖酵解、电子转移、蛋白质降解、抗原处理以及细胞骨架重排相关的蛋白表达下调，并引起尿素循环酶、脂肪酸或胆固醇转运蛋白、糖酵解抑制剂以及钙信号网络相关的蛋白表达上调	Kuhla 等，2009
代谢组学	酮病	临床和亚临床型酮病与众多代谢途径的紊乱相关，主要包括脂肪酸代谢、氨基酸代谢、糖酵解、糖异生和戊糖磷酸途径。研究结果还确定，包括碳水化合物、脂肪酸、氨基酸、谷甾醇和维生素 E 异构体在内的多种酮病潜在生物标志物	Zhang 等，2013
代谢组学	脂肪肝	代谢组学鉴定得到 29 种差异代谢物（氨基酸、磷脂酰胆碱和鞘磷脂），综合分析上述代谢物，能够鉴别诊断不同阶段的奶牛脂肪肝	Imhasly 等，2014
代谢组学	酮病	与对照组相比，临床型酮病奶牛的缬氨酸、甘氨酸、糖胆酸、十四烯酸和棕榈烯酸水平显著升高；精氨酸、氨基丁酸、亮氨酸/异亮氨酸、色氨酸、肌酐、赖氨酸、去甲可替宁和十一酸的水平显著降低	Li 等，2014b

(续表)

技术	研究模型	主要发现	参考文献
代谢组学	酮病	血浆内基于NMR的代谢组学技术，结合模式识别分析方法，对识别健康与患酮病奶牛，具有较高的敏感性和特异性，可能发展成为临床的诊断工具，并有助于进一步了解疾病的机制	Sun等，2014
代谢组学	疾病	与健康对照组相比，患病奶牛在分娩前4周血浆中多种氨基酸的浓度增加。病牛的血浆氨基酸和鞘脂质在围产期的变化，表明疾病状态、氨基酸和鞘脂代谢之间的动态联系，为疾病状态的病因学研究提供了依据	Hailemariam 等，2014b
代谢组学	疾病	患病奶牛分娩前4周，血浆肉碱、丙酰肉碱和溶血磷脂酰胆碱酰基C14∶0水平升高，应用上述指标建立预测围产期疾病发生的生物标记谱，其敏感性为87%，特异性为85%。卵磷脂酰胆碱烷基C42∶4和卵磷脂酰二酰基C42∶6可用于产前1周奶牛疾病发生的监测	Hailemariam 等，2014a
代谢组学	脂肪肝	与对照组奶牛相比，脂肪肝组奶牛的主要差异变化包括β-羟基丁酸、丙酮、甘氨酸、缬氨酸、三甲胺–诺克西特、瓜氨酸和异丁酸的升高，以及丙氨酸、天冬酰胺、葡萄糖、氨基丁酸甘油和肌酸的降低	Xu等，2016
代谢组学	脂肪肝	与对照组相比，脂肪肝奶牛血浆磷脂酰胆碱浓度较低，胆汁酸的浓度呈上升趋势。此外，作者还发现与炎症相关的两种代谢物消退素1和软脂酰乙醇胺（PEA），并强调有必要进一步研究其具体作用	Gerspach 等，2017

11.2 脂肪肝的病理生理学

围产期奶牛的重要生理学特征与脂质代谢相关，在干物质摄入量（DMI）和营养供应明显下降的情况下，泌乳所需的营养突然显著增加（Bell，1995），这种差异导致了能量负平衡（NEB）的出现，一直持续到奶牛分娩后DMI才逐渐恢复。在NEB期间，脂肪组织发生动员，以弥补能量输出的增加和摄入不足所产生的代谢缺口。脂肪动员的产物以从TAG水解出的游离脂肪酸（NEFA）形式存在，如果乳腺组织未能从血液中摄取NEFA来增加乳脂产量，那么肝脏吸收NEFA的速率与其血浆浓度直接相关（Bell，1995；Drackley，1999）。肝脏吸收后，NEFA 经肉碱棕榈酰转移酶 I（CPT-1）活化后被转运至肝脏线粒体，完全氧化成 CO_2 或不完全氧化成酮体，此外，还有另一种肝脏氧化途径是存在于过氧化物酶体（大部分器官亚细胞的细胞器）中，被部分氧化为乙酰辅酶 A（Drackley，1999）。

奶牛在 NEB 状态下，通常会动员出过量的 NEFA，超出了肝细胞氧化代谢的能力。肝脏将 NEFA 重新组装成 TAG，再以 VLDL 的形式转运至血浆，在脂肪酶的作用下，水解成脂肪酸储存在脂肪细胞中。由于奶牛在进化中适应了低脂（如草类）饮食，因此 VLDL 将 TAG 转运出肝脏的能力不足，可能是导致肝脂沉积症和脂肪肝发生的最大因素。单胃动物（如大鼠）肝细胞在体外条件下转运 TAG 的能力是和反刍动物（如山羊）的 25 倍。这种较低的转运 TAG 能力已在泌乳早期奶牛体内得到证实，可能是由于 VLDL 组装必不可少的主要蛋白（载脂蛋白 B100）表达和合成较低（Bernabucci 等，2004；Gruffat 等，1997）。

综上所述，奶牛产后早期脂肪动员的显著升高，导致肝脏对 NEFA 吸收和 TAG 积累增加，如果这种脂肪浸润变得严重，则可能引发脂肪肝或脂肪肝综合征，进而导致其他疾病恢复时间延长，健康问题发生率增加，并发展为可能致死的"卧地不起综合征患牛"（Drackley，1999）。脂肪肝的确诊只能通过肝脏样本的化学或组织学分析来进行评估（Woitow 等，1991），湿重状态下 TAG 百分比为 <1%、1%~5%、5%~10% 和 >10% 分别表示正常、轻度、中度和重度脂质浸润。

Bobe 等（2004）在总结大量文献的基础上得出结论，5%~10% 的奶牛在泌乳期的第一个月患有严重的脂肪肝，30%~40% 的奶牛患有中度的脂肪肝，表明高达 50% 的围产期奶牛发生疾病和繁殖障碍的风险更高。脂肪肝会降低外周组织的葡萄糖供应，加剧其他代谢性疾病，尤其是真胃移位和酮病（Veenhuizen 等，1991）。此外，肝脏 TAG 浓度升高会增加奶牛患蹄叶炎、乳房炎、乳热症、胎衣不下和子宫炎等疾病的发病率和严重程度（Herdt，1991），且从长远角度来看，会降低奶牛繁殖成功率和产奶量（Bobe 等，2004）。因此，更好地了解脂肪肝的病理和病因，对提高奶牛养殖行业的盈利能力至关重要。

11.3 非反刍动物中的脂肪肝

脂肪肝类疾病不仅发生在产后的奶牛中，也可能发生在其他哺乳动物（如人类、老鼠、大鼠）和鸟类（如鹅、家禽）上，而目前最主要的研究集中在人类医学上。在人类中，主要有两种常见的脂肪肝类疾病：过量饮酒（60g/d 以上酒精）引起的酒精性脂肪肝（ALD）（O'Shea 等，2010）和饮酒以外因素引起的非酒精性脂肪肝（NAFLD）（Spengler 和 Loomba，2015）。与反刍动物的一个主要区别是，人类的肝脏（以及模型动物大鼠和小鼠的肝脏）能够从头合成棕榈酸，而这是所有反刍动物几乎都缺乏的代谢能力。牛和羊肝脏合成脂肪的能力约为脂肪组织（脂肪从头合成主要场所）的1%（Ingle等，1972）。

组学技术被广泛应用于医学、药理学、营养学等与人类相关的研究领域，在肝脏疾病的研究中也应用广泛。NAFLD在发病初期就能引起生理信息的变化，如在喂食高脂肪饮食（HFD）诱导NAFLD的大鼠和小鼠中，转录组学数据显示其与对照组存在显著差异（Kirpich等，2011；Xie等，2010），其中最大的表达差异是参与脂类代谢的基因，特别是脂肪生成和线粒体β氧化，在HFD饲喂老鼠2个月后，脂肪生成基因表达下调，而β氧化基因表达上调（Kirpich等，2011），但当饲喂至4个月时，变化趋势逆转（Xie等，2010）。

即使是在啮齿类动物中，转录组学图谱也揭示了其对TAG积累造成了不同肝脏反应，这些不一致也同样发生在奶牛体内，即脂肪肝与线粒体氧化和酮体生成呈正相关或负相关（Bobe等，2004）。除与反刍动物肝脏脂肪生成无关基因外，观察到的脂质氧化相关基因的变化，表明肝脏环境正受到挑战。例如，线粒体脂肪酸β氧化是增加ROS的重要来源之一（Sanyal等，2001），Kirpich等（2011）通过转录组学分析发现，在饮食诱导的肝脏脂肪变性模型中，几个参与ROS解毒的基因被下调，同时蛋白水平下调，这可能导致NAFLD患者抗氧化能力降低，而此时ROS生成增加，促炎基因表达上调（Kirpich等，2011），上述生物学变化可能导致疾病加重和肝功能部分或完全受损，并对整个生命系统造成影响。

Kirpich等（2011）通过转录组学和蛋白质组学分析发现，抗氧化系统被破坏与谷胱甘肽抗氧化系统有关。Svoboda和Kawaja（2012）以及Thomas等（2013）观察到小鼠发生NAFLD时，同样的系统受到了损害。在上述3个试验中，NAFLD小鼠肝脏中谷胱甘肽-S-转移酶（GST）mu1的含量较低，而GST能催化还原型谷胱甘肽和不饱和醛、奎宁以及许多其他底物之间的反应，特别是在氧化应激状态下（Raza等，2002）。这些酶不仅参与调节减少自由基的损伤，还参与解毒过程（Jakoby，1978），它们的下调似乎存在一种重要的机制，且伴随着TAG积累，肝脂代谢功能紊乱可能进一步导致肝细胞的损伤和凋亡。

11.4 牛脂肪肝的系统治疗方法

11.4.1 对泌乳的适应

过去10年来，计算生物学、基因组测序和高通量技术的进步为以综合方式研究生物系统提供了工具，允许对单个有机体的功能进行系统的监测（Bionaz

和 Loor，2012）。在分娩前后的 1 周内，脂肪和乳腺等组织，均对奶牛成功适应泌乳发挥了重要作用，而肝脏在调节整体新陈代谢中起到了主要作用。利用组学技术结合生物信息学工具，国内外团队致力于研究这些器官或组织（特别是肝脏）在泌乳过渡期间的动态适应。以下文献列举了此类技术应用于牛的一般生理机能的研究（Bionaz 和 Loor，2012；Loor，2010；Loor 等，2005；Steele 等，2015；Akbar 等，2013）。

在分娩过程中，奶牛不仅会经历复杂的代谢生理变化，日粮结构也会发生明显变化，以更好地满足泌乳的需要（如牛奶合成）。产后奶牛面临的主要变化之一是日粮的能量浓度更高，主要表现在非结构性碳水化合物（或淀粉成分）的增多。但研究人员之前忽视了瘤胃是反刍动物最先与食物中营养物质接触的场所；近年来，应用核磁共振的代谢组学技术，Ametaj 等（2010）首次评估了不同谷物饲喂水平下，奶牛瘤胃液的代谢组学；结果显示，随着日粮谷物的增加，瘤胃液中甲胺、亚硝基二甲胺和乙醇等几种有害或潜在有害化合物含量显著升高。

为进一步深入研究，作者随后进行了更全面的定量代谢组学技术分析，包括质子核磁共振波谱、GC-MS 和直接流动注射串联质谱分析（Saleem 等，2012）。在第二项研究中发现，高精料日粮（>30%）会导致包括腐胺、甲胺、乙醇胺和短链脂肪酸在内的几种有毒、炎症和非自然化合物在瘤胃液体中浓度增加，此外一些氨基酸（苯丙氨酸、鸟氨酸、赖氨酸、亮氨酸、精氨酸、缬氨酸和苯乙酰甘氨酸）也受到了明显干扰，发生波动。

上述两篇文章的作者均指出，这些化合物可能在脂肪肝疾病的发展过程中发挥了作用。进入血液循环的内毒素被肝脏巨噬细胞清除，但同时也激活了涉及血浆脂蛋白的第二道防线，尽管脂蛋白的主要功能是作为脂质载体，但它们也能结合和中和内毒素（Harris 等，2002）。研究人员指出，脂肪肝在免疫应答激活过程中可能被加重，因为肝脏清除了内毒素 - 脂蛋白复合物，导致 TAG 在肝脏内高浓度积累（Ametaj，2005）。

奶牛在干奶期和泌乳早期的管理，决定了其在整个泌乳阶段的生产性能，其中泌乳早期是感染性和代谢性疾病发病率最高的时期（Ingvartsen，2006）。基于转录组学和生物信息学的应用，得以发现奶牛的分娩前 3 周能量过剩，导致肝脏内积聚过多的脂肪，大大增加了脂肪肝的发病风险（Loor 等，2006；Shahzad 等，2014）。比较过量饲喂（自由采食，1.61 Mcal 净能量 /kg 日粮干物质）或限制饲喂（80% 净能量需求）的奶牛，发现限制能量摄入导致奶牛肝脏脂肪酸氧化、葡萄糖异生和胆固醇合成的显著上调（Loor 等，2006），而过量饲喂会使一些与肝脏 TAG 合成相关的基因上调。研究人员进一步认为，产前能量限制导致奶牛在面对环境和生理压力（如分娩、泌乳启动等）时，肝脏代谢反应程度加剧，这些代谢反应包括但不限于减少氧化应激和DNA损伤，增强组织DNA修复，减少TP53（在非反刍动物中的表达与脂肪肝的发病机制有关）表达（Yahagi等，2004），以及减少细胞凋亡。

在对围产前期，饲喂限制（估计需求量的80%）和过量饲喂（150%）两种饲养方法（2014）证实了Loor等（2006）的研究结果。此外，生物信息学分析结果显示，虽然能量摄入限制导致奶牛大量的肌肉趋向于分解代谢，但肝脏在分娩前就已经适应了产后较高的代谢状态。这种适应可能是由PPARA和NFE2L2等转录调节因子调控的代谢过程所驱动的，其在脂肪酸氧化和细胞应激中具有重要作用，能量摄入受限的奶牛有更大的代谢通量，以及利用氨基酸和脂肪酸迹象，但也有更明显的细胞炎症和内质网应激反应。这些细胞适应大部分是通过血浆和组织生物标志物分析证实的，特别是在产前，这印证了能量限制有助于"激活"肝脏以适应泌乳开始时的生理状态变化。总体而言，上述变化表明，限制饲喂降低了奶牛分娩前患脂肪肝的可能性，并能够控制脂肪肝不易发展到中度和重度，且不影响动物的生产力和盈利能力。

另一个常见奶牛脂肪肝的易感因素是脂肪蓄积量（如肥胖）和体况评分（BCS）。肥胖（BCS≥4.0）不一定会引发脂肪肝，特别是奶牛保持健康或其能量摄入用于泌乳（Smith等，1997）。然而肥胖奶牛在分娩期采食量下降更显著，导致了NEB的加剧（Bobe等，2004）。此外，与正常BCS的奶牛相比，肥胖奶牛脂肪组织的分解代谢和免疫机能的挑战性增加，尤其是在围产期（Bobe等，2004）。为了更好地了解脂肪分解增加与脂肪肝典型的胰岛素信号受损之间的联系，Humer等（2016）研究了不同脂质转化程度的奶牛中，其产后血浆的代谢组学差异，鉴定到了37种与脂肪过度分解有关的代谢物，这些代谢物可能是诊断奶牛患脂肪肝风险的生物标志物。其中，高脂奶牛体内含有28~36个碳的磷脂酰胆碱（PC）含量增加，而含有较大脂肪酸成分（>40个碳）的PC含量减少。

进一步地分析发现，鞘脂类增加，游离肉碱和丙基肉碱减少，表明在早期泌乳奶牛过度脂肪动员过程中，影响了其他代谢途径。鉴于此，升高的左旋肉碱在限制饲喂奶牛中，表现出潜在的降低和预防肝脏TAG积累的作用，且可能通过此影响CPT-I（一种以左旋肉碱为辅助因子的线粒体酶）促进NEFA的氧化代谢（Akbar等，2013；Carlson等，2007）。因此，补充左旋肉碱可能改善葡萄糖状态，通过减少肝脏脂肪蓄积和刺激肝脏葡萄糖输出，降低泌乳早期发生代谢紊乱的风险（Carlson等，2007）。但当应用组学方法（如转录组学）来确定单纯能量代谢以外的效应时，在泌乳中期奶牛补充饲喂肉碱并没有引起肝脏转录组发生显著变化，由此排除了对多因子作用机制的识别（Akbar等，2013）。这项研究有益于验证Carlson等（2007）使用转录组测序和生物信息学分析的研究，因为在当时此技术无法进行更深入地分析。

11.4.2 脂肪肝诊断生物标志物的发现

在 20 世纪，管理奶牛围产期疾病时采用了一种简化的方法，将整个有机体分成更小、更简单的部分，单独研究每一部分，以了解其生理机能，并进行诊断、治疗和预防。相反地，在过去的 10 年里系统方法得到了越来越多的关注，并涉及使用组学技术，包括基因组学、蛋白组学、转录组学和代谢组学，来探究奶牛疾病的病因（Loor，2010）。这一整体和综合的方法指出，奶牛围产期疾病是由遗传变化和（或）环境诱因导致某些通路和网络受损发展而来（Bionaz 和 Loor, 2012; Loor 等，2013）。疾病-扰动网络的变化触发基因网络输出变化，从而导致疾病发生（Bionaz 和 Loor, 2012; Loor 等，2013）。因此，研究疾病-扰动网络和通路的动力学，可以加深对疾病病因学的理解，并为疾病预防提供新的思路（Ahn 等，2006）。

目前，还没有对自发性脂肪肝的奶牛进行转录组学或蛋白质组学的研究，这可能是由于饲养条件的限制。脂肪肝的确诊只能通过肝脏活检来实现，而这需要进行回顾性的试验设计，不能保证"对照组"和"患病组"都有足够的动物样本。尽管如此，组学技术已被应用于奶牛研究，通过进行饲喂限制诱发酮病，并以此使肝脏 TAG 积累。例如，最近有两个研究小组应用质谱和核磁共振回顾性研究奶牛自发性脂肪肝的代谢组学（通过肝脏 TAG 分析确定）。由于组织或体液的代谢物指标变化反映了生理或病理的变化，因此代谢组学是多组学技术级联的终点，也是级联中最接近表型的。因此，代谢组学分析是一种对寻找有效的诊断标志物和检查未知的病理状态实用的方法（Zhang 等，2015）。

Imhasly 等（2014）应用多元检验方法分析了对照组和脂肪肝组动物血清样本中代谢物 LC 耦合四极飞行时间 MS 产生的数据，包括主成分和线性判别分析。鉴定得到了 29 种代谢物（氨基酸、磷脂酰胆碱和鞘磷脂），这些代谢物结合在一起，能够鉴别健康和不同阶段脂肪肝的奶牛。在后续实验中，他们采用相同的方法评估了由奶牛脂肪肝发病引起的血浆代谢组，特别是脂质组（如样本中的脂质总量）的差异（Gerspach 等，2017），再次发现患脂肪肝的奶牛血浆中，PC 含量较低。此外该研究还检测到同一头牛体内不同的胆汁酸存在增加的趋势，且消退素 E1 和棕榈酰乙醇胺（PEA，与炎症有关）这两种代谢物值得进一步研究。

在肝脏脂质代谢和 TAG 积累的奶牛中，PC 是经常被鉴定到的差异代谢物之一，这主要是因为它参与了 VLDL 的合成，并重新包装 TAG 以转运出肝细胞进入血流。作为牛脂质代谢的关键调控点之一，Drackley（1999）对这一代谢过程通过营养或药理的方式进行调节，发现其具有治疗或预防疾病的潜力。此外，最近的代谢组学研究已报道，在其他疾病（如子宫炎、乳房炎、蹄叶炎和真胃移位）发生时血浆 PC 浓度的变化（Hailemariam 等，2014a，2014b），强调了脂肪肝和许多代谢和非代谢性疾病之间的联系。

另一个研究小组更关注肝脏本身代谢组学的变化，而不是某种循环液体。Xu 等（2016）使用 NMR 技术，检测出 31 种代谢物在脂肪肝组与对照组之间存在差异，一些代谢物的变化（如更高的 BHBA 和丙酮，更低的葡萄糖）非常类似于临床和亚临床酮病的典型症状，显示出两种疾病之间密切的联系。其他代谢物与脂类分解、β 氧化、柠檬酸和尿素循环以及糖异生相关，但研究人员并没有推测其在疾病发展中的作用，而是更多地研究了这些变化的生理后果，并建议进一步研究这 13 种代谢物（丙氨酸、天冬酰胺、葡萄糖、BHBA、肌酐、γ- 氨基丁酸、甘油、丙酮、瓜氨酸、甘氨酸、异丁酸盐、氧化三甲胺和缬氨酸）作为检测动物脂肪肝的潜在生物标志物。

11.4.3 酮病和饲喂限制模型

脂肪肝和酮病都是与 NEB 相关的围产期疾病，由脂肪动员增加引起 NEFA 浓度升高所致。脂肪在肝脏内 4 种代谢方式中有 2 种对奶牛有益（完全氧化和被 VLDL 转运），而另外 2 种对奶牛有害（以 TAG 形式存储于肝脏和不完全氧化生成酮体）（Grummer，2010）。但不幸的是，脂肪酸通过"好的"途径的通量是有限的，因为它们正常情况下是饱和的，因此当过量的脂肪酸进入肝脏后，在持续高水平 NEFA 的状态下，将很可能更多地以 TAG 形式积累（如引发脂肪肝）或生成酮体（如引发酮病）。研究表明，当过量的 NEFA 进入肝脏后，TAG 积累可能先于酮体的生成（Young 等，1990；Cadorniga-Valino 等，1997），这也是脂肪肝通常发生在分娩时，而酮病通常发生于分娩后几周的原因（Grummer，1993）。

由于酮病和脂肪肝在病因学上有着密切的联系，且脂肪肝早于酮病的发生，因此对临床和亚临床酮病的相关研究是收集脂肪肝信息的合适来源。此外，酮病很容易通过限制饲喂引起，并可以在实验室或现场迅速诊断。在研究酮病或限饲奶牛的肝脏转录组时，发现与健康和正常饲喂的对照组相比，氧化磷酸化、脂质代谢（摄取和转运、去饱和）和胆固醇代谢发生了变化（Akbar 等，2013；Loor 等，2007；McCarthy 等，2010）。其他的分子水平变化包括调节细胞因子信号基因和核受体、结缔组织的发展和功能、细胞信号、细胞周期和组织修复（Loor 等，2007；McCarthy 等，2010）。这些改变与异常细胞增殖相关通路的表达增加有关，可能由内质网、氧化应激以及未折叠蛋白反应引起。所有这些变化都符合非反刍动物（人类、小鼠和大鼠）的研究数据，加强了这两种疾病之间的联系。

由于转录和翻译后的规律，指标表达的变化往往不能反映蛋白质水平。例如在人类肝脏组织中，大约 25% 的 mRNA 转录表达的改变并不伴随着相应蛋白的表达的改变（Shackel 等，2006）。一些研究也发现，酵母（Griffin 等，2002）、哺乳动物细胞和小鼠（Kislinger 等，2006）各类器官和细胞器中仅有少量的转录组和蛋白组能够对应，此外 Kirpich 等（2011）在研究的小鼠模型中发现，在由 HFLD 引起的肝脏变性情况下，会出现与预期更大的不一致。尽管如此，研究酮病或饲喂限制奶牛与对照组蛋白质组学结果（Kuhla 等，2007，2009；Xu 和 Wang，2008）发现了与上述转录组结果相似的通路和调控变化（Akbar 等，2013；Loor 等，2007；McCarthy 等，2010），例如能量和脂质代谢的紊乱、应激的调节以及细胞周期的相关反应。这种一致性甚至维持在代谢组学水平（Li 等，2014b；Sun 等，2014；Zhang 等，2013），表明整个遗传信息的通量具有良好的一致性。

总体而言，上述结果强调了通过设置饲喂限制和酮病奶牛是研究脂肪肝病因和病理的适合方法。此外，由于每种组学（转录组、蛋白质组和代谢组）结果的一致性，说明 3 种主要组学方法具有一定的可互换性。

11.5 脂肪肝的表观遗传学

单一的方法往往不足以展示脂肪肝中肝脏功能障碍的全貌，因此，建议使用不同技术的多研究方法组合。尽管对脂肪肝复杂的分子发病机制进行了众多研究，但这在一定程度上仍不十分透彻。目前，研究不仅关注于疾病的基因表达、蛋白组分组成或代谢生物标记等传统方面，而是转向分析细胞过程的间接控制，如表观遗传学。

11.5.1 DNA 的甲基化

表观遗传调控的基因表达，可以引起个体表型变化，能够发生在响应 DNA 核苷酸的修改过程，如 DNA 甲基化。DNA 甲基化是 DNA 中带有甲基胞嘧啶的一种生化修改。其反应是在 DNA 甲基转移酶（DNMT）催化下，将甲基加入到胞嘧啶中，将鸟嘌呤作为下一个核苷酸，称为 CpG 位点。聚类的 CpG 二核苷酸（常称为 CpG 岛）通常出现在基因的启动子区域，并且比 DNA 其他位点频率更高（Choi 和 Friso，2010）。CpG 岛的高甲基化通常与基因沉默有关。

DNA 甲基化机制与 NAFLD 的发病和进展相关。Murphy 等（2013）证明，在 NAFLD 晚期患者的肝脏组织中，许多组织修复基因发生去甲基化和过高表达，而某些代谢途径中（包括 1-碳代谢）基因发生高甲基化和下调。当甲基化结果与转录组分析结果一致时，有 7% 的差异甲基化 CpG 位点的甲基化与基因转录水平相关，表明差异甲基化导致了 mRNA 表达的差异（Murphy 等，2013）。研究进一步证明，甲基化的功能相关差异能够区分晚期和早期的 NAFLD 患者。

小鼠模型中的结果进一步显示，表观遗传改变与肝脏脂肪变性发病相关，并推测不同的细胞表观遗传状态可能是诊断个体易感性脂肪肝的预先确定因素，这与 DNA 甲基转移酶 1 和 DNA 甲基转移酶 3A 的 mRNA 转录水平变化相关（Pogribny 等，2009）。抗纤维和脂质代谢调控基因（如 *PPARα*）中特定的 CpG 在重度 NAFLD 患者中有着较轻度患者更高的甲基化水平（Zeybel 等，2015）。此外，肝脏基因启动子甲基化在 PGC1-α（一种线粒体生物合成的关键调节器）中，明显高于 NAFLD，并与外周胰岛素抵抗相关（Sookoian 等，2010）。

研究表明，1-碳代谢障碍可导致肝脏脂肪变性（da Silva 等，2014）。这一代谢途径会产生 S-腺苷蛋氨酸（SAM）——DNMT1 的主要甲基来源。最相关的甲基供体营养素是叶酸、蛋氨酸、丝氨酸、甜菜碱和胆碱，它们最终在蛋氨酸循环中用于合成 SAM。一项饮食诱导小鼠 NAFLD 研究的蛋白组学分析鉴定得到肝脏蛋氨酸代谢紊乱（Thomas 等，2013），而肝脏代谢组学研究证实了胆碱代谢的破坏（Dumas 等，2006）。NAFLD 的这种损害可能与磷脂酰胆碱的减少有关，而后者减少引起 VLDL 分泌减少并加重 NAFLD（Jacobs 等，2008）。当蛋氨酸以过瘤胃的形式饲喂奶牛时，可解决分娩期间甲基供体供应不足的问题，并避免 1-碳代谢途径受到破坏。然而，尽管蛋氨酸可能通过合成磷脂酰胆碱参与 VLDL 的合成，并明显提高 *PPARα* 启动子区域的甲基化（Osorio 等，2016），但这种方法并没有减少肝脏 TAG 积累（Osorio 等，2013；Zhou 等，2016）。而这些奶牛生产性能提高（优于未补充的对照组）的事实表明，轻微的肝脏 TAG 积累并不妨碍其对分娩后生理状态改变的正常适应，因此在管理改善肝脏 TAG 积累时，不应影响奶牛的盈利能力。

早期研究证据表明，虽然胰岛素抵抗增加了脂肪酸 β 氧化（以及肝脏氧化应激在轻度、重度脂肪肝患者中都存在），但只有达到脂肪性肝炎水平的严重病例才与线粒体结构和分子缺陷有关（Sanyal 等，2001）。这些缺陷明显降低了线粒体呼吸链复合体的活性（Perez Carreras 等，2003）。因此，有证据表明，线粒体功能障碍参与了 NAFLD 的发病机制，然而导致重度 NAFLD 患者线粒体功能障碍的分子机制尚不明确。

线粒体基因组（mtDNA）缺陷被广泛认为是线粒体功能紊乱的原因（Scarpulla，2008）。在过去认为，线粒体 DNA 的突变和缺少是线粒体转录谱发生变化的唯一原因，然而最新证据显示，DNMT1 的一个亚型似乎与 CpG 二核苷酸中胞嘧啶 mtDNA 甲基化有关，而后者又调控线粒体功能和基因转录（Shock 等，2011）。根据这些发现，Pirola 等（2013）观察到线粒体编码的 NADH 脱氢酶 6（MT-

ND6）在严重 NAFLD 患者的肝脏中被高度甲基化。甲基化程度对 MT-ND6 转录调控有显著影响，这种效应可能是由于 DNMT1 线粒体靶向异构体的表达增强所致。这一过程可能在脂肪肝的发病机制中起着重要的作用，因为甲基化受到饮食、管理等环境刺激的影响。

11.5.2 miRNA

目前，尽管 miRNA 组技术在牛脂肪肝上的缺少应用，但其可为研究 NAFLD 的分子机制提供重要线索。Alisi 等（2011）研究表明，大鼠 mi-RNA 表达异常与发生 NAFLD 期间组织损伤和代谢紊乱有关，并发现 mi-RNA 水平可能通过调节 HFD 饲喂组大鼠的脂肪酸代谢、炎症细胞因子、细胞生长和凋亡、信号转导和纤维生成等相关因素，诱导 TAG 在肝脏中积累。

在研究人类 NAFLD 时，应用 miRNA 组分析技术也得到了相似的结果（Cheung 等，2008）。尽管由于 NAFLD 引起的差异表达 miRNA 存在种属差异（大鼠和人类），mi-RNA-122 是两者共有的（Alisi 等，2011；Cheung 等，2008）。体外沉默 miRNA-122 复制了一种关键的肝脏脂肪生成基因 mRNA 和蛋白表达谱，类似于 NASH 患者的基因表达谱（Cheung 等，2008）。mi-RNA-122 影响脂质稳态的机制有待进一步阐明，但它的两个靶基因是固醇受体元件结合蛋白（SREBP）1c 和 2，这一结果对于 miRNA-122 在牛肝脏生理学中的作用尤其重要，在新生犊牛的肝细胞中，有证据表明，TAG 积累可能是由膜结合转录因子 SREBP-1（固醇调节元件结合蛋白 1）介导的，当其高表达时，会促进脂肪酸摄取、激活和合成酶的表达和活性（Li 等，2014a）。在新生犊牛的肝脏中，这种促进脂肪转录的调节因子在生物学上起着重要的作用，因为新生犊牛的部分脏器还未发育成熟，即利用瘤胃发酵的丙酸进行糖异生，而肝脏几乎没有生成脂肪的能力。

体外过表达 SREBP-1 可诱导犊牛肝细胞线粒体脂质氧化和肝 VLDL 合成，但减少其处理和转运，从而增加 TAG 积累（Li 等，2014a）。肝脏 SREBP-1 最近被发现与牛脂肪肝有关，因为在高 BCS 状况下产犊，并在随后发生肝脏疾病的奶牛肝脏中 SREBP-1 蛋白浓度升高（Prodanovic 等，2016）。随后，Li 等（2015）的研究结果表明，牛肝细胞 SREBP-1c 可通过增加 ROS 而增强 NEFA 介导的 NF-κB 炎症通路的过度激活，进而进一步加重脂肪肝奶牛的肝脏炎症损伤。mi-RNA 通常抑制其目标基因表达，因此 mi-RNA-122 在饮食引起的 NAFLD 中下调（Alisi 等，2011），这对奶牛脂肪肝中 mi-RNA-122 的研究具有潜在价值。

然而，关于上述 SREBP-1c 的研究结果需谨慎解读，因为研究人员没有介绍关于使用动物的泌乳阶段、产量水平或临床病史等任何细节信息。更重要的是，反刍动物的肝脏没有利用乙酸或葡萄糖进行合成脂肪的能力（Hanson 和 Ballard，1967）。牛肝脏中存在经典脂肪合成酶和乙酰辅酶 A 合成酶，但其活性比大鼠低 2~5 倍，这些特性与 SREBP-1 在脂肪生成中的作用相矛盾。与单胃动物相比，牛肝脏中这种转录因子是否通过不同的机制进行调控还有待明确。众所周知，奶牛在干奶期以非结构碳水化合物的形式摄入过量的能量，直到分娩时不仅增加了循环胰岛素浓度（Loor 等，2006），还增加了肝脏中 SREBF1（固醇调节元件结合转录因子 1）的表达（Khan 等，2014），这是否反映了肝脏在分解后脂肪的过度蓄积，还有待进一步探索。

为了更好地了解 mi-RNA 在奶牛分娩前后脂肪肝发病过程中的可能作用，我们采用了一种硅片方法，从转录组学数据中识别 mi-RNA 激活的初步特征（图 11.1），所使用的转录组数据库是 Loor 等（2007）建立的。在该实验中，作者从奶牛产后 5~14 d 通过 50% 饲喂限制至奶牛出现临床酮病症状（厌食、共济失调或行为异常等），诱发酮病和脂肪肝，并在发生临床酮病后（酮病组，产后

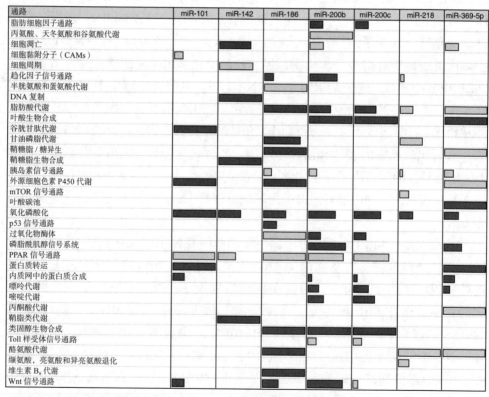

图 11.1　饲喂限制诱导酮病状态下，围产期奶牛肝脏 miRNAs 调控脂肪肝相关通路的生物学重要性（数据来源 Loor 等 2007）

条形图的长度表示实体的影响，浅色表示通路的上调，深色表示通路的下调。

9~14 d）或产后 14 d 后（对照组）进行穿刺活检，取肝脏组织进行基因表达谱分析。

TAG 结果分析表明，对照组奶牛肝脏脂肪浸润状况接近正常（约 1.5%~2.0% w/w），但酮病奶牛脂肪浸润程度达到中等水平（6.0% w/w），这再次说明酮病和脂肪肝之间存在紧密联系，同时饲喂限制是诱导酮病或脂肪肝模型的合理方法。为从转录组谱中检测 mi-RNA 活性，我们使用了 Arora 和 Simpson（2008）描述的 3 种方法：Wilcoxon 等级测试、排序比和平均绝对表达式。从 Microcosm targets 网站（5.0 版本）下载的 Bos taurus mi-RNA 家族及其预测靶基因清单进行分析，然后将这 3 种方法的结果进行重叠，以寻找预测激活的常见的 mi-RNA，值得注意的是，mi-RNA-122 并不是预测的 mi-RNA 之一，此外总共有 7 个 mi-RNA 被预测可能参与了脂肪肝的转录组应答：mi-RNA-101、mi-RNA-142、mi-RNA-186、mi-RNA-200b、mi-RNA-200c、mi-RNA-218 和 mi-RNA-369-3p。

为识别 mi-RNA 的功能，研究团队采用动态冲击法对其靶基因差异表达进行通路分析（Bionaz 等，2012）。最受影响的通路包括与脂肪肝病因有关的经典细胞功能，"脂肪酸代谢"（mi-RNA-186，200b 和 c，218，369）、"氧化磷酸化"（全部 mi-RNAs）、"过氧化物酶体"（mi-RNA-186，200b 和 c）、"糖异生"（mi-RNA-186，369）、"PPAR 信号通路"（mi-RNA - 101，142）以及"胰岛素信号通路"（mi-RNA-186，200b，218，369）和"细胞凋亡"（mi-RNA-142，200b，369）。最常见的 mi-R-186 似乎是一个可进一步研究的靶点，因为其在小鼠（Hoekstra 等，2012）和人类（Leti 等，2015）非酒精性脂肪肝中都有差异表达。此外，mi-R-186 靶基因差异表达通路分析揭示了其对"p53 信号通路"的影响，该通路参与了脂肪肝的发病机制（Yahagi 等，2004）。

重要的是，mi-RNA 可能参与了 1-碳代谢的调控，"叶酸生物合成"（mi-RNA-200b 和 c，369）、"叶酸碳池"（mi-RNA-369）、"维生素 B6 代谢"（mi-RNA-186）、"半胱氨酸和蛋氨酸代谢"（mi-RNA-186）、"谷胱甘肽代谢"（mi-RNA-101）均为其影响通路。如前所述，这些代谢途径本身可通过甲基化对表观遗传进行修饰，也是抗氧化剂（谷胱甘肽和牛磺酸）的重要来源，以清除 β 氧化过程中产生的 TAG 和 ROS。

结　论

应用转录组学、RNA 组学、蛋白组学和代谢组学的实验技术和生物信息学工具进行数据分析，加深了人们对围产期奶牛脂肪肝病理学和生理学的认识。经组学研究综述，在饲喂限制、酮病和肝 TAG 浸润的奶牛中证实，脂肪肝的发病机制复杂且相互关联，涉及肝脏中各种脂质的积累和转运，并引发炎症反应。转录组学、蛋白组学和代谢组学数据的综合分析证明，最早可检测到的致病机制是线粒体活力和结构功能障碍，以及通过多个靶点激活炎症。此外，miRNA 组和甲基化分析反映了表观遗传机制参与疾病的发生和发展。这些发现为未来的研究提供了丰富的思路，可尝试将单胃动物的代谢调控网络成果转化至反刍动物，以优化奶牛围产期的管理。

参考文献

Ahn AC, Tewari M, Poon CS, et al. 2006. The limits of reductionism in medicine: could systems biology offer an alternative?[J]. PLos Med, 3(6):709–713.

Akbar H, Bionaz M, Carlson DB, et al. 2013. Feed restriction, but not l-carnitine infusion, alters the liver transcriptome by inhibiting sterol synthesis and mitochondrial oxidative phosphorylation and increasing gluconeogenesis in mid-lactation dairy cows[J]. Dairy Sci, 96(4):2201–2213.

Alisi A, Da Sacco L, Bruscalupi G, et al. 2011. Mirnome analysis reveals novel molecular determinants in the pathogenesis of diet-induced nonalcoholic fatty liver disease[J]. Lab Invest, 91(2):283–293.

Ametaj BN. 2005. A new understanding of the causes of fatty liver in dairy cows[J]. Adv Dairy Technol, 17:97–112.

Ametaj BN, Zebeli Q, Saleem F, et al. 2010. Metabolomics reveals unhealthy alterations in rumen metabolism with increased proportion of cereal grain in the diet of dairy cows[J]. Metabolomics, 6(4):583–594.

Arora A, Simpson DA. 2008. Individual mRNA expression profiles reveal the effects of specific microRNAs[J]. Genome Biol, 9(5):R82.

Bell AW. 1995. Regulation of organic nutrient metabolism during transition from late pregnancy to early lactation[J]. Anim Sci, 73(9):2804–2819.

Bernabucci U, Ronchi B, Basirico L, et al. 2004. Abundance of mRNA of apolipoprotein b100, apolipoprotein e, and microsomal triglyceride transfer protein in liver from periparturient dairy cows[J]. Dairy Sci, 87(9):2881–2888.

Bionaz M, Loor JJ. 2012. Ruminant metabolic systems biology: reconstruction and integration of transcriptome dynamics underlying functional responses of tissues to nutrition and physiological state[J]. Gene Regul Syst Biol, 6:109–125.

Bionaz M, Periasamy K, Rodriguez-Zas SL, et al. 2012. A novel dynamic impact approach (DIA) for functional analysis of time-course omics studies: validation using the bovine mammary transcriptome[J]. PLoS One, 7(3):e32455.

Bobe G, Young JW, Beitz DC. 2004. Invited review: pathology, etiology, prevention, and treatment of fatty liver in dairy cows[J]. Dairy Sci, 87(10):3105–3124.

Cadorniga-Valino C, Grummer RR, Armentano LE, et al. 1997. Effects of fatty acids and hormones on fatty acid metabolism and gluconeogenesis in bovine hepatocytes[J]. Dairy Sci, 80(4):646–656.

Carlson DB, McFadden JW, D'Angelo A, et al. 2007. Dietary L-carnitine affects periparturient nutrient metabolism and lactation in multiparous cows[J]. Dairy Sci, 90(7):3422–3441.

Cheung O, Puri P, Eicken C, et al. 2008. Nonalcoholic steatohepatitis is associated with altered hepatic micro RNA expression[J]. Hepatology, 48(6):1810–1820.

Choi SW, Friso S. 2010. Epigenetics: a new bridge between nutrition and health[J]. Adv Nutr, 1(1):8–16.

Drackley JK. 1999. ADSA foundation scholar award. Biology of dairy cows during the transition period: the final frontier?[J]. Dairy Sci, 82(11):2259–2273.

Dumas ME, Barton RH, Toye A, et al. 2006. Metabolic profiling reveals a contribution of gut microbiota to fatty liver phenotype in insulinresistant mice[J]. Proc Natl Acad Sci USA, 103(33):12511–12516.

Gerspach C, Imhasly S, Gubler M, et al. 2017. Altered plasma lipidome profile of dairy cows with fatty liver disease[J]. Res Vet Sci, 110:47–59.

Griffin TJ, Gygi SP, Ideker T, et al. 2002. Complementary profiling of gene expression at the transcriptome and proteome levels in Saccharomyces cerevisiae[J]. Mol Cell Proteomics, 1(4):323–333.

Gruffat D, Durand D, Chilliard Y, et al. 1997. Hepatic gene expression of apolipoprotein B100 during early lactation in underfed, high producing dairy cows[J]. Dairy Sci, 80(4):657–666.

Grummer RR. 1993. Etiology of lipid-related metabolic disorders in periparturient dairy cows[J]. Dairy Sci, 76(12):3882–3896.

Grummer RR. 1995. Impact of changes in organic nutrient metabolism on feeding the transition dairy cow[J]. Anim Sci, 73(9):2820–2833.

Grummer RR. 2010. Managing the transition cow-emphasis on ketosis and fatty liver syndrome[C]// 2010 Western nutrition conference, challenging conventional nutrition dogma, Saskatoon, Saskatchewan, Canada, 21–23 September 2010: 191–204.

Hailemariam D, Mandal R, Saleem F, et al. 2014a. Identification of predictive biomarkers of disease state in transition dairy cows[J]. Dairy Sci, 97(5):2680–2693.

Hailemariam D, Mandal R, Saleem F, et al. 2014b. Metabolomics approach reveals altered plasma amino acid and sphingolipid profiles associated with pathololological state in transition dairy cows[J]. Curr Metabolomics, 2(3):184–195.

Hanson RW, Ballard FJ. 1967. The relative significance of acetate and glucose as precursors for lipid synthesis in liver and adipose tissue from ruminants[J]. Biochem J, 105(2):529–536.

Harris HW, Brady SE, Rapp JH. 2002. Hepatic endosomal trafficking of lipoprotein-bound endotoxin in rats[J]. Surg Res, 106(1):188–195.

Herdt TH. 1991. Relationship of fat metabolism to health and performance in dairy cattle[J]. Bovine Practitioner, 26:92–95.

Hoekstra M, van der Sluis RJ, Kuiper J, et al. 2012. Nonalcoholic fatty liver disease is associated with an altered hepatocyte microRNA profile in LDL receptor knockout mice[J]. Nutr Biochem, 23(6):622–628.

Humer E, Khol-Parisini A, Metzler-Zebeli BU, et al. 2016. Alterations of the lipid metabolome in dairy cows experiencing excessive lipolysis early postpartum[J]. PLoS One, 11(7):e0158633.

Imhasly S, Naegeli H, Baumann S, et al. 2014. Metabolomic biomarkers correlating with hepatic lipidosis in dairy cows[J]. BMC Vet Res, 10:122.

Ingle DL, Bauman DE, Garrigus US. 1972. Lipogenesis in the ruminant: in vitro study of tissue sites, carbon source and reducing equivalent generation for fatty acid synthesis[J]. Nutr, 102(5):609–616.

Ingvartsen KL. 2006. Feeding- and management-related diseases in the transition cow - physiological adaptations around calving and strategies to reduce feeding-related diseases[J]. Anim Feed Sci Technol, 126(3–4):175–213.

Jacobs RL, Lingrell S, Zhao Y, et al. 2008. Hepatic CTP: phosphocholine cytidylyltransferase-alpha is a critical predictor of plasma high density lipoprotein and very low density lipoprotein[J]. Biol Chem, 283(4):2147–2155.

Jakoby WB. 1978. The glutathione S-transferases: a group of multifunctional detoxification proteins[J]. Adv Enzymol Relat Areas Mol Biol, 46:383–414.

Jorritsma R, Jorritsma H, Schukken YH, et al. 2000. Relationships between fatty liver and fertility and some periparturient diseases in commercial Dutch dairy herds[J]. Theriogenology, 54(7):1065–1074.

Jorritsma R, Jorritsma H, Schukken YH, et al. 2001. Prevalence and indicators of post partum fatty infiltration of the liver in nine commercial dairy herds in The Netherlands[J]. Livest Prod Sci, 68(1):53–60.

Khan MJ, Jacometo CB, Graugnard DE, et al. 2014. Overfeeding dairy cattle during late-pregnancy alters hepatic PPARalpha-regulated pathways including Hepatokines: impact on metabolism and peripheral insulin sensitivity[J]. Gene Regul Syst Biol, 8:97–111.

Kirpich IA, Gobejishvili LN, Bon Homme M, et al. 2011. Integrated hepatic transcriptome and proteome analysis of mice with highfat diet-induced nonalcoholic fatty liver disease[J]. Nutr Biochem, 22(1):38–45.

Kislinger T, Cox B, Kannan A, et al. 2006. Global survey of organ and organelle protein expression in mouse: combined proteomic and transcriptomic profiling[J]. Cell, 125(1):173–186.

Kuhla B, Kuhla S, Rudolph PE, et al. 2007. Proteomics analysis of hypothalamic response to energy restriction in dairy cows[J]. Proteomics, 7(19):3602–3617.

Kuhla B, Albrecht D, Kuhla S, et al. 2009. Proteome analysis of fatty liver in feed-deprived dairy cows reveals interaction of fuel sensing, calcium, fatty acid, and glycogen metabolism[J]. Physiol Genomics, 37(2):88–98.

Leti F, Malenica I, Doshi M, et al. 2015. High-throughput sequencing reveals altered expression of hepatic microRNAs in nonalcoholic fatty liver disease-related fibrosis[J]. Transl Res, 166(3):304–314.

Li X, Li Y, Yang W, et al. 2014a. SREBP-1c overexpression induces triglycerides accumulation through increasing lipid synthesis and decreasing lipid oxidation and VLDL assembly in bovine hepatocytes[J]. Steroid Biochem Mol Biol, 143:174–182.

Li Y, Xu C, Xia C, et al. 2014b. Plasma metabolic profiling of dairy cows affected with clinical ketosis using LC/MS technology[J]. Vet Q, 34(3):152–158.

Li X, Huang W, Gu J, et al. 2015. SREBP-1c overactivates ROS-mediated hepatic NF-kappaB inflammatory pathway in dairy cows with fatty liver[J]. Cell Signal, 27(10):2099–2109.

Loor JJ. 2010. Genomics of metabolic adaptations in the peripartal cow[J]. Animal, 4(7):1110–1139.

Loor JJ, Dann HM, Everts RE, et al. 2005. Temporal gene expression profiling of liver from periparturient dairy cows reveals complex adaptive mechanisms in hepatic function[J]. Physiol Genomics, 23(2):217–226.

Loor JJ, Dann HM, Guretzky NA, et al. 2006. Plane of nutrition prepartum alters hepatic gene expression and function in dairy cows as assessed by longitudinal transcript and metabolic profiling[J]. Physiol Genomics, 27(1):29–41.

Loor JJ, Everts RE, Bionaz M, et al. 2007. Nutrition-induced ketosis alters metabolic and signaling gene networks in liver of periparturient dairy cows[J]. Physiol Genomics, 32(1):105–116.

Loor JJ, Bionaz M, Drackley JK. 2013. Systems physiology in dairy cattle: nutritional genomics and beyond[J]. Annu Rev Anim Biosci, 1:365–392.

McCarthy SD, Waters SM, Kenny DA, et al. 2010. Negative energy balance and hepatic gene expression patterns in high-yielding dairy cows during the early postpartum period: a global approach[J].

Physiol Genomics, 42A(3):188–199.

Murphy SK, Yang HN, Moylan CA, et al. 2013. Relationship between Methylome and transcriptome in patients with nonalcoholic fatty liver disease[J]. Gastroenterology, 145(5):1076–1087.

National Animal Health Monitoring System. 2008. Dairy 2007 Part I: reference of dairy cattle health and management practices in the United States, 2007.

O'Shea RS, Dasarathy S, AJ MC. 2010. Practice Guideline Committee of the American Association for the Study of Liver D, Practice Parameters Committee of the American College of Gastroenterology Alcoholic liver disease[J]. Hepatology, 51(1):307–328.

Osorio JS, Ji P, Drackley JK, et al. 2013. Supplemental Smartamine M or MetaSmart during the transition period benefits postpartal cow performance and blood neutrophil function[J]. Dairy Sci, 96(10):6248–6263.

Osorio JS, Jacometo CB, Zhou Z, et al. 2016. Hepatic global DNA and peroxisome proliferator-activated receptor alpha promoter methylation are altered in peripartal dairy cows fed rumen-protected methionine[J].Dairy Sci, 99 (1):234-244.

Perez-Carreras M, Del Hoyo P, Martin MA, et al. 2003. Defective hepatic mitochondrial respiratory chain in patients with nonalcoholic steatohepatitis[J]. Hepatology, 38(4):999–1007.

Pirola CJ, Gianotti TF, Burgueno AL, et al. 2013. Epigenetic modification of liver mitochondrial DNA is associated with histological severity of nonalcoholic fatty liver disease[J]. Gut, 62(9):1356–1363.

Pogribny IP, Tryndyak VP, et al. 2009. Hepatic epigenetic phenotype predetermines individual susceptibility to hepatic steatosis in mice fed a lipogenic methyl-deficient diet[J]. Hepatol, 51(1):176–186.

Prodanovic R, Koricanac G, Vujanac I, et al. 2016. Obesity-driven prepartal hepatic lipid accumulation in dairy cows is associated with increased CD36 and SREBP-1 expression[J]. Res Vet Sci, 107:16–19.

Raza H, Robin MA, Fang JK, et al. 2002. Multiple isoforms of mitochondrial glutathione S-transferases and their differential induction under oxidative stress[J]. Biochem J, 366(Pt1):45–55.

Saleem F, Ametaj BN, Bouatra S, et al. 2012. A metabolomics approach to uncover the effects of grain diets on rumen health in dairy cows[J]. Dairy Sci, 95(11):6606–6623.

Sanyal AJ, Campbell-Sargent C, Mirshahi F, et al. 2001. Nonalcoholic steatohepatitis: association of insulin resistance and mitochondrial abnormalities[J]. Gastroenterology, 120(5):1183–1192.

Scarpulla RC. 2008. Transcriptional paradigms in mammalian mitochondrial biogenesis and function[J]. Physiol Rev, 88(2):611–638.

Shackel NA, Seth D, Haber PS, et al. 2006. The hepatic transcriptome in human liver disease[J].

Comp Hepatol, 5:6.

Shahzad K, Bionaz M, Trevisi E, et al. 2014. Integrative analyses of hepatic differentially expressed genes and blood biomarkers during the peripartal period between dairy cows overfed or restricted-fed energy prepartum[J]. PLoS One, 9(6):e99757.

Shock LS, Thakkar PV, Peterson EJ, et al. 2011. DNA methyltransferase 1, cytosine methylation, and cytosine hydroxymethylation in mammalian mitochondria[J]. Proc Natl Acad Sci USA, 108(9):3630–3635.

da Silva RP, Kelly KB, Al Rajabi A, et al. 2014. Novel insights on interactions between folate and lipid metabolism[J]. Biofactors, 40(3):277–283.

Smith TR, Hippen AR, Beitz DC, et al. 1997. Metabolic characteristics of induced ketosis in normal and obese dairy cows[J]. Dairy Sci, 80(8):1569–1581.

Sookoian S, Rosselli MS, Gemma C, et al. 2010. Epigenetic regulation of insulin resistance in non-alcoholic fatty liver disease: impact of liver methylation of the peroxisome proliferator-activated receptor gamma coactivator 1 alpha promoter[J]. Hepatology, 52(6):1992–2000.

Spengler EK, Loomba R. 2015. Recommendations for diagnosis, referral for liver biopsy, and treatment of nonalcoholic fatty liver disease and nonalcoholic steatohepatitis[J]. Mayo Clin Proc, 90(9):1233–1246.

Steele MA, Schiestel C, AlZahal O, et al. 2015. The periparturient period is associated with structural and transcriptomic adaptations of rumen papillae in dairy cattle[J]. Dairy Sci, 98(4):2583–2595.

Sun LW, Zhang HY, Wu L, et al. 2014. (1)H-nuclear magnetic resonancebased plasma metabolic profiling of dairy cows with clinical and subclinical ketosis[J]. Dairy Sci, 97(3):1552–1562.

Svoboda DS, Kawaja MD. 2012. Changes in hepatic protein expression in spontaneously hypertensive rats suggest early stages of non-alcoholic fatty liver disease[J]. Proteome, 75(6):1752–1763.

Thomas A, Klein MS, Stevens AP, et al. 2013. Changes in the hepatic mitochondrial and membrane proteome in mice fed a non-alcoholic steatohepatitis inducing diet[J]. Proteome, 80:107–122.

Veenhuizen JJ, Drackley JK, Richard MJ, et al. 1991. Metabolic changes in blood and liver during development and early treatment of experimental fatty liver and ketosis in cows[J]. Dairy Sci, 74(12):4238–4253.

Woitow G, Staufenbiel R, Langhans J. 1991. Comparison between histologically and biochemically determined liver fat levels and resulting conclusions[J]. Monatsh Veterinarmed, 46(16):576–582.

Xie ZQ, Li HK, Wang K, et al. 2010. Analysis of transcriptome and metabolome profiles alterations in fatty liver induced by high-fat diet in rat[J]. Metabolism, 59(4):554–560.

Xu C, Wang Z. 2008. Comparative proteomic analysis of livers from ketotic cows[J]. Vet Res Commun, 32(3):263–273.

Xu C, Sun LW, Xia C, et al. 2016. (1)H-nuclear magnetic resonancebased plasma metabolic profiling of dairy cows with fatty liver[J]. Asian Australas J Anim Sci, 29(2):219–229.

Yahagi N, Shimano H, Matsuzaka T, et al. 2004. p53 involvement in the pathogenesis of fatty liver disease[J]. Biol Chem, 279(20):20571–20575.

Young JW, Veenhuizen JJ, Drackley JK, et al. 1990. New insights into lactation ketosis and fatty liver[C]//Proceedings 1990: Cornell Nutrition Conference for Feed Manufacturers: 60–67.

Zeybel M, Hardy T, Robinson SM, et al. 2015. Differential DNA methylation of genes involved in fibrosis progression in non-alcoholic fatty liver disease and alcoholic liver disease[J]. Clin Epigenetics, 7:25.

Zhang H, Wu L, Xu C, et al. 2013. Plasma metabolomic profiling of dairy cows affected with ketosis using gas chromatography/mass spectrometry[J]. BMC Vet Res, 9:186.

Zhang A, Sun H, Yan G, et al. 2015. Metabolomics for biomarker discovery: moving to the clinic[J]. Biomed Res Int, 2015:354671.

Zhou Z, Vailati-Riboni M, Trevisi E, et al. 2016. Better postpartal performance in dairy cows supplemented with rumen-protected methionine compared with choline during the peripartal period[J]. Dairy Sci, 99(11):8716–8732.

12

乳热症的还原论与系统兽医学研究方法比较

Elda Dervishi，Burim N. Ametaj[*]

摘　要

　　乳热症主要发生于经产和高产奶牛分娩前后及泌乳初期。虽然人们对乳热症已有大量研究，但真正导致钙（Ca）稳态失衡的原因尚未被发现。尽管多年来人们对其提出了大量假设，但乳热症仍然是一种复杂的、尚未被完全了解的奶牛疾病。从最近的组学研究可以明显看出，患牛机体中受到影响的不仅仅有钙。因此，该疾病病理生物学的复杂性促使我们需要从系统兽医学的角度来研究它，而不仅仅是从还原论的角度来考虑。找到一种新的方法来阐明和更好地了解乳热症的病理生物学至关重要。基于系统生物学的贡献，我们已经发现了患牛的多种未知变化，包括尚未鉴定的QTL、许多基因和蛋白表达的变化以及代谢变化。多组学的结合将会为动物健康科学家整合所有信息、研究各组分间的相互作用及动态交流提供无限可能。

12.1　介绍：历史性观点

　　围产期低钙血症或生产瘫痪在科学界及乳业界中被称为乳热症。该名字的由来是源于最初人们相信患牛的牛奶从阴道中流出而不是从乳房中流出从而导致了

---

[*] E. Dervishi, Ph.D. (✉) • B.N. Ametaj, D.V.M., Ph.D., Ph.D.
Department of Agricultural, Food and Nutritional Science, University of Alberta,
Edmonton, AB, Canada, T6G 2P5
e-mail: dervishi@ualberta.ca; burim.ametaj@ualberta.ca

牛的发热。该疾病主要发生于经产和高产奶牛分娩前后及泌乳初期。正如 Pryce 等（2016）回顾的那样，乳热症的发病率在各个国家和各个农场是不同的。奶牛群体中平均约有 5% 的奶牛表现出乳热症的临床症状（DeGaris 和 Lean, 2008）。如今对于乳热症的主流概念是，它是一种与钙缺乏症有关的代谢性疾病。的确，乳热症的特点是低钙血症，钙的浓度通常低于 1.5mmol/L（Goff, 2008; Reinhardt 等，2011），以及进行性神经肌肉功能障碍，伴有迟缓性麻痹、卧倒、循环衰竭、四肢冰冷和精神沉郁（Goff, 2008）。如果不进行治疗，患病奶牛可能会陷入昏迷乃至死亡（Horst 等，1997）。

最早的一篇对乳热症的文献是由 Eberhardt 于 1793 年在德国记录的（Hutyra 等，1938）。他们认为，当为了提高牛奶产量而增加喂给奶牛的饲料量时，该病就已经为人所识（Hutyra 和 Marek, 1926）。

最早对乳热症的扩展评论之一是由 Hibbs（1950）于 20 世纪撰写的。当时，乳热症已经引起了研究人员的浓厚兴趣，1950 年代就提出了关于乳热症的 30 种假设。这些假设包括：全身性炎症、神经系统紊乱、全身性循环障碍、脑内贫血、脑充血、中风、血栓、脂肪栓塞、脊柱创伤、全身性感染、子宫源性细菌感染、乳腺源性感染、过敏性反应、乳腺神经衰弱、贫血、自体中毒、组织中氧化不良、分娩后血液中催产素过量、蛋白质代谢不良、卵巢功能异常、垂体前叶功能亢进、胆固醇代谢紊乱、高肾上腺素血症、镁麻醉/麻痹/昏迷、碱中毒、酸中毒、自体窒息和低血糖（Hibbs, 1950）。在这些假设中，只有 3 种还未被否定：① 甲状旁腺素缺乏/甲状旁腺素缺乏症和低钙血症；② 食源性碱中毒；③ 细菌毒性化合物。我们将在本章中进一步讨论这 3 种假设。

目前已有超过 1 000 篇发表的关于乳热症的科学文献，既显示了科学界对该病的兴趣，也表明了该病对经济，尤其是乳业经济的重要性。研究发现，乳热症与其他疾病相关，如难产、子宫脱垂、胎盘滞留、子宫炎、真胃移位和乳房炎（Chamberlain, 1987；Pryce 等，1997；Zwald 等，2004；DeGaris 和 Lean, 2008；Hossein-Zadeh 和 Ardalan, 2011）。乳热症造成的经济损失包括药物治疗成本、额外的人工、牛奶产量减少、死亡动物处理费、过早淘汰，还增加了奶牛对其他代谢性疾病和感染性疾病的易感性（Fikadu 等，2016）。

12.2　还原论的观点

1793 年，Eberhardt 首次提出了乳热症。1806 年，Price 根据这种疾病的外部症状（四肢冰凉），建议用热敷袋与毛毯包裹奶牛。1814 年，Clater 提出该病源于体液失衡（基于四体液学说：血液、黏液、黄胆汁和黑胆汁），建议放血

（4~5 L/d）8~10 d。80多年之后（1897），Schmidt提出乳热症是由乳腺的病毒感染引起的。为了对抗这种感染，他建议向病牛乳房中注射碘化钾（由Hibbs于1950修改）。这种治疗方式使死亡率降低了60%~70%。后来，Marshak（1956）解释该方法的原理是：通过注射的方式向乳腺腺泡施加压力，以此达到减少牛奶和钙的分泌的目的。基于这种假设，他推荐使用乳房送风法来治疗该疾病。但由于该方法使得乳房炎的发病率增加并且预后牛奶产量减少，因而被淘汰。

1925年是乳热症历史的转折点，Little和Wright发现患牛的血浆钙浓度大大降低。基于这个发现，Dryerre和Greig（1925）提出使用钙溶液（特别是硼葡萄糖酸钙）来治疗乳热症。尽管这是目前最广泛用于治疗乳热症的方法，但输注23%的硼葡萄糖酸钙溶液导致血浆钙升高的同时也可能导致心脏骤停，并且25%的奶牛会复发而需要进一步治疗。

维生素D及其活性代谢物1,25-二羟基维生素D_3的发现引起了人们的极大兴趣，希望将其用于预防乳热症。Littledike和Horst（1982）总结相关研究发现，许多在产前使用过维生素D_3或1α-羟基化维生素D代谢物治疗的奶牛在产后10~14 d出现了低钙血症和乳热症的临床症状。Littledike和Horst（1982）证明，用维生素D化合物治疗过的奶牛无法生成内源性1,25-二羟基维生素D_3，从而无法从低钙血症中恢复。这种抑制作用被认为是高钙血症抑制了肾脏1α-羟化酶的结果，而高钙血症与这些化合物的使用及由给药剂量引起的维生素D高循环浓度的直接反馈抑制作用有关。这个发现促进了对下一代维生素D类似物如24-F-1,25-二羟基维生素D_3和1α-羟基化维生素D的研究。然而，使用这两种类似物也具有其他早期化合物的相同缺点：高钙血症和抑制1,25-二羟基维生素D_3的内源性合成。

口服大量钙盐（通常是氯化钙）已被有效地运用于提高围产期血钙浓度和预防乳热症。但氯化钙溶液在口腔和胃肠道黏膜中具有很强的腐蚀性，也易引起溃疡（Goff和Horst，1994）。同时，口服过量氯化钙会引发代谢性酸中毒，在采食量本已下降的时期（如围产期）可能导致厌食症（Goff和Horst，1993）。

1925年，Dryerre和Greig提出乳热症的低血钙可能是甲状旁腺激素（PTH）分泌不足的结果。然而，随后的研究报道得出结论，即患病动物血浆中PTH的浓度与正常奶牛相同甚至更高。向奶牛注射PTH会导致高龄奶牛反应性降低，也不能起到预防乳热症的作用。因此，研究人员提出了一个假设：围产期奶牛靶组织对PTH刺激的反应可能缺乏或缓慢。Goff等（1986，1989）重新审视了PTH假说，发现注射或输注PTH可以预防乳热症。但是，皮下缓释产品的生产拖延了这种治疗的益处。Goff等（2014）进一步的研究表明，富含钾的高DCAD（日粮阴阳离子差）日粮引起的代谢性碱中毒，在泌乳初期会导致假性甲状旁腺功能减退症，进而导致低钙血症和乳热症。终末器官的 PTH 抵抗是假性甲状旁腺功能减退症的特征。

关于乳热症病因的另一个有趣但很快被推翻的假说是患牛过度分泌降钙素。Capen 和 Young（1967）报道，患乳热症的奶牛的甲状腺和血浆中的降钙素都被消耗掉。Barlet（1967）发现，通过输注降钙素，小牛产生了低钙血症、低磷血症和乳热症症状。这些观察结果得出一个结论：分娩时降钙素的突然释放是导致乳热症的原因。然而，Mayer 等（1975）和 Hollis 等（1981）研究发现，患有乳热症的奶牛体内降钙素的浓度并没有增加。相反地，患有乳热症的奶牛体内降钙素浓度比正常牛的低。

分娩时皮质醇的过量产生也曾被认为是引发乳热症的原因之一。乳热症奶牛在分娩过程中皮质醇浓度会升高，而血浆皮质醇水平更高（Littledike 等，1970；Horst 和 Jorgensen, 1982）。糖皮质激素治疗会减少人类肠道对钙的吸收，并导致骨量大量损失（Hahn 等，1981；Gluck 等，1981）。然而，Horst 和 Jorgensen（1982）指出，诱发的低钙血症会刺激皮质醇的分泌，但外源性注射皮质醇不会引起低钙血症。可以看出，皮质醇在乳热症病因中的确切作用尚不明确。

关于预防乳热症的最重要但最不为人知的发现之一是由 Ender 等（1971）提出的：在分娩前给奶牛饲喂无机酸（硫酸和盐酸的混合物）能降低乳热症发病率。Ender 等（1971）还提出，阳离子（Na^+ 和 K^+）与阴离子（Cl^- 和 SO_4^{2-}）的比例对乳热症的发生起着重要作用。这个概念通常被称为日粮阴阳离子差。Block（1984）发现，饲喂阴离子盐的奶牛乳热症发病率较低。随后，许多其他的研究论文讨论了 DCAD 的概念，并论证了在产前饮食中添加阴离子对乳热症的预防作用。这个假说是基于这样一个假设，即乳热症的主要潜在原因是代谢性碱中毒，会降低组织对甲状旁腺激素（PTH）的反应。另外，日粮中阴离子的增加会降低血液 pH 值，从而降低乳热症的发病率。饮食阴离子发挥作用的确切机制尚不清楚，但 Gaynor（1989）和 Goff 等（1991）的研究结果指出，通过在分娩前饮食中添加 Cl^- 和 SO_4^{2-} 诱导轻微代谢性碱酸中毒能增强组织对 PTH 的反应性。

总之，尽管人们对乳热症已有所了解，但导致钙稳态机制失衡的真正原因仍未得到解答。尽管多年来人们提出了大量假设，乳热症仍然是一个复杂且未被完全了解的奶牛疾病。

图 12.1 总结了目前还原论者对乳热症的理解以及当前对乳热症的预防和治疗方法。

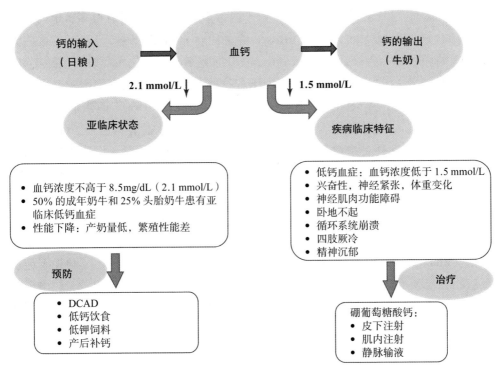

图 12.1　目前还原论对乳热症的理解

12.3　炎症在乳热症病理生物学中的潜在作用

导致分娩前后钙的迅速流失原因是什么？许多研究者提出，是由于高产奶牛在泌乳一开始时对钙的需求就很高；但事实上并不是所有的高产奶牛都会受到低钙血症和乳热症的影响，这说明还有其他的诱发因素。

Aiumlamai 等（1992）提出了关于乳热症病因的一个有趣的新思路，他们推测内毒素在该病的病理过程中可能发挥了作用，但未详细说明内毒素是如何在乳热症病理生物学中发挥作用的机理。Ametaj 等（2013）发现，与临床表现正常的奶牛相比，乳热症患牛的血清淀粉样蛋白 A（SAA）含量升高，而降钙素基因相关肽（CGRP）的浓度降低。此外，Zebeli 等（2013）发现，产犊当天的奶牛和受乳热症影响的奶牛 CGRP 分泌减少。SAA 的升高表明血液循环中存在与内毒素相关的炎症，而 CGRP 降低表明其在患牛中的分泌受到了抑制。另一个有趣的文献报道，奶牛静脉注射（iv）LPS 与低钙血症有关联（Waldron 等，2003）。Ametaj 等（2010）提出了内毒素与低钙血症相互关联的机理。具体来讲，他们提出了两条取决于血液中内毒素的浓度而清除内毒素的途径。当血浆内毒素浓度低时，巨噬细胞将会活化。由于内毒素（即 LPS）带有很多负电荷，很容易结合钙而形成大的聚集体（Rosen 等，1958；Munford 等，1981）。这些聚集体在循环系统中会被巨噬细胞清除，巨噬细胞则高度活化而释放出包括 TNF、IL-1 和 IL-6 在内的一系列促炎细胞因子。这些高浓度的促炎细胞因子会引发机体的全身性疾病（Ametaj 等，2010；Eckel 和 Ametaj，2016）。但当血浆中内毒素的浓度更高时，则会激活第二条涉及脂蛋白的内毒素清除途径（Gallay 等，1994）。这一条途径是由内毒素单体分子触发的。低浓度的钙（血浆钙的撤出有助于内毒素的单体化和清除）以及脂多糖结合蛋白（LBP）、mCD-14 和脂蛋白的存在促进了内毒素的单体化（Munford 等，1981）。Ametaj（2010）等提出，作为宿主在内毒素血症期间安全地从血液循环中去除内毒素的保护性反应，乳热症的低钙血症可能是代谢性碱中毒引起的钙的动员能力受损和血浆钙撤出的综合结果。Zhang 等（2014）研究表明，患牛在出现临床症状几周前，其与先天免疫反应物和与碳水化合物代谢有关的代谢产物发生了改变。最有趣的是，在出现临床症状前 9~10 周，乳热症奶牛血清中 TNF、SAA、LBP、Hp 和乳酸水平就开始升高。

急性期反应（APR）期间血浆白蛋白的波动也证明了炎症在围产期低钙血症中发挥了作用。在炎症状态期间，血液中白蛋白的浓度作为 APR 的一部分而降低。确实，白蛋白是阴性急性期蛋白之一。Aldred 和 Schreiber（1993）指出，他们验证了诱导炎症的过程中肝脏中白蛋白的 mRNA 表达下调，从而降低血浆白蛋白浓度。白蛋白是血浆中钙最重要的载体之一。总血钙包括与血浆白蛋白结合的部分（即 40%）和未结合的、游离的或可超滤的部分（即 60%；如图 12.2 所示）。钙的可超滤部分进一步分为与阴离子结合的部分（10%）（如磷酸盐和硫酸盐形式），以及其余的游离的离子钙（50%）。钙的生物活性形式仅是游离的离子钙，与白蛋白结合或与阴离子络合的所有钙均无活性。遗憾的是，大多数研究乳

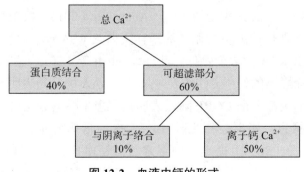

图 12.2　血液中钙的形式

热症的研究人员只提到了血浆中钙的总浓度，而不是离子钙的总浓度。实际上，真正的低钙血症是指离子钙的减少而与总体低血钙无关。

有几种情况与血液中游离的离子钙浓度变化有关。例如，血浆中阴离子浓度的增加与更多的钙和阴离子大量络合有关，因此血浆中离子钙的浓度降低。酸碱的变化也会影响离子钙的浓度（图 12.3）。

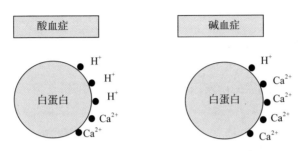

图 12.3　酸碱紊乱对钙与血浆白蛋白结合的影响

此外，血浆白蛋白具有多个可以结合 H^+ 或 Ca^{2+} 的带负电荷的位点。在酸血症期间，血液中有过量的 H^+，更多的 H^+ 与血浆白蛋白结合导致游离的离子钙增加。而在碱血症期间（如乳热症期间），血液中缺乏 H^+，会释放 H^+ 而 Ca^{2+} 与白蛋白结合，从而导致游离的 Ca^{2+} 减少。

与血浆中钙浓度变化相关的另一种情况是内毒素血症。Waldron 等（2003）研究发现，静脉注射脂多糖（LPS）与血浆钙减少有关。LPS 降低血浆中钙浓度的一种机制可能是 LPS 扰乱了酸碱平衡。Ohtsuka 等（2013）的研究数据证实了这种推测，他们发现向荷斯坦奶牛静脉注射 0.025 mg/kg LPS 与注射后 24~48 h 动脉血 pH 值的显著升高（或称碱中毒）相关。

主要用于预防乳热症的实际应用之一是利用 DCAD，但尚未有 DCAD 工作原理的理论解释。因此，尝试解释 DCAD 的工作机理非常必要。值得注意的是，包括钙在内的矿物质是宿主用来中和进入血液循环的酸。因此，由日粮引起的代谢性酸中毒或碱中毒会导致血液矿物质的波动。在代谢性酸中毒（低 DCAD）或碱中毒（高 DCAD）期间，血浆钙的升高或降低仅是宿主对那些代谢状态的反应，并不是通常意义上围产期奶牛的钙缺乏。Arnett 在他的评论文章中（2003）指出，自 20 世纪初以来，一直认为全身性酸中毒会导致骨流失（即矿物质流失），而吸收陷窝的形成取决于外部酸化。代谢性酸中毒可能是由产酸的食物（即奶牛 DCAD 偏低的饮食）、过多摄入的蛋白质和人体的衰老所引起的。奶牛的胎次与血浆钙的减少以及亚临床低钙血症和乳热症的更高发生率有关（Reinhardt 等，2011）。Arnett（2003）研究表明，当肺和肾脏无法去除 H^+ 当量时，通过酸中毒对破骨细胞的异常刺激作用来释放碱性骨矿物质（包括 Ca^{2+}），以纠正全身性酸中毒，这是脊椎动物的进化反应。另外，高 DCAD 饮食（即碱性饮食）的影响与产酸饮食相反。它们刺激骨骼中的钙沉积，降低所有 PTH 活性（包括动用骨钙），减少通过尿液排出的钙以及 25-羟基维生素 D_3 转化为活性形式（即 1,25-二羟基维生素 D_3）的含量。结果，降低了肠道对钙的吸收以及血浆中钙的浓度。

12.4 诱发因素

图 12.4 总结了乳热症的诱发因素和经济损失/影响。

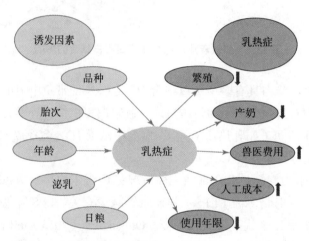

图 12.4 乳热症的诱发因素及其对奶牛生产性能的影响

12.4.1 胎次

乳热症是复杂的代谢紊乱，而引起奶牛对低钙血症易感的原因是各不相同的，也可能是多种因素共同导致的（Shire 和 Beed，2013）。Arnett（2003）指出，年龄是矿物质代谢的重要因素。由于奶牛动员骨钙的能力不同，多胎次牛乳热症发病率更高，对此文献有充分的记载（van Mosel 等，1993）。奶牛无法从骨骼和饮食中汲取足够的钙来弥补因产奶而损失的钙（Goff，2008）。此外，曾经患过乳热症的奶牛在随后的分娩时会发生低钙血症。据推测，这是因为这些奶牛即时响应生物信号的能力降低了，增加维生素 D 受体（VDR）数量的能力也下降了（Goff 等，1995）。

12.4.2 日粮

日粮是另一个与乳热症发生有关的因素。为了控制乳热症的发生，大多数注意力集中在了控制饮食中钙的含量上（Horst 等，1997）。许多研究表明，饲喂低钙日粮可以降低乳热症的发病率（Goings 等，1974；Kichura 等，1982）。低钙日粮已成功用于减少低钙血症的发生（Goings 等，1974；Thilsing-Hansen 等，2002）。但该方法的作用机理尚不明确。一些研究人员认为，从骨骼组织中动员钙需要一定的时间，在产犊前降低日粮中钙的含量可能会激活这些机制。另外，近年来，日粮阴离子（即 Cl^- 和 SO_4^{2-}）已被用于控制乳热症。抵消 K^+ 有害影响的有效方法是增加饮食中阴离子（Cl^- 和 SO_4^{2-}）的含量（Horst 等，1997）。

12.4.3 遗传因素

数十年以来，奶牛育种主要侧重于提高/增加牛奶产量。然而，人们没有努力筛选对代谢疾病具有抵抗力的奶牛，数十年来乳热症发病率一直没有改变。美国农业部（USDA）的国家动物健康监测系统（2002）估计，美国乳热症的发病率为5%（Reinhardt 等，2011）。遗传因子与乳热症的发生有关，这已被各方面的研究人员所证实。据估计，乳热症的遗传性很低，但是在泌乳期间其遗传力为 0.08~0.47（Lyons 等，1991；Uribe 等，1995；Pryce 等，1997）。此外，Thompson（1984）估计荷斯坦奶牛的乳热症遗传力为 0.13；然而，据报道，该病在老龄奶牛中的遗传力为处于中等水平的 0.42（Lin 等，1989）。关于乳热症与奶产量之间的遗传相关性的报道非常有限，因此需要在这一领域进行更多的研究。Uribe 等（1995）发现乳热症与奶产量之间有强烈的负遗传相关性。此外，已有研究表明，乳热症与乳房炎以及乳热症与子宫炎之间存在遗传相关性（Pryce 等，1997；Zwald 等，2004；Hossein-Zadeh 和 Ardalan，2011）。即使这些代谢疾病有所不同，遗传相关性的存在表明还存在一些具有遗传成分的抗病因子，提示有可能通过估计代谢性疾病性状的育种值，并在性状筛选指标中加以考虑来进行改良。这需要生产者、研究机构、动物科学家和政府之间的合作，以实行可靠的、系统化的数据收集和处理。

在各种因素中，品种被报道为牛乳热症发生的一个重要考虑因素。例如，海峡岛奶牛、瑞典红白奶牛和娟姗奶牛与其他奶牛品种相比更容易患乳热症（Henderson，1938; Hibbs 等，1946; Metzger，1936; Kusumanti 等，1993; Lean 等，2006）。这种易感性与娟姗牛肠道中 1,25- 二羟维生素 D_3 的受体比荷斯坦牛的少有关（Goff 等，1995）。维生素 D 受体（VDR）的调节可能是年龄、品种、身体状况、干乳期长短、产奶量、胎次和饮食因素之间差异的合理解释。

低钙血症被认为是奶牛最昂贵的疾病之一，许多因素被认为可能导致其发病。例如，在人类中，PTH 基因或转录因子（如 GCM2 和 GATA3）中的突变和罕见的功能缺失是甲状旁腺功能减退症发生的关键。而在奶牛中，还没有相关潜在突变或单核苷酸多态性（SNP）的报道。因此，探索奶牛 PTH 基因中 SNP 的存在将很有意义。

常染色体显性低钙血症（ADH）是甲状旁腺功能减退症的一种常见遗传形式，在人类中是由钙敏感受体的突变引起的。此外，近来已有研究证实编码鸟嘌呤结合蛋白 G11 的基因突变能引发甲状旁腺功能减退症（Nesbit 等，2013；Mannstadt 等，2013）。VDR（维生素 D 受体）中的多态性会影响人体内的钙稳态，对于预防乳热症而言，包括补充维生素 D 在内的策略已成功测试。为了解释一些奶牛分娩后不能维持钙稳态的原因，Deiner 等（2012）研究了 VDR 基因的多态性。他们在 26 头奶牛的 VDR 基因中发现了 8 个单碱基畸变，其中 4 个位于外显子上，并导致一个等位基因的氨基酸序列发生潜在改变。但是并未发现与低血钙发病率有显著相关性，这可能是由于试验动物数量较少的原因。因此，在更多数量、不同品种的奶牛中测试 VDR 基因编码区内发现的这 4 个变异（alterations）将会很有意义。

12.5　该病病理生物学的系统兽医学方法

还原论方法为我们留下了 30 个对乳热症的假设，并且数量还在增加。有必要对科学哲学和仪器进行范式转换，以便更好地了解乳热症的病理生物学起因及其中涉及的途径和网络。

系统兽医学方法涉及使用包括基因组学，转录组学，蛋白质组学和代谢组学在内的"组学"技术来解决动物疾病过程的病理生物学问题（Ametaj，2015）。尽管仪器的发展很快，但很少有针对乳热症进行的病理生物学研究。图 12.5 展示了目前"组学"研究对理解乳热症病理生物学的贡献。

基因组学研究已鉴定到与乳热症相关且最有用的标志物用于 QTL 检测，最终用于辅助标志物选择以改善（如健康和生育能力等）重要的经济性状。Elo 等（1999）描述了一个定位到牛 23 号染色体上的用于兽医治疗的 QTL，他们提出，这个推定的 QTL 可能会影响奶牛对乳热症或酮病的易感性。此外，全基因组关联研究（GWAS）将 CYP2J2 确定为控制肉牛血清维生素 D 状态的基因（Casas 等，2014），这也使其成为奶牛的一个有意义的目标。基因组学方法已被用于研究牛的许多疾病的病理生理学（Almeida 等，2007；Loor 等，2007；Lutzow 等，2008；Ishida 等，2013）。但是，有关基于基因芯片的乳热症基因表

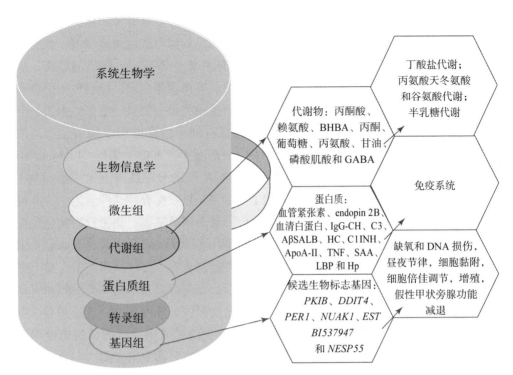

图12.5 系统兽医学对乳热症病理生物学的新认识

达谱的信息很少。在基因芯片数据库 GEO 和 ArrayExpress 中只发现了一篇涉及奶牛乳热症的文章（Sasaki 等，2014）。研究人员研究了患自发性乳热症的奶牛的外周血单核细胞中的基因表达。与健康奶牛相比，乳热症患牛有 98 个基因的表达有显著差异，其中 61 个基因表达上调。我们对这些基因进行了富集分析，发现上调的基因与细胞蛋白质代谢过程的调控、磷酸化的调控、蛋白质氨基酸磷酸化的调控、细胞内信号级联、细胞凋亡和细胞死亡有关。鉴定出的 37 个下调基因与金属离子结合、阳离子结合、DNA 结合和转录调控有关。此外，研究发现了引起低血钙和乳热症的特定候选生物标记基因，包括蛋白激酶（依赖 cAMP 的、催化的）抑制剂 β（*PKIB*）、DNA 损伤诱导转录子 4（*DDIT4*）、周期基因 1（*PER1*）、NUAK 家族、SNF1 样激酶 1（*NUAK1*）和表达序列标签 EST（*BI537947*），它们与试验性低钙血症和乳热症密切相关。与临床健康的围产期奶牛相比，这些基因在患牛中显著上调，而患牛的神经内分泌蛋白 55（NESP55）下调。研究者认为，mRNA 表达的改变可能与免疫抑制有关。基因生物标记物可能为将来乳热症的病理生理过程研究提供新的思路，微阵列技术也为研究成千上万其他基因的表达提供了可能性。

蛋白质组学分析在患乳热症奶牛上的应用也具有相同的前景。然而，研究患乳热症奶牛蛋白质组学谱改变的已发表文献还很少。Xia 等（2012）发现了患乳热病的奶牛血浆蛋白质组的新的病理生理变化，如丝氨酸肽酶抑制剂（血管紧张素）和 Endopin 2B 的增加，前者能调节血压并维持体液和电解质的稳态，后者与神经调节有关。丝氨酸肽酶抑制剂是一组能够抑制蛋白酶、控制包括炎症和免疫反应在内的广泛生物过程的蛋白质。细菌膜相关蛋白酶对于细菌的生长、分裂和存活至关重要（Dalbeya 等，2012），并且有助于感染过程中细菌定殖、逃避宿主防御、促进传播以及损害宿主组织。Hwang 等（2005）提出，Endopin 2B 抑制了参与生物活性脑啡肽神经递质的内源性生产的分泌性囊泡组织蛋白酶 L（Yasothornsrikul 等，2003）。成熟的、加工过的脑啡肽被储存在这些囊泡中，并通过刺激分泌来介导神经传递和细胞间的通信，从而调节镇痛、动物行为和免疫细胞功能（Yasothornsrikul 等，2013）。乳热症患牛丝氨酸肽酶抑制剂和 Endopin 2B 的增加可能是由于宿主在试图克服细菌感染并控制炎症。在这项研究中，被下调的是血清白蛋白，它被认为是负向急性期蛋白，充当着血浆中钙、类固醇和甲状腺激素以及脂肪酸的转运蛋白的角色。参与血液凝固的纤维蛋白原 β 链和 IgG 重链 C 区（IgG-CH）也被下调。泌乳期开始时，牛的初乳中含有大量的免疫球蛋白，以保护新生犊牛免受胃肠道中潜在病原菌的侵害。犊牛出生前不会通过胎盘获得被动免疫，因此出生后必须立即口服必要的抗体。患乳热症的奶牛产奶量大大减少，因此奶产量的下降可能导致血清 IgG-CH 的下调。这表明了机体的策略，即选择优先产奶并为后代合成 IgG-CH，还是选择优先进行适当的免疫反应来自我防御。据推测，能量被用于进行成功的免疫反应，而不是用于生产牛奶和蛋白质。

在另一项研究中，Shu 等（2014）研究了乳热症奶牛的血浆蛋白质谱的变化，他们发现患牛的补体 C3 片段、淀粉样 β A4 蛋白（Aβ）、血清白蛋白片段（SALB）和铁调素（HC）上调，而血浆蛋白酶 c1 抑制剂片段（C1ⅠNH）和载脂蛋白 A-2（ApoA-Ⅱ）下调。补体成分 C3 直接参与补体级联的激活（Sahu 和 Lambris，2001），这是应对不同病原菌引起的感染的先天免疫反应的一部分。也有研究发现，在患有乳房炎的奶牛血浆中补体成分 C3 有类似的上调（Turk 等，2012）。后者通过蛋白水解作用而被激活，触发蛋白质的大的构象变化，这对介导与靶标（如入侵复合物表面上的免疫复合物和碳水化合物）的共价连接的调理过程非常重要（Fredslund 等，2006）。患乳热症的奶牛血浆中补体 C3 的增加可能是宿主对入侵细菌反应的信号。载脂蛋白 A-Ⅱ是具有抗氧化特性的第二种主要高密度脂蛋白（HDL）类蛋白（Garner 等，1998）。在炎性状态下，载脂蛋白 A-II 被血清淀粉样蛋白 A 替代，这有助于从系统循环中快速清除急性期高密度脂蛋白。高密度脂蛋白有助于 LPS 的结合和中和，将其（LPS）从血液循环中快速清除是保护宿主免受内毒素有害影响的必要条件。

总体而言，蛋白质组学研究揭示了乳热症期间免疫反应的激活。但是，应用蛋白质组学方法来探索免疫应答的激活是否先于乳热症发生能引起人们更大的兴趣。在 Zhang 等（2014）的一项研究中发现，乳热症患牛的先天免疫反应物和与碳水化合物代谢相关的代谢产物发生了改变，而这些症状比出现乳热症临床表现提前了 8 周以上。此外，与健康动物相比，在诊断出该病前大约 9~10 周，患牛的血清 TNF、SAA、LBP、Hp 和乳酸水平就有升高。

最近发表了越来越多关于代谢组学技术在奶牛围产期疾病（包括酮症和乳房炎）领域的应用研究，但是关于患乳热症牛的研究非常少。Sun 等（2014）对患乳热症的奶牛血浆进行了代谢组学分析，他们发现患牛血浆中的葡萄糖、丙氨酸、甘油、磷酸肌酸和 γ-氨基丁酸（GABA）浓度降低，而 β-羟基丁酸（BHB）、丙酮、丙酮酸和赖氨酸的浓度升高。这些变化大多数与能量代谢中涉及的碳水化合物、脂肪和蛋白质的代谢有关。尽管代谢组学方法在动物健康科学领域相对较新，但它在被用于鉴定乳热症风险生物标志物方面拥有巨大的潜能。

综合来看，系统生物学已经为识别乳热症奶牛的多个先前未知的变化作出了贡献，包括未鉴定的 QTL、许多表达有变化的基因和蛋白以及代谢变化。以前，大多数代谢疾病都被认为与一种特定代谢物的扰动有关。例如，过去对乳热症的解释是，其仅与钙稳态的扰动以及与其代谢有关的许多激素之间有密切联系。尽管有大量关于钙假说的详尽知识和信息，但是乳热症根本的发病原因仍然未知。但从最近的组学研究可以明显发现，奶牛患乳热症之后机体中受扰动的变量不仅仅是钙。乳热症病理生物学的复杂性使得我们有必要从系统兽医学的角度而不是单从还原论的角度来考虑。此外，基因组选择是产生育种值的有力工具，可用于鉴别代谢正常的动物。但是，基因组选择的准确性仍有待提高。当我们从基因组水平进行选择时，由此生成的信息不会考虑到动物的生理状况和/或基因型与环境的相互作用。因此，基因信息只表明根据动物的遗传潜能应该发生的状况，而不是动物体内实际发生的情况。另一方面，代谢组学提供的信息（即代谢型）更接近表型，更能反映出动物的生理特性（图 12.6），如果将其与基因组学结合，

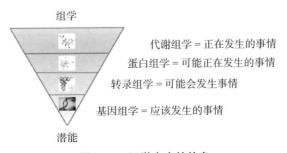

图 12.6　组学产生的信息

则有可能提高基因选择的准确性。代谢组学的另一个优势是为研究和了解乳热症的表观遗传学以及细胞环境如何导致疾病提供了可能。

结 论

为了阐明和更好地了解乳热症的病理生物学，我们需要采取一种新的研究方法。系统兽医学方法尚处于发展初期，刚开始使用包括基因组学、蛋白质组学、转录组学和代谢组学在内的组学科学来解决各种与奶牛围产期疾病有关的问题。组学的结合可以为科学家提供巨大的机会，融合所有信息来研究组分之间的相互作用以及由此产生的动态交流。

致 谢

由衷感谢 Alberta Livestock and Meat Agency Ltd. (ALMA, Edmonton, AB, Canada)、Genome Alberta (Calgary, AB, Canada) 和 Natural Sciences and Engineering Research Council of Canada (Ottawa, ON, Canada) 对我们与代谢组学有关的研究提供的经费支持。

词汇表

疾病	影响整个生物体或部分生物体正常生理功能的任何损害，由感染、压力等引起的特定病理变化，会产生特征性症状、病症或一般疾病
基因组学	生物技术学的一个分支，涉及将遗传学和分子生物学技术应用于选定生物的一组基因或完整基因组的遗传图谱和 DNA 测序、整理数据库中的结果以及应用数据（如在医学或生物学上）
代谢组学	代谢组学是涉及代谢物的化学过程的科学研究。具体而言，代谢组学是"对特定细胞过程遗留下来的独特化学指纹的系统研究"，即对它们的小分子代谢物谱的研究，是对细胞、组织和器官中所有代谢产物的研究
乳热症	产后疾病。是刚分娩的奶牛/产后奶牛、绵羊或山羊由于产奶过程中体内矿物质储备的过度消耗而引起的疾病
蛋白组学	生物技术的一个分支，涉及将分子生物学、生物化学和遗传学的技术应用于分析由特定细胞、组织或生物的基因产生的蛋白质的结构、功能和相互作用，整理数据库中的信息以及应用数据
还原论方法	将复杂数据和现象简化为简单术语的过程或理论
系统生物学	是复杂生物系统的计算和数学建模。系统生物学是一种应用于生物科学研究的新兴工程学方法，是一种基于生物学的跨学科领域的研究，其致力于用整体方法（整体论而非传统的还原论）对生物系统内部的复杂相互作用进行研究
转录组	是一个细胞或一组细胞中所有信使 RNA 分子的集合

参考文献

Almeida PE, Weber PSD, Burtona JL, et al. 2007. Gene expression profiling of peripheral mononuclear cells in lame dairy cows with foot lesions[J]. Vet Immunol Immunopathol, 120:234–245.

Ametaj BN, Goff JP, Horst RL, et al. 2003. Presence of acute phase response in normal and milk fever dairy cows around parturition[J]. Acta Vet Scand, 44:66.

Ametaj BN, Zebeli Q, Iqbal S. 2010. Nutrition, microbiota, and endotoxin-related diseases in dairy cows[J]. Bras Zootec, 39:433–444.

Ametaj BN. 2015. A systems veterinary approach in understanding transition cow diseases: metabolomics[C]. Proceedings of the 4th international symposium on dairy cow nutrition and milk quality. Advances in fundamental research. Beijing.

Aiumlamai S, Fredriksson G, Kindahl H, et al. 1992. A possible role of endotoxins in spontaneous paretic cows around parturition[J]. Zentralbl Veterinarmed A, 39(1):57–68.

Arnett T. 2003. Regulation of bone cell function by acid-base balance[J]. Proc Nutr Soc, 62:511–520.

Aldred AR, Schreiber G. 1993. The negative phase proteins. In: Acute phase proteins, molecular biology, biochemstry, and clinical applications[M]. London: CRC Press. 21–37.

Bartlet JP. 1967. Induction experimentale d'um syndrome analogue a'la fieure vitulaire par administration de thyrocalcitonin a'des vaches en cours de lactation[J]. CR Acad Sci, 265:1075–1078.

Block E. 1984. Manipulating dietary anions and cations for prepartum dairy cows to reduce incidence of milk fever[J]. J Dairy Sci, 67:2939–2948.

Capen CC, Young DM. 1967. The ultrastructure of the parathyroid glands and thyroid parafollicular cells of cows with parturient paresis and hypocalcemia[J]. Lab Invest, 17:717–737.

Casas E, Leach RJ, Reinhardt TA, et al. 2014. A genomewide association study identified CYP2J2 as a gene controlling serum vitamin D status in beef cattle[J]. Anim Sci, 91:3549–3556.

Clater F. 1814. Every man his own cattle doctor[M]. London:E and H Hods. 143–150.

Chamberlain AT. 1987. The management and prevention of the downer cow syndrome. In: Proceedings of the British Cattle Veterinarians Association, Nottingham, England, pp 20–30.

Dalbeya RE, Wanga P, van Dijl JM, 2012. Membrane proteases in the bacterial protein secretion and quality control pathway[J]. Microbiol Mol Biol Rev, 76:311–330.

DeGaris PJ, Lean IJ. 2008. Milk fever in dairy cows: a review of pathophysiology and control principles[J]. Vet J, 176:58–69.

Deiner C, Reiche M, Lassner D, et al. 2012. Allelic variations in coding regions of the vitamin D receptor gene in dairy cows and potential susceptibility to periparturient hypocalcaemia[J]. Dairy

Res, 79:423–428.

Dryerre H, Greig JR. 1925. Milk fever: its possible association with derangements in the internal secretions[J]. Vet Rec, 5:225–231.

Elo KT, Vilkki J, de Koning DJ, et al. 1999. A quantitative trait locus for live weight maps to bovine chromosome 23[J]. Mamm Genome, 10:831–835.

Eckel EF, Ametaj BN. 2016. Role of bacterial endotoxins in the etiopathogenesis of periparturient diseases of transition dairy cows[J]. J Dairy Sci, 99:5967–5990.

Ender F, Dishington IW, Helgebostad A. 1971. Calcium balance studies in dairy cows under experimental induction and prevention of hypocalcaemic paresis puerperalis. The solution of the aetiology and the prevention of milk fever by dietary means[J]. Z. Z Tierphysiol Tierernahr Futtermittelkd, 28:233–256.

Fikadu W, Tegegne D, Abdela N, et al. 2016. Milk fever and its economic consequences in dairy cows: a review[J]. Global Vet, 16:441–452.

Fredslund F, Jenner L, Husted LB, et al. 2006. The structure of bovine complement component 3 reveals the basis for thioester function[J]. Mol Biol, 361:115–127.

Gallay P, Heumann D, Le Roy D, et al. 1994. Mode of action of anti-lipopolysaccharide-binding protein antibodies for prevention of endotoxemic shock in mice[J]. Proc Natl Acad Sci USA, 91:7922–7926.

Gaynor PJ, Mueller FJ, Miller JK, et al. 1989. Parturient hypocalcemia in Jersey cows fed alfalfa haylage-based diets with different cation to anion ratios[J]. Dairy Sci, 72:2525–2531.

Gluck OS, Murphy WA, Hahn TJ, et al. 1981. Bone loss in adults receiving alternate day glucocorticoid therapy. A comparison with daily therapy[J]. Arthritis Rheum, 24:892–898.

Goff JP, Littledike TE, Horst RL. 1986. Effect of synthetic bovine parathyroid hormone in dairy cows: prevention of hypocalcemic parturient paresis[J]. Dairy Sci, 69:2278–2289.

Goff JP, Reinhardt TA, Horst RL. 1989. Recurring hypocalcemia of bovine parturient paresis is associated with failure to produce 1,25-dihydroxyvitamin D[J]. Endocrinology, 125:49–53.

Goff JP, Horst RL, Mueller FJ, et al. 1991. Addition of chloride to a prepartal diet high in cations increases 1,25-dihydroxyvitamin D response to hypocalcemia preventing milk fever[J]. Dairy Sci, 74:3863–3871.

Goff JP, Horst RL. 1993. Oral administration of calcium salts for treatment of hypocalcemia in cattle[J]. J Dairy Sci, 76:101–108.

Goff JP, Horst RL. 1994. Calcium salts for treating hypocalcemia: carrier effects, acid-base balance, and oral versus rectal administration[J]. Dairy Sci, 77:1451–1456.

Goff JP, Reinhardt TA, Beitz DB, et al. 1995. Breed affects tissue vitamin D receptor concentration in periparturient dairy cows: a milk fever risk factor?[J]. Dairy Sci, 78:184.

Goff JP. 2008. The monitoring, prevention, and treatment of milk fever and subclinical hypocalcemia in dairy cows[J]. Vet J, 176:50-57.

Goff JP, Liesegang A, Horst RL. 2014. Diet-induced pseudohypoparathyroidism: a hypocalcemia and milk fever risk factor[J]. Dairy Sci, 97:1520-1528.

Garner B, Waldeck AR, Witting PK, et al. 1998. Oxidation of high density lipoproteins. II. Evidence for direct reduction of lipid hydroperoxides by methionine residues of apolipoproteins AI and AII[J]. Biol Chem, 273:6088-6095.

Goings RL, Jacobson NL, Beitz DC, et al. 1974. Prevention of parturient paresis by a prepartum, calcium-deficient diet[J]. Dairy Sci, 57:1184.

Hahn TJ, Halstead LR, Baran DT. 1981. Effects of short term glucocorticoid administration on intestinal calcium absorption and circulating vitamin d metabolite concentrations in man[J]. Clin Endocrinol Metab, 52:111-115.

Henderson JA. 1938. Dairy cattle reproduction statistics[J]. Cornell Vet, 28:173-195.

Hibbs JW, Krauss WE, Pounden WD, et al. 1946. Studies on milk fever in dairy cows. II. The effect of vitamin D on some of the blood changes in normal and milk fever cows at parturition[J]. Dairy Sci, 29:767-782.

Hiibbs JW. 1950. Milk fever (parturient paresis) in dairy cows: a review[J]. Dairy Sci, 33:758-789.

Hollis BW, Draper HH, Burton JH, et al. 1981. A hormonal assessment of bovine parturient paresis: Evidence for a role of oestrogen[J]. Endocrinol, 88:161-171.

Horst RL, Goff JP, Reinhardt TA, et al. 1997. Strategies for preventing milk fever in dairy cattle[J]. Dairy Sci, 80:1269-1280.

Horst RL, Jorgensen NA. 1982. Elevated plasma cortisol during induced and spontaneous hypocalcemia in ruminants[J]. Dairy Sci, 65:2332-2337.

Hossein-Zadeh NG, Ardalan M. 2011. Bayesian estimates of genetic parameters for metritis, retained placenta, milk fever, and clinical mastitis in Holstein dairy cows via Gibbs sampling[J]. Res Vet Sci, 90:146-149.

Hutyra F, Marek J. 1926. In: Eger A (ed) Special pathology and therapeutics of diseases of domestic animals[M]. 3rd edn. Chicago: 514.

Hutyra F, Marek J, Manniger R. 1938. In: Eger A (ed) Special pathology and therapeutics of the diseases of domestic animals[M]. Chicago: JR Greig: 217.

Hwang SR, Garza CZ, Wegrzyn JL, et al. 2005. Demonstration of GTG as an alternative initiation codon for the serpin endopin 2B-2[J]. Biochem Biophys Res Commun, 327:837-844.

Ishida S, Yonezawa T, Eirai S, et al. 2013. Hormonal differences in peripheral blood and gene profiling in the liver and lymphocytes in Japanese black cattle with growth retardation[J]. Vet Med Sci, 75:17–25.

Kusumanti E, Agger JF, Jensen K. 1993. Association between incidence risk of milk fever and lactation number, breed and season[J]. Acta Vet Scand, 89:141.

Kichura TS, Horst RL, Beitz DC, et al. 1982. Relationships between prepartal dietary calcium and phosphorus, vitamin D metabolism, and parturient paresis in dairy cows[J]. Nutr, 112:480.

Lean IJ, Degaris PJ, Mcneil DM, et al. 2006. Hypocalcemia in dairy cows: meta-analysis and dietary cation anion difference theory revisited[J]. Dairy Sci, 89:669–684.

Littledike ET, Whipp SC, Witzel DA, et al. 1970. Insulin, corticoids and parturient paresis[M]. In: JJB A (ed) Parturient hypocalcemia. Academic, New York.

Littledike ET, Horst RL. 1982. Inappropriate plasma 1,25(OH)2D response to parturient hypocalcemia in cows treated with vitamin D3, 1,25(OH)2D3, or 1,25,26-(OH)3D3 prepartum[M]. In: Vitamin D, chemical, biochemical and clinical endocrinology of calcium metabolism: 475.

Lin HK, Oltenacu PA, Van Vleck LD, et al. 1989. Heritabilities of and genetic correlations among six health problems in holstein cows[J]. Dairy Sci, 72:180–186.

Loor JJ, Everts RE, Bionaz M, et al. 2007. Nutrition-induced ketosis alters metabolic and signaling gene networks in liver of periparturient dairy cows[J]. Physiol Genomics, 32:105–116.

Lutzow YCS, Donaldson L, Gray CP, et al. 2008. Identification of immune genes and proteins involved in the response of bovine mammary tissue to Staphylococcus aureus infection[J]. BMC Vet Res, 4:18.

Lyons DT, Freeman AE, Kuck AL. 1991. Genetics of health traits in Holstein cattle[J]. Dairy Sci, 74:1092–1100.

Mannstadt M, Harris M, Bravenboer B. 2013. Germline mutations affecting Galpha11 in hypoparathyroidism[J]. N Engl J Med, 368:2532–2534.

Marshak RR. 1956. Studies on parturient paresis in dairy cows with particular reference to udder insufflation[J]. AVMA, 128:423.

Mayer GP, Blum JW, Deftos LJ. 1975. Diminished prepartal plasma calcitonin concentration in cows developing parturient hypocalcemia[J]. Endocrinology, 96:1478–1485.

Metzger HJ. 1936. A case of tetany with hypomagnesemia in a dairy cow[J]. Cornell Vet, 26:353–357.

Munford RS, Hall CL, Dietschy JM. 1981. Binding of Salmonella typhimurium lipopolysaccharides to rat high-density lipoproteins[J]. Infect Immun, 34:835–843.

Nesbit MA, Hannan FM, Howles SA, et al. 2013. Mutations affecting G-protein subunit alpha11 in hypercalcemia and hypocalcemia[J]. N Engl J Med, 368:2476–2486.

Ohtsuka H, Fukuda S, Kudo K, et al. 2013. Changes in leukocyte populations of cows with milk fever or displaced abomasum after calving[J]. Can J Vet Res, 77:226–230.

Pryce JE, Veerkamp RF, Thopson R, et al. 1997. Genetic aspects of common health disorders and measures of fertility in Holstein Friesian dairy cattle[J]. Anim Sci, 65:353–360.

Pryce JE, Parker Gaddis KL, Koeck A, et al. 2016. Invited review: opportunities for genetic improvement of metabolic diseases[J]. Dairy Sci, 99:6855–6873.

Reinhardt TA, Lippolis JD, McCluskey BJ, et al. 2011. Prevalence of subclinical hypocalcemia in dairy herds[J]. Vet J, 188:122–124.

Rosen FS, Skarnes RC, Landy M, et al. 1958. Inactivation of endotoxin by a humoral component. III. Role of divalent cations and a dialyzable component[J]. Exp Med, 108:701–711.

Sasaki K, Yamagishi N, Kizaki K, et al. 2014. Microarray-based gene expression profiling of peripheral blood mononuclear cells in dairy cows with experimental hypocalcemia and milk fever[J]. Dairy Sci, 97:247–258.

Sahu A, Lambris JD. 2001. Structure and biology of complement protein C3, a connecting link between innate and acquired immunity[J]. Immunol Rev, 180:35–48.

Schmidt JJ. 1897. Studier og forsog over kalvnlngsfeberens, aarsag og behandling[J]. Maanedsskrift fiir Dyrlaeger, 9:228.

Shire JA, Beede DK. 2013. DCAD revisited: Prepartum use to optimize health and lactational performance[C]. In: Proceedings of the 28th annual Southwest Nutrition and Management, vol 86: 1–11.

Shu S, Xia C, Zhang H, et al. 2014. Plasma proteomics analysis of dairy cows with milk fever using SELDI-TOF-MS[J]. Asian J Anim Vet Adv, 9:1–12.

Sun Y, Xu C, Li C, et al. 2014. Characterization of the serum metabolic profile of dairy cows with milk fever using ^{1}H-NMR spectroscopy[J]. Vet Q, 34:159–163.

Thilsing-Hansen T, Jørgensen RJ, Enemark JMD, et al. 2002. The effect of zeolite a supplementation in the dry period on periparturient calcium, phosphorus, and magnesium homeostasis[J]. Dairy Sci, 85:1855–1862.

Thompson JR. 1984. Genetic interrelationships of parturition problems and production[J]. Dairy Sci, 67:628–635.

Turk R, Piras C, Kovačić M, et al. 2012. Proteomics of inflammatory and oxidative stress response in cows with subclinical and clinical mastitis[J]. Proteomics, 75:4412–4428.

Uribe HA, Kennedy BW, Martin SW, et al. 1995. Genetic parameters for common health disorders of Holsteins[J]. Dairy Sci, 78:421–430.

Van Mosel M, Van't Klooster AT, Van Mosel, et al. 1993. Effects of reducing dietary [(Na$^+$ + K$^+$)−(Cl$^-$+SO$_4^{2-}$=)] on the rate of calcium mobilisation by dairy cows at parturition[J]. Res Vet Sci,

54:1–9.

Xia C, Zhang HY, Wu L, et al. 2012. Proteomic analysis of plasma from cows affected with milk fever using two-dimensional differential in-gel electrophoresis and mass spectrometry[J]. Res Vet Sci, 93:857–861.

Waldron MR, Nonnecke BJ, Nishida T, et al. 2003. Effect of lipopolysaccharide infusion on serum macromineral and vitamin D concentrations in dairy cows[J]. Dairy Sci, 86:3440–3446.

Yasothornsrikul S, Greenbaum D, Medzihradszky KF, et al. 2003. Cathepsin L in secretory vesicles functions as a prohormone-processing enzyme for production of the enkephalin peptide neurotransmitter[J]. Proc Natl Acad Sci USA, 100:9590–9595.

Zebeli Q, Beitz DC, Bradford BJ, et al. 2013. Peripartal alterations of calcitonin gene-related peptide and minerals in dairy cows affected by milk fever[J]. Vet Clin Pathol, 42:70–77.

Zhang G, Hailemariam DW, Dervishi E, et al. 2014. Activation of innate immunity in transition dairy cows before clinical appearance of milk fever[C]. In: Abstract of the joint annual meeting (JAM), Kansas City Missouri, USA, 20–24 July 2014.

Zwald NR, Weigel KA, Chang YM, et al. 2004. Genetic selection for health traits using producer- recorded data. II. Genetic correlations, disease probabilities, and relationships with existing traits[J]. Dairy Sci, 87:4295–4302.

词汇表

A

Acute laminitis 急性蹄叶炎
Acute phase proteins (APPs) 急性期蛋白（APPs）
 ELISA-kit based immune-assays 基于ELISA（Enzyme-linked immunosorbent assay，酶联免疫吸附试验）试剂盒的免疫分析方法
 mastitis 乳房炎
  haptoglobin 结合珠蛋白
  immunoassay analysis 免疫分析
  measurement in milk 在牛奶中检测
  production mechanism 产生机制
  proteomics analysis 蛋白质组学分析
 upregulation 上调
Acute phase response (APR) 急性期反应（APR）
Acyl-CoA dehydrogenase (ACAD) 酰基辅酶 A 脱氢酶（ACAD）
Adenosine triphosphate (ATP) 三磷腺苷（ATP）
Albumin 白蛋白
Amino acid metabolism 氨基酸代谢
Aminopeptidases 氨肽酶
Antibody-mediated immunity 抗体介导的免疫
Antigen presenting cells (APCs) 抗原递呈细胞（APCs）
Antimicrobial peptides 抗菌肽/抗微生物肽
ArrayExpress EBI 旗下的公共数据库，用于存放芯片和高通量测序的相关数据
Autosomal-dominant hypocalcemia (ADH) 常染色体显性遗传低钙血症（ADH）

B

Bacterial membrane-associated proteases 细菌膜相关蛋白酶
Bacterial toxins 细菌毒素
Bacteroidetes 拟杆菌
Binder of SPerm 1 (BSP1) protein 精子结合蛋白 1(BSP1)
Binuclear cells 双核细胞
Bovine functional genomics 牛功能基因组学
Bovine Genome Sequencing and Analysis Consortium (BGSAC) 牛基因组测序联盟
Bovine HapMap Consortium 牛单体型图计划联盟
Bovine metabolome database (BMDB) 牛代谢组数据库(BMDB)

C

Calcitonin gene-related peptide (CGRP)　降钙素基因相关肽 (CGRP)

California mastitis test (CMT)　加州乳房炎试验 (CMT)

Canadian Holstein dairy cows　加拿大荷斯坦奶牛

Cattle gastrointestinal tract microbiota　牛胃肠道微生物群

    Clostridium spp.　梭菌属

    fatty liver　脂肪肝

    fermentable carbohydrate consumption　可发酵碳水化合物的消耗

    Gram-negative bacteria　革兰氏阴性菌

    intestinal microbiota　肠道微生物群

        bacterial core　核心菌群

        Firmicutes　厚壁菌门

        intestine function　肠功能

        Proteobacteria　变形菌门

    metabolites　代谢物

    potential pathologies　潜在病理

        bacteria phyla　细菌门类

        ethanolamine　乙醇胺

        N-nitrosodimethylamine　N- 亚硝基二甲胺

        Phenylacetate　乙酸苯酯

        putrescine metabolism　腐胺代谢

    total number of bacteria　细菌总数

Cell-mediated immunity　细胞介导的免疫

Chronic laminitis　慢性蹄叶炎

Classical MHC I　经典主要组织相容性复合体 -1

Clinical mastitis (CM)　临床型乳房炎（CM）

Corpus luteum (CL)　黄体 (CL)

CpG dinucleotides　CpG 二核苷酸 / 胞嘧啶 - 鸟嘌呤二核苷酸

Culling rates　淘汰率

Cytotoxic T lymphocytes (CTLs)　细胞毒性 T 淋巴细胞 (CTL)

D

Dehydroepiandrosterone (DHEA)　脱氢表雄酮 (DHEA)

Dex delayed neutrophil apoptosis　地塞米松引起的迟发性中性粒细胞凋亡

Dex treatment　地塞米松治疗

    functional genomics　功能基因组学

Dietary cation–anion difference (DCAD)　膳食日粮阳离子 - 阴离子差 (DCAD)

DNA methyltransferases (DNMT)　DNA 甲基转移酶 (DNMT)

Dry matter intake (DMI)　干物质摄入量 (DMI)

E

Endocrine factors　内分泌因素

Energy metabolism　能量代谢

    ketosis　酮病

    spermatozoa　精子

    stratum basale and spinosum　基底层和棘层

Enkephalin peptide　脑啡肽

Epigenetics　表观遗传学

    DNA methylation　DNA 甲基化

        CpG sites　胞嘧啶 - 鸟嘌呤二核苷酸位点

        definition　定义

DNMT1 and *DNMT3A* mRNA Levels　DNA 甲基转移酶 1 和 DNA 甲基转移酶 3A 的 mRNA 转录水平

hepatic steatosis　肝脏脂肪变性

hypermethylation　超甲基化

mechanisms　机制

methionine　甲硫氨酸

mtDNA methylation　线粒体 DNA 甲基化

MT-ND6　线粒体编码的 NADH 脱氢酶 6

NAFLD　非酒精性脂肪肝

miRNA　microRNA　微小 RNA/微 RNA

　acetyl-CoA synthase　乙酰辅酶 A 合成酶

　apoptosis　细胞凋亡

　Bos taurus　家牛、黄牛、欧洲牛

　classical lipogenic enzymes　经典脂肪合成酶

　cysteine and methionine metabolism　半胱氨酸和蛋氨酸代谢

　fatty acid metabolism　脂肪酸代谢

　folate biosynthesis　叶酸生物合成

　gluconeogenesis　糖异生

　glutathione metabolism　谷胱甘肽代谢

　hepatic VLDL synthesis　肝脏极低密度脂蛋白合成

　in silico approach　用计算机方法

　insulin signaling pathway　胰岛素信号通路

　miRNA-122　微 RNA/微小 RNA-122

　one carbon pool by folate　叶酸碳库

　oxidative phosphorylation　氧化磷酸化

　peroxisome　过氧化物酶体

　PPAR signaling pathway　过氧化物酶体增殖物激活受体（PPAR）信号通路

　SREBF1　甾醇受体元件结合蛋白 1 固醇调节元件结合转录因子 1

　SREBP-1 induced mitochondrial lipid oxidation　SREBP-1（固醇调节元件结合蛋白 1）诱导的线粒体脂质氧化

　TAG accumulation　甘油三酯积累

　TAG analysis　甘油三酯分析

　vitamin B6 metabolism　维生素 B6 代谢

Estimated breeding value (EBV)　估计育种值（EBV）

F

Fatty liver　脂肪肝

　holistic approach (see Holistic approach, bovine fatty liver disease)　整体方法 (见整体方法，牛脂肪肝)

　liver biopsy　肝脏活检

　in nonruminants　在非反刍动物中

　omics approaches　组学方法

　pathophysiology　病理生理学

　　downer cows　倒地牛（卧地不起综合征患牛）

　　NEB　negative energy balance　能量负平衡

　　NEFA　non-esterified fatty acids　游离脂肪酸

　　TAG concentrations　甘油三酯浓度

　　VLDL　very-low density lipo-proteins　极低密度脂蛋白

Fertility assessment　繁殖力评估

　gel-free high throughput proteomics　无凝胶高通量蛋白质组学

morphological features 形态特征

NGS Next generation sequencing 下一代测序

proteomic workflow 蛋白质组工作流程

transcriptomic workflow 转录组工作流程

see also Subfertility and infertility 另见生育能力低下和不育不孕症

Fibrinogen beta chain 纤维蛋白原 β 链

Firmicutes 厚壁菌门

Functional genomics, immunosuppression 功能基因组学、免疫抑制

 blood cortisol levels 血液皮质醇水平

 bovine neutrophils 牛中性粒细胞

 extracellular matrix degradation 细胞外基质降解

 glucocorticoids 糖皮质激素

 leukocyte RNA 白细胞 RNA

 macrophage dysfunction 巨噬细胞功能障碍

G

Gamete quality 配子质量

 maturation process 成熟过程

 oocytes and ovaries 卵母细胞和卵巢

 seminal plasma 精浆

 cauda epididymal fluid 附睾尾液

  epididymosomes 附睾小体

  luminal and secreted proteins 管腔蛋白和分泌蛋白

  nucleobindin 核结合蛋白/核结合素

  proteins and microRNA list, 蛋白质和微RNA 的列表

  epididymis 附睾

cell fractionation technique 细胞分离技术

detergent-extracted sperm proteins 洗涤剂提取的精子蛋白

ERCR+ and ERCR– bulls ERCR+（预测相对受胎率）和 ERCR- 的公牛

fertility biomarkers 繁殖力生物标记物

gender selection 性别选择

HF bulls 高繁殖力公牛

maturation 成熟

microarray hybridization technique 微阵列杂交技术

NGS technique Next generation sequencing technique 下一代测序技术

pyriform sperm 梨形精子

seminiferous tubules 曲细精管

spermatic RNA population 精液 RNA 群体群

sperm surface proteome 精子表面蛋白质组

subcellular fractionation 亚细胞分离

suppression-subtractive hybridization 抑制-消减杂交

Tektin-4 哺乳动物精子鞭毛致密纤维中分泌的一种与精子运动相关的蛋白

Gas chromatography-mass spectroscopy (GC-MS) 气相色谱-质谱法（GC-MS）

Gene Expression Omnibus (GEO) 基因表达综合数据库（GEO）

Genetics 遗传学

Genome-wide association studies (GWAS) 全基因组关联研究（GWAS）

 CYP2J2 细胞色素 P450 氧化酶 2J2

 immunosuppression 免疫抑制

 lameness and laminitis 跛行和蹄叶炎

retained placenta 胎盘滞留

Genomics 基因组学

    Bos indicus genome sequence 瘤牛基因组序列

    Bos taurus genome sequence 黄牛基因组序列

    CXCR1 gene codes C-X-C 趋化因子受体 1（CXCR1）基因编码

    host–pathogen interactions 宿主 - 病原体相互作用

    streptococcus uberis 乳房链球菌

    TLR Toll-like receptors Toll 样受体

Glucocorticoids, immunosuppression 糖皮质激素，免疫抑制

    neutrophils 中性粒细胞

    protein expression 蛋白质表达

Glutathione-S-transferase (GST) 谷胱甘肽 -S- 转移酶（GST）

H

Haptoglobin (Hp) 结合珠蛋白 (HP)

Hepatic lipidosis 肝脂沉积症

Holistic approach, bovine fatty liver disease 整体方法，牛脂肪肝

    adaptation to lactation 对哺乳期的适应

    ad libitum feeding 自由采食

    bioinformatics analysis 生物信息学分析

    cellular adaptations 细胞适应

    dry period and early lactation 干奶期和泌乳早期

    endotoxins 内毒素

    energy density of diet 日粮的能量密度

    hepatic transcriptome 肝脏转录组

    high-grain diets 高精料日粮

    lipoproteins 脂蛋白

    metabolite profile changes 代谢谱的变化

    parturition 分娩

    predisposing factor 易感因素

    quantitative metabolomics technique 定量代谢组学技术

    transcription regulators 转录调节因子

    biomarker discovery 生物标志物的发现

    ketosis and feed restriction models 酮病和限饲模型

Hoof anatomy 蹄解剖学

Hyperketonemia, see Ketosis 高酮血症，参见酮症

Hypocalcemia 低血钙症

    biomarker genes 生物标记基因

    calcitonin 降血钙素

    endotoxemia 内毒素血症

    low Ca diets 低钙日粮

    LPS, intravenous infusion 脂多糖，静脉输液

    plasma albumin 血浆白蛋白

    PTH secretion 甲状旁腺素分泌

    subclinical 亚临床的

    susceptibility 易感性

    vitamin D_3 维生素 D_3

Hypoparathyroidism 甲状旁腺功能减退

Hypothalamus-pituitary-adrenal (HPA) axis 下丘脑 - 垂体 - 肾上腺轴 (HPA)

I

IgG heavy-chain C-region (IgG-CH) IgG 重链 C 区 (IgG-CH)

Immunoglobulins 免疫球蛋白
Immunology 免疫学
 adaptive immunity 适应性免疫
 antigens 抗原
 B cells, antibody production B细胞，抗体产生
 foreign pathogen recognition 外来病原体识别
 innate immunity 先天性免疫
 macrophages 巨噬细胞
Immunosuppression 免疫抑制
 antimicrobial functions 抗微生物功能
 calf health 犊牛健康
 cytokines and APPs 细胞因子与急性期蛋白
 disease susceptibility 疾病易感性
 impaired neutrophil chemotaxis 中性粒细胞趋化性受损
 lymphocyte proliferation 淋巴细胞增殖
 productivity 繁殖力
 systems veterinary contribution functional genomics 系统兽医对功能基因组学的贡献
Inducible nitric oxide synthase (iNOS) 诱导型一氧化氮合酶 (iNOS)
Infra-red thermography (IRT) 红外热像仪 (IRT)
Insoluble caseins 不溶性酪蛋白
Intestinal microbiota 肠道微生物群
Isobaric tag for relative and absolute quantitation (iTRAQ) 同位素标记相对和绝对定量 (iTRAQ)

K

Ketosis 酮病
 Classification 分类
 data integration 数据集成
 etiology 病因学；病原学
 future directions 未来方向
 glucose homeostasis 葡萄糖稳态
 incidence rate 发病率
 ketone bodies 酮体
 network models and pathways 网络模型和途径
 lipid metabolism (see Lipid metabolism) 脂质代谢 (参见脂质代谢)
 other metabolic pathways 其他代谢途径
 protein metabolism 蛋白质代谢
 omics-based systems biology approaches 基于组学的系统生物学方法
 genomics and transcriptomics 基因组学与转录组学
 metabolomics (see Metabolomics, ketosis) 代谢组学 (参见代谢组学，酮病)
 proteomics 蛋白质组学
 omics sciences contribution 组学科学贡献
 reductionist approach 还原论方法
 systems-level properties 系统级属性
 treatment strategies 治疗策略

L

Lameness 跛行
 history 历史
 mild forms 温和形式

weight transfer　重量转移
Laminitis　蹄叶炎
　　cellular events　细胞事件
　　hyperinsulinemia　高胰岛素血症
　　iNOS induction　iNOS 诱导
　　keratinocyte growth factor　角质形成细胞生长因子
　　leukocyte expression　白细胞表达
　　metabolic theory　代谢理论
　　middle Ages　中世纪
　　omics sciences　组学科学
　　　　hypothetical multisystems model　多系统模型假说
Lipid metabolism　脂质代谢
　　ACAA1 and *ACOX1*　乙酰辅酶 A 酰基转移酶 1 和酰基辅酶 A 氧化酶 1
　　ACADL gene　长链酰基辅酶 A 脱氢酶基因
　　ACAT1 and *BDH1*　乙酰辅酶 A 乙酰转移酶 1 与 3- 羟基丁酸脱氢酶 - 1 型
　　ACAT2 and *HCDH*　乙酰辅酶 A 乙酰转移酶 2 与 3- 羟酰辅酶 A 脱氢酶
　　ACAT1 gene　乙酰辅酶 A 乙酰转移酶 1 基因
　　ACSL gene　酰基辅酶 A 合成酶长链基因
　　de novo fatty acid synthesis　从头合成脂肪酸
　　FABP3 and *SLC27A2*　脂肪酸结合蛋白 3 和溶质载体家族 27(脂肪酸转运体)-成员 2
　　FADS1 and *FADS2* genes　脂肪酸去饱和酶 1 与脂肪酸去饱和酶 2 基因
　　FASN and *ACACA*　脂肪酸合成酶与乙酰辅酶 A 羧化酶

　　FGF21　成纤维细胞生长因子 21
　　hepatic disruption　肝脏受损
　　HMGCS　3- 羟基 -3- 甲基戊二酰辅酶 A 合成酶
　　lipid catabolism-related genes　脂质分解代谢相关基因
　　lipogenesis and mitochondrial β -oxidation albeit　脂肪生成与线粒体 β 氧化
　　liver enzymes　肝酶
　　microarray and qPCR based transcriptomics　基于基因微阵列和定量 PCR 的转录组学
　　MUFA synthesis　单不饱和脂肪酸合成
　　NMR-based metabolomics analyses　基于核磁共振的代谢组学分析
　　phospholipid pathway　磷脂途径
　　plasma metabolic profiling　血浆代谢谱
　　PUFA synthesis　多不饱和脂肪酸合成
　　regulator genes　调节基因
Lipopolysaccharide (LPS)　脂多糖 (LPS)
　　abnormal keratin production　角蛋白产生异常
　　bacterial endotoxins　细菌内毒素
　　cell cultures　细胞培养物
　　E. coli　大肠杆菌
　　endometrial cells　子宫内膜细胞　109
　　free rumen　游离的瘤胃
　　impact　影响
　　intraven ous administration　静脉给药
　　intravenous infusion　静脉输液
　　and lipoteichoic acid　脂磷壁酸
　　Lp-associated LPS　脂蛋白（LP）相关的脂多糖 (LPS)
　　main source　主要来源

neutralization 中和作用

proinflammatory effects 致炎作用

stimulation 刺激

translocation 易位

transmigration 迁移

LPS-binding protein (LBP) synthesis 脂多糖结合蛋白 (LBP) 的合成

LPS-induced systemic inflammation LPS 诱导的全身性炎症

M

Major histocompatibility complex (MHC I) 主要组织相容性复合体 (MHC I)

Major monounsaturated fatty acid (MUFA) synthesis 主要单不饱和脂肪酸 (MUFA) 的合成

Mammary-associated serum amyloid A3 (M-SAA3) 乳腺相关血清淀粉样蛋白 A3

Mastitis 乳房炎

  current and future perspectives 当前和未来的展望

  detection and monitoring 检测和监控

    ATP concentration 三磷腺苷（ATP）浓度

    bacteriological culture 细菌学培养

    Lactose 乳糖

    leukocyte migration 白细胞迁移

    SCC 体细胞计数

  genomic investigations 基因组研究

    CXCR1 gene codes C-X-C 趋化因子受体 1（CXCR1）基因编码

    host–pathogen interactions 宿主 - 病原体相互作用

  metabolomic investigation 新陈代谢研究

  microbiome investigations 微生物组研究

  pathogenesis 发病机理

  peptidomic investigation 肽组学研究

  peri-parturient period 围产期

  proteomic investigation 蛋白质组学研究

    4-plex iTRAQ method 4 种同位素标记相对和绝对定量技术

    Fractionation techniques 分馏技术

    high-abundance proteins 高丰度蛋白质

    host response 宿主反应

    label-free quantitative proteomics method 无标记定量蛋白质组学方法

    low-abundance milk proteins 低丰度乳蛋白

    2-DE method 双向凝胶电泳法

  Streptococcus uberis 乳房链球菌

  subclinical mastitis 亚临床型乳房炎

  systems biology 系统生物学

  transcriptomic investigations 转录组研究

    APPs, immunoassay analysis 急性期蛋白，免疫测定分析

    beta-defensins β - 防御素

    immune responses 免疫反应

    lipid biosynthesis 脂类的生物合成

    microarrays and RNA sequencing 微阵列和 RNA 测序

Matrix-assisted laser desorption ionisation– mass spectrometry (MALDI-MS) 基质辅助激光解吸电离 - 质谱法

Matrix metalloproteinase-9 (MMP-9) 基质金属蛋白酶 -9

Metabolic disease 代谢性疾病

  anemia of inflammation 炎症性贫血

  Ca concentration 钙离子浓度

chronic inflammatory state　慢性炎症状态
endotoxemia　内毒素血症
hereditary/inborn errors　遗传性／先天错误
homeostasis　内稳态
iron deficiency　缺铁
normal concentration, blood
metabolite　正常浓度，血液代谢物
physiological stage　生理阶段
TNF and IL-1 β　肿瘤坏死因子与白介素 1-β

Metabolic stress　代谢应激
Metabolomics　代谢组学
　　biomarker identification　生物标记物鉴定
　　GC-MS based metabolomics approach　基于气相色谱-质谱联用的代谢组学方法
　　^{1}H-NMR-based metabolomics　基于核磁共振氢谱（^{1}H-NMR）的代谢组学研究
　　LC-MS　液相色谱-质谱仪
　　mass spectrometry (MS)　质谱 (MS)
　　metabolic status　代谢状态
　　milk GPC/PC ratio　牛奶的甘油磷酸胆碱（GPC）/磷酸胆碱（PC）比值
　　multivariate analyses　多变量分析
　　nuclear magnetic resonance (NMR)　核磁共振 (NMR)
　　serum metabolites　血清代谢物
Microarrays　微阵列
　　cDNA microarray analysis　cDNA 微阵列分析
　　human PMN　人多形核白细胞
　　hybridization gene differential expression　杂交基因差异表达
　　hybridization technique　杂交技术
　　mRNA expression　mRNA 表达
　　in SARA cows　亚急性瘤胃酸中毒奶牛
　　transcriptome　转录组
Milk fever　乳热症
　　disease pathobiology　疾病病理生物学
　　　inflammatory conditions　炎症状况
　　　systems veterinary approach(see Systems biology approach, milk fever)　系统兽医方法(参见系统生物学方法，乳热症)
　　historical perspective　历史视角
　　predisposing factors　易感因素
　　　diet　日粮
　　　genetic factors　遗传因素
　　　and impact on cow's performance　对奶牛生产性能的影响
　　　parity　胎次
　　reductionist approach 还原论方法
　　　$CaCl_2$　氯化钙
　　　calcitonin hypersecretion　降钙素过度分泌
　　　Ca solutions　钙溶液
　　　cortisol, excessive production　皮质醇，过度生产
　　　1,25-dihydroxyvitamin D3　1,25-二羟基维生素 D3
　　　inorganic acids　无机酸
　　　potassium iodide injection　碘化钾注射液
　　　prevention and treatment methods　预防和治疗方法
　　　PTH　甲状旁腺素

vitamin D 维生素 D
Mitochondrial encoded NADH dehydrogenase 6 (MT-ND6) 线粒体编码的 NADH 脱氢酶 6（MT-ND6）
Mitochondrial genome (mtDNA) 线粒体基因组
Methylation 甲基化

N

Natural Killer cells 自然杀伤细胞
Negative energy balance (NEB) 能量负平衡 (NEB)
 functional genomics 功能基因组学
  biomarker 生物标志物
  hypothesis 假说
  milk proteome changes 牛奶蛋白质组的变化
  primary cause 主要原因
 period of 期间
Neuroendocrine secretory protein (NESP55) 神经内分泌蛋白
Next-generation sequencing (NGS)
 technology 下一代测序 (NGS) 技术
N-nitrosodimethylamine, N- 亚硝基二甲胺
Nonalcoholic fatty liver disease (NAFLD) 非酒精性脂肪肝病 (NAFLD)
 high-fat diet (HFD) 高脂肪饮食 (HFD)
 ROS detoxification 活性氧解毒
Nonclassical MHC I 非经典主要组织相容性复合体Ⅰ（MHCⅠ）
Non-esterified fatty acids (NEFA) 游离脂肪酸
  and BHBA β- 羟基丁酸
  cellular respiration and β-oxidation 细胞呼吸与 β 氧化
 concentrations 浓度
 hepatic lipidosis and ketosis 脂肪沉积和酮症
 hepatic oxidation 肝脏氧化
 influx 汇集
 metabolites 代谢物
 oxidative stress 氧化应激
 TAG hydrolysis 甘油三酯水解

O

Omics sciences 组学科学
 Characteristic 特征
 dairy science community 乳品科学联盟
 hypothesis-generating experiments 假设生成试验
 peripartal disease athophysiology 围产期疾病病理生理学
Operational taxonomic units (OTU) 操作分类单位（OTU）
Oxidative stress 氧化应激
 antioxidant supplementation 补充抗氧化剂
 cellular respiration and β-oxidation 细胞呼吸与 β 氧化
  abnormal cellular proliferation-associated pathways 异常细胞增殖相关通路
  antioxidants 抗氧化剂
  hepatic oxidative stress 肝脏氧化应激
 molecular pathogenesis, pyriform sperm 致病分子机制，梨状精子
 Nrf-2-mediated oxidative stress NRF-2 介导的氧化应激
 putrescine metabolism 腐胺代谢

vitamin E 维生素 E

P

Parathyroid hormone (PTH) 甲状旁腺激素（PTH）

Pathogen-associated molecular patterns (PAMPs) 病原体相关分子模式（PAMPs）

Pattern-recognition receptors (PRRs) 模式识别受体（PRRs）

PeptideAtlas 肽链数据库

Peptidome 肽组

Periparturient diseases 围产期疾病
    cow sacrifice for milk production 为生产牛奶而牺牲奶牛
    etiopathology 病因病理学
    feeding systems 供料系统
    metabolic disease 代谢性疾病
        anemia of inflammation 炎症性贫血
        Ca concentration 钙离子浓度
        chronic inflammatory state 慢性炎症状态
    metritis 子宫炎
    production disease 生产疾病
    reductionist philosophy 还原主义哲学
    systems biology approach advantage 系统生物学方法优势
        philosophy 哲学
        vs. reductionist approach 对比还原论方法

Phenylacetate 乙酸苯酯

Piwi-interacting RNAs (piRNAs) Piwi 相互作用 RNA

Polymorphic antigens 多态性抗原

Polyunsaturated fatty acid (PUFA) synthesis 多不饱和脂肪酸 (PUFA) 合成

Pregnenolone 孕烯醇酮

Primary veterinary prevention approach 初级兽医预防方法

Probe-based chips 基于探针的芯片

Production disease 生产疾病

Prostaglandin F2α (PGF2α) 前列腺素 F2α（PGF2α）

Protein metabolism 蛋白质代谢

Proteobacteria 变形杆菌

Proteomics 蛋白质组学

Pseudohypoparathyroidism 假性甲状旁腺功能减退症

Q

Quantitative real-time PCR (qRT-PCR) 实时定量 PCR

Quantitative trait locus (QTL) 数量性状位点（QTL）

R

Reactive oxygen species (ROS) 活性氧簇（ROS）
    blood cortisol levels 血液皮质醇水平
    detoxification 解毒
    NEFA-induced overactivation 游离脂肪酸诱导的过度激活
    oxidative stress 氧化应激

Reductionist approach 还原论方法
    disadvantage 缺点
    fatty liver detection 脂肪肝检测
        cytokines and APPs 细胞因子与急性期反应蛋白
        systems veterinary contribution 系统

兽医的贡献

multifactorial etiology 多因素病因学

nutritional management techniques 营养管理技术

omics 组学

peripartal immune dysfunctions 围产期免疫功能障碍

 endocrine factors 内分泌因素

 hormone profile changes 激素谱变化

 metabolic stress 代谢应激

 nutritional requirements 营养需求

 oxidative stress 氧化应激

vs. systems biology approach predictive, preventive, and individualized medicine 系统生物学方法预测性、预防性和个体化医学

 switching paradigms 切换模式

Retained placenta (RP) 胎衣不下（RP）

 average incidence rate 平均发病率

 caruncle 子宫阜

 consequences 结果

  infertility 不孕不育

  reduction in milk yield 产奶量减少

  uterus infection 子宫感染

 cotyledon 子叶

 cotyledonary 子叶的

 economic losses 经济损失

 fetal membrane expulsion 胎衣排出

 noninvasive/syndesmochorial placentas 非侵入式/结缔绒毛膜胎盘

 parturition 分娩

  classical MHC I with paternal antigens 带有父源抗原的经典 MHC Ⅰ

  fetal cortisol 胎儿皮质醇

  HPA axis 下丘脑-垂体-肾上腺轴

  relaxin 松弛素

  serotonin 5-羟色胺（又称血清素）

  trophoblast 滋养层细胞

 placentomes 胎盘

 predisposing factors 易感因素

  genetic factors 遗传因素

  inflammation 炎症

  macrophage dysfunctions 巨噬细胞功能障碍

  nutritional deficiencies 营养缺乏症

  parturition-related dysfunctions 与分娩相关的功能障碍

  risk factors 风险因素

 pregnancy protection 妊娠保护

  maternal and fetal immune systems 母胎免疫系统

  paternal antigens 父源抗原

  progesterone 孕酮

  trinuclear cells 三核细胞

 selenium, vitamin E, or calcium deficiencies 硒、维生素 E 或钙缺乏症

 system biology approach 系统生物学方法

  information and contribution 信息和贡献

  pathobiology 病理学

  proteomics techniques 蛋白质组学技术

  QTL 数量性状位点

  transcriptomics 转录组学

Retention of fetal membranes (RFM), see Retained placenta 胎衣不下，参见胎盘滞留

RNA-sequencing (RNAseq) RNA 测序

Rumen bacterial core　瘤胃核心菌群
　　abundant bacterial groups　丰富的菌群
　　liver abscesses　肝脓肿
　　milieu　环境
　　modifying factors　影响因素
　　　　diet concentration　日粮浓度
　　　　feeding time　饲喂时间
　　　　genotype role　基因型作用
　　　　grain feeding effect　谷物饲喂效果
　　　　grain quantity　谷物的数量
　　　　rumen site　瘤胃部位
　　　　rumen solid and liquid fractions　瘤胃固体和液体组分
　　phylotypes　系统型
Rumen epimural (RE)　瘤胃上皮
　　barrier function　屏障功能
　　core microbiome　核心微生物组
　　growth　生长
　　microbiome　微生物群
　　pH regulation　pH调节
　　proliferation　增殖
　　SCFA transport　短链脂肪酸转运
　　whole-animal energy energetic　动物整体能量能学
　　morphological and histological characteristics　形态学和组织学特征
　　rumen bacteria　瘤胃细菌
Rumen microbiota　瘤胃微生物区系
　　bacterial core (see Rumen bacterial core)
　　composition and functionality　核心菌群（见瘤胃核心菌群）组成和功能
　　rumen epimural microbiome　瘤胃上皮微生物组
Ruminal acidosis　瘤胃酸中毒

bovine rumen microbiome　牛瘤胃微生物群
culture-based experiments　基于培养的实验
DNA fragmentation techniques　DNA片段技术
low-cost molecular-based techniques　低成本分子技术
metagenomics　宏基因组学
metatranscriptomics　转录组
rumen microbiota　瘤胃微生物区系
　　composition and functionality　组成和功能
rumen tissue　瘤胃组织
　　metabolism　代谢
SARA (Subacute form of ruminal acidosis)
systems biology approach　SARA(亚急型瘤胃酸中毒)系统生物学方法
Ruminal pH　瘤胃pH

S

Secondary veterinary prevention approach　二级兽医预防方法
Serotonin　5-羟色胺（又称血清素）
Serum amyloid-A (SAA)　血清淀粉样蛋白A(SAA)
Short-chain fatty acids (SCFA)　短链脂肪酸(SCFA)
　　absorption capacity　吸收能力
　　fermentative acidosis　发酵性酸中毒
　　propionate and butyrate　丙酸和丁酸
　　rumen microbiota　瘤胃微生物区系
　　transport and metabolism　运输和新陈代谢

Soluble whey proteins 可溶性乳清蛋白

Somatic cell counts (SCC) 体细胞计数 (SCC)

    colostrums 初乳

        APP level 急性期蛋白水平

        detection and monitoring 检测和监测

        SNP 单核苷酸多态性

        transcriptomic investigations 转录组研究

Subacute form of ruminal acidosis (SARA) 亚急性型瘤胃酸中毒 (SARA)

    acute acidosis 急性酸中毒

    bacterial community structure 细菌群落结构

    challenges 挑战

    functional genomic characterization 功能基因组特征

    grain-induced SARA 谷物诱导的 SARA

    microbiota–metabolome–host interactions 微生物群 - 代谢物 - 宿主相互作用

    subacute laminitis 亚急性蹄叶炎

Subclinical laminitis 亚临床型蹄叶炎

Subclinical mastitis (SCM) 亚临床型乳房炎（SCM）

Subfertility and infertility 生育力低下和不孕不育

    maternal environment 母体环境

        conceptus fluid 胎盘液

        oviduct 输卵管

        uterus and endometritis development (see Uterus) 子宫和子宫内膜炎的发展（见子宫）

    metabolomics studies and piRNA 代谢组学研究和 piRNA

    semen quality (see Gamete quality) 精液质量（请参见配子质量）

Systems biology approach advantage 系统生物学方法优势

    fertility (see Subfertility and infertility) 生育力（参见生育力低下和不孕不育）

        genomic studies 基因组研究

    philosophy 哲学

        vs. reductionist approach predictive, preventive, and individualized medicine 与还原论方法相比较的预测性、预防性和个体化医学

    switching paradigms 切换模式

        information and contribution 信息和贡献

Systems veterinary approach, see Systems biology approach 系统兽医方法，参见系统生物学方法

T

T cell independent antigens (TI) 非 T 细胞依赖性抗原 (TI)

Tertiary veterinary prevention approach 三级兽医预防措施

Toll-like receptors (TLRs) Toll 样受体 (TLRs)

    TLR4 Toll 样受体 4

Transcriptomics 转录组学

    APPs, immunoassay analysis 急性期蛋白，免疫分析

    beta-defensins β - 防御素

    lipid biosynthesis 脂质生物合成

Transition period 围产期

Triacylglycerol (TAG)　甘油三酯（TAG）
　　degree of accumulation　蓄积程度
　　hepatic responses　肝脏反应
　　hepatic TAG synthesis　肝脏甘油三酯合成
　　HFD　高脂日粮
　　hydrolysis　水解
　　infiltration　浸润
　　ketone formation　酮体的形成
　　SCD downregulation　硬脂酰辅酶 A 去饱和酶下调
　　supplemental L-carnitine　补充左旋肉碱
　　VLDL synthesis　极低密度脂蛋白的合成
Trinuclear cells　三核细胞
Two-dimensional gel electrophoresis (2-DE) method　双向凝胶电泳法

U

Uterus　子宫
　　dysregulated gene classification　表达失调基因分类
　　embryo–maternal interaction　胚胎 - 母体相互作用
　　endometrial transcriptomics　子宫内膜转录组学
　　endometritis biomarkers　子宫内膜炎生物标志物
　　gene expression profiling　基因表达谱
　　intercaruncular endometrial tissue　子宫肉阜间内膜组织
　　macrophage migration inhibitory factor　巨噬细胞迁移抑制因子
　　miRNome profiles　微小 RNA 组谱
　　miR-423-3p　微小 RNA423-3p
　　pregnant and nonpregnant endometrium　妊娠和未妊娠的子宫内膜
　　proteome and transcriptome　蛋白质组和转录组
　　uterus fluid and endometrium　子宫液和子宫内膜
　　Western blotting　蛋白质免疫印迹

V

VDR gene　Vitamin D receptor，维生素 D 受体基因
Very-low density lipoproteins (VLDL)　极低密度脂蛋白（VLDL）
　　apolipoproteins　载脂蛋白
　　bloodstream　血流
　　cows with CK　患临床型酮病奶牛
　　hepatic synthesis　肝脏合成
　　SREBP-1　固醇调节元件结合转录因子 1
Vitamin D receptor (VDR)　维生素 D 受体（VDR）

Z

Zero antigen　零抗原

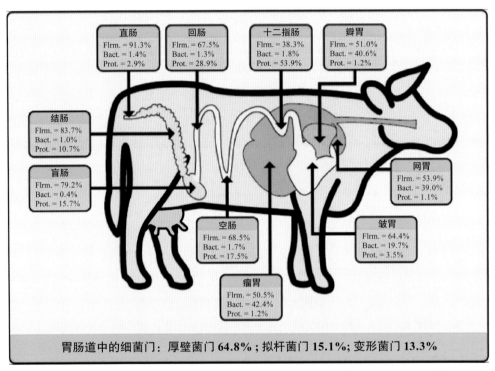

图 5.1 牛胃肠道中的细菌门（Firm. 厚壁菌门；Prot. 变形菌门；Bact. 拟杆菌门）

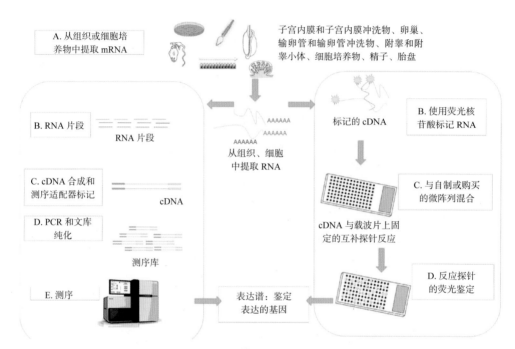

图 6.1　转录组工作流程

RNA-seq 工作流程：该工作流程始于使用 poly-T 珠子纯化 poly-A-mRNA。通过酶反应或化学水解，RNA 被裂解成 100~200 bp 的片段。片段 RNA 转化为双链 cDNA 文库。利用 RNA 连接酶，将 RNA 片段杂交并连接到接头混合物上。接头连接的 RNA 被转化为单链 cDNA 使用逆转录酶和纯化。最后用 PCR 扩增 cDNA 文库，进行纯化。在 PCR 步骤中，也可以引入特定的短 DNA 序列作为条形码来识别不同的样品。最终的产品由 200~300 bp 的 dsDNA 分子组成，包含原始样本中存在的 RNA 副本，周围环绕着接头，并创建最终的 cDNA 文库。微阵列工作流程：工作流程从 RNA 纯化和转录到双链 cDNA 开始。纯化后，cDNA 用不同的荧光染料如 Cy-3（绿色）和 Cy-5（红色）进行荧光标记，并与微阵列上的固定 DNA 探针杂交检测。每个样本序列（目标）与阵列（探针）上的互补链杂交，从而确认目标基因的存在。多个 DNA 探针被定位在薄载体上，如硅片、玻璃或聚合物，每个探针都针对一个 DNA 或 RNA 目标序列。

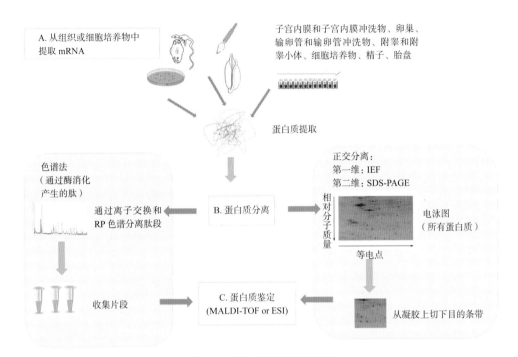

图 6.2　蛋白质组的工作流程

蛋白质组学工作流程始于从细胞或组织中提取蛋白质，或在亚细胞分离（如在精子或细胞培养物中进行的分离）后从细胞或组织中提取蛋白质。蛋白质分离可以用电泳（右图）或色谱法（左图）。电泳分离适用于完整的蛋白质。常规 2DE 涉及通过 IEF 分离蛋白质，此后通过聚丙烯酰胺凝胶基质进行 SDS-PAGE 电泳，从而根据其等电点和分子质量迁移为目的条带可以直接从凝胶上切出所得条带，可以直接从凝胶上切出所得条带，以通过质谱（MS）进行鉴定。色谱分离涉及对整个蛋白质提取物产生的肽进行胰蛋白酶消化。所述肽可以通过离子交换法或 / 和反相色谱法进行高效液相色谱（HPLC）的进一步分离。色谱法脱液流入 ESI-MS（LGMS）MS 记录分析物的质量，并分离和片段化肽离子（MS）的或串联 MS 以生成有关结构的信息。

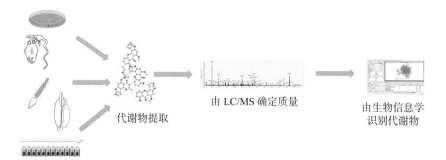

图 6.6 元代谢学工作流程

代谢物首先从生物样本中分离出来，其质量由 LC/MS 确定。原始数据通过生物信息学处理，以执行非线性保留时间对齐和识别峰值。将感兴趣峰的 m/z 值与代谢物数据库中的值进行比较，以获得假定的标识，然后将串联质谱（MS/MS）数据与标准化合物的数据进行比较进行验证

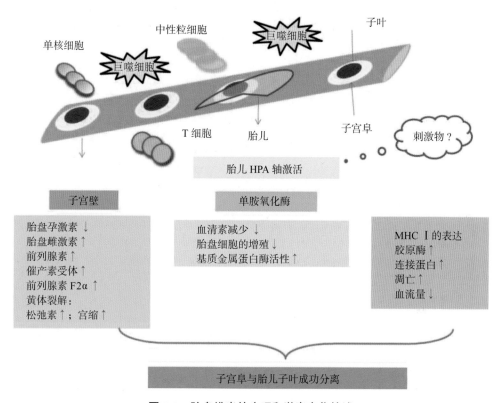

图 7.1 胎盘排出的生理和激素变化综述

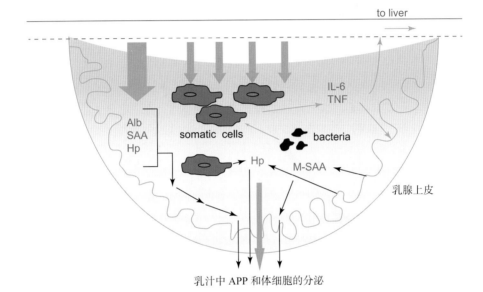

图 8.1　乳房炎期间乳腺中急性期蛋白生成及其分泌机制

致病菌的侵入引起体细胞（中性粒细胞）进入乳腺，刺激其产生促炎细胞因子，进而诱导乳腺上皮生成 M-SAA3 和结合珠蛋白（Hp）。血清蛋白（如白蛋白、血清 Hp 和 SAA）透过血乳屏障进入乳汁的同时，乳中体细胞也分泌 Hp。

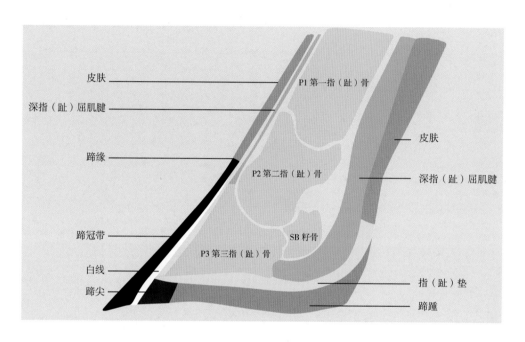

图 9.1 牛蹄

该插图标识了牛蹄重要的解剖结构,包括皮肤、深指(趾)屈肌腱、蹄缘(皮肤和蹄壳交界处的蹄外膜)、蹄冠带(蹄壳的冠状面)、白线、蹄尖(小而硬的蹄底部分)、蹄踵(柔软的踵角)、指(趾)垫、深指(趾)屈肌腱,以及蹄壳内部骨骼。P1、P2、P3 和 SB 分别代表第一指(趾)骨、第二指(趾)骨、第三指(趾)骨和籽骨。

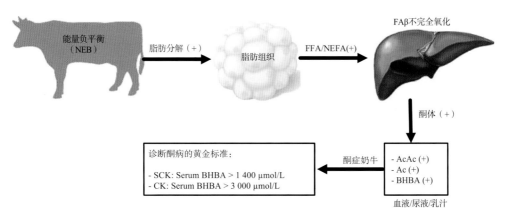

图 10.1　通过还原论方法对酮病的常规理解

Ac：丙酮；AcAc：乙酰乙酸；BHBA：β-羟基丁酸；CK：临床型酮病；FA：脂肪酸；FFA：游离脂肪酸；NEFA：非酯化脂肪酸；SCK：亚临床型酮病。

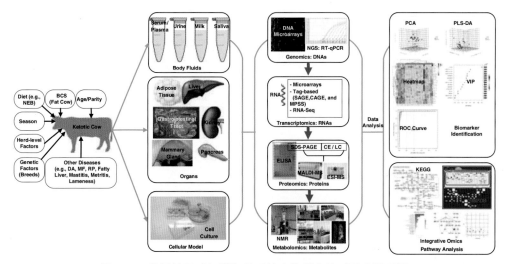

图 10.2　使用基于"组学"的系统生物学方法对酮病的理解

BCS：体况评分；CAGE：基因表达的上限分析；CE：毛细管电泳；DA：真胃移位；ELISA：酶联免疫吸附测定；ESI-MS：电喷雾电离质谱法；GC-MS：气相色谱-质谱分析法；ICP-MS：电感耦合等离子体质谱法；KEGG：京都基因与基因组百科全书；LC：液相色谱；LC-MS / MS：液相色谱-串联质谱法；MALDI-MS：基质辅助激光解吸/电离-质谱分析；MF：乳热症；MPSS：大规模平行测序技术；NEB：能量负平衡；NGS：下一代 DNA 测序；NIMS：纳米结构成像质谱；PCA：主成分分析；PLS-DA：偏最小二判别分析；RNA-Seq：RNA 测序；ROC：受试者工作特征；RP：胎衣不下；RT-qPCR：定量逆转录聚合酶链反应；SAGE：基因表达系列分析；SDS-PAGE：十二烷基硫酸钠-聚丙烯酰胺凝胶电泳；SMPDB：小分子路径数据库；VIP：变量投影重要性。

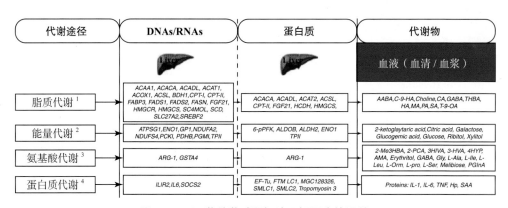

图 10.3　组学科学对更好地理解酮病的贡献